文景
———
Horizon

中国人超会吃

吃 超 会

王恺 戴小蛮 ——— 著

刘小柱 ——— 摄影

上海人民出版社

家有一园韭，
亲戚常来走。

此谚语说明很多中国人无法抗拒韭菜这种味道鲜美又有着强烈气味的蔬菜，它的叶、嫩薹和花都可以食用，种子还是中药的药材来源之一。

苍蝇也是肉。

农耕年代，肉类是中国人不易吃到的美味，或许才有了『苍蝇再小也是肉』这样幽默的民间俗语表达，顺带也有『再小的利益也是利益』之意。

软面饺子硬面条。

此句是中国民间对于面点制作的经验总结，意思是饺子的面要和得软一点，面条的面要和得硬一点。

天下无有不散筵席。

这是出自中国明代文学家冯梦龙《醒世恒言》的名句。人们期待和享受相聚一起共享美味的时光，却注定还要面对分离。

早晨起来七件事，
柴米油盐酱醋茶。

人们喜欢以此强调：柴米油盐所代表的家务俗事虽然琐细，令人辛劳，却是相当重要，值得好好面对。

此句表明，中国民间很早就意识到了适当素食的重要性，大豆更是人们眼中的健康食材，类似表达还有「要想人长寿，多吃豆腐少吃肉」。

宁可一日无肉，不可一日无豆。

千滚豆腐万滚鱼。

此句是流行于中国民间的说法，大意是炖豆腐和炖鱼的时间要长点，这样才好吃。不过很多情况下并非如此。

这是中国四川地区的农谚。萝卜在许多中国人眼里有清热解毒、健胃消食功效。类似表达还有『冬吃萝卜夏吃姜，不劳医生开药方』。

萝卜上了街，
药铺不消开。

目录

第 3 章

连年有鱼

第 4 章

鸡飞鸭跳

会飞的美食 / 164

适合约会的小餐馆 / 184

第 5 章

米面当家

被米和面统治的国度 / 196

苍蝇馆子和网红餐厅 / 226

第 6 章

魔幻豆腐

第 7 章

混七杂八

〔第1章〕

蔬菜狂热

想让各种青菜
变得好吃，
最方便的操作
就是开启大火，
用少量油，不断翻炒。

如果可能，炒一切蔬菜

1. 专售新鲜绿菜的南京菜摊。
2. 云南大理早市上令人眼花的豆类供应。riff／摄

对去往海外的中国人来说，最主要的食物需求都可以满足，比如米面的摄取、肉类的供应，外加水果的补充，可还是普遍感觉不满足，主要是因为蔬菜，尤其绿叶菜种类过于稀少，于是绿叶菜成了他们的乡愁。

　　因为幅员辽阔，外加历史悠久，中国人的蔬菜系统广阔繁杂，尤其是在物产丰富的南方，会随着季节的轮换食用不同内容。比如古城苏州，一年四季12个月，每个月的重点蔬菜都不一样，因为气候温和，即使是寒冷的12月，也有蔬菜的珍馐——比如霜降后的小青菜，炒起来非常柔软，符合江南地区人喜欢软糯口感的习惯。春天他们还吃各种蔬菜的芽头，比如香椿的芽、枸杞的芽，还有郊外野草如马兰头、鹅肠草、苜蓿的头——最后这种在西方世界一般是作为马料供牲口食用的，但苏州人用自己的方式，加酒，加糖，享受这种蔬菜的清香。

1—2. 刚采摘下来的鲜莲蓬及其内含的莲子。
3—4. 茨菰的球茎及其叶片。
5—6. 芡实的果实及其叶面形态。
7—8. 菱角的叶子及其果实。

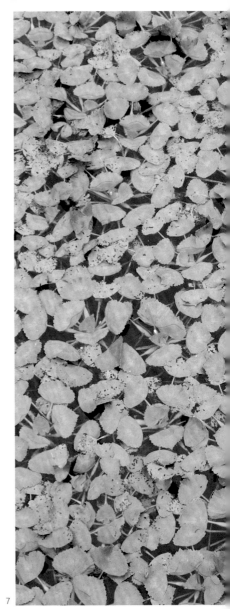

蔬菜与中国名壶 >>>

可以食用的蔬菜，顺带也造福了中国人与"饮"相关的生活。在中国极负盛名的紫砂制壶艺术中，有很多从瓜蔬中提取形态要素的杰作，例如清代制壶大师陈鸣远制作的东陵式壶，取自南瓜形状（左）。现代女陶艺家蒋蓉也有趣味荸荠壶传世（右）。

蔬菜种类的丰富，造成在中国的烹饪文化中，『炒』这一形式异常发达。

1

2

3

4

5

6

7

而当夏天到来，除了规模性上市的豆类、瓜类，南方大量水域还出产各种蔬菜，包括水芹菜、莼菜、蒲菜、西洋菜等，还有大量的块茎，如莲藕、茭白、菱角、芡实（亦称鸡头米）、茨菰（亦称慈姑）等。很多菜是在中国被慢慢驯化的，由纯粹的野生植物变成了种植植物，也有很多是近年才广泛种植的，比如竹叶菜、苋菜，本来是南方植物，现在北方也开始普遍食用。

秋冬之际，各种蔬菜并没有减少，中国人开始吃一些常年都有的蔬菜——生菜、茼蒿、卷心菜、菠菜、油麦菜、芥菜，也包括很多块茎植物的嫩叶，如地瓜叶等。过去北方冬季主要食用的大白菜，现在因为大棚技术的普及和运输业发达，已经成为冬季蔬菜的一种，并不具备唯一性了。1970年代到1980年代，很多外国摄影家拍摄的北京照片里，曾有大量居民排队购买大白菜的场景，但现在已经看不到了。

单炒与混炒

蔬菜种类的丰富，使得在中国的烹饪文化中，"炒"这一形式异常发达，想让各种青菜变得好吃，最方便的操作就是开启大火，用少量油，不断翻炒——而不是像西方人采取简单的沙拉做法，放油醋汁凉拌。

除了单独炒，中国人还流行荤素搭配的蔬菜食用法——与西餐主要将蔬菜与肉类、鱼类分头做熟再一起盛盘的做法完全不同，中餐是将蔬菜和肉类盛放在一锅之中用大火快速翻炒。无数种蔬菜都可以被用来炒猪肉、牛肉、鸡肉，最后成菜时蔬菜会沾染肉类的香气，而肉类也被切成小块食用。这样做出的食物，一是容易被人的肠胃消化，二是可以减少肉类的摄入总量。在这个普遍营养过剩的时代，这种吃法健康而美味，值得推广到世界各地。

西方常见的烤蔬菜，在中国人的白日餐桌上并不多见，但现在却普及到了深夜烧烤摊上，很多烧烤羊肉串、鸡翅膀的摊子上，都配合有烤韭菜、烤茄子、烤金针菇这样的选项。蔬菜的烹饪在中国是一个不断变化的过程，唯一不变的，大概是对蔬菜的热爱。物产丰富和历史上的饥荒年代大约是造成中国人对蔬菜热爱的根本原因，而不是为了营养摄取平衡。

4

8

1.
素烧鸭
佛系真香

素烧鸭是扬州传统素菜，此地非常擅长素菜荤做，甚至有"一道荤菜就有一道形味相似的素菜"之说，其中颇有名的仿荤菜除素烧鸭外，还有糖醋素鳜鱼、素油鸡、清炒虾仁、素炒蟹粉、罗汉斋等。

> 杏鲍菇

素食是扬州传统菜中一个独特的领域，并且是从寺庙中流传出来的。佛教自东汉初年便传入扬州，到了唐代，扬州成为中国佛教活动最为活跃的地方之一，高僧辈出，佛教寺庙有40多座，各宗派皆有。等到清代，扬州已有大小寺庙300多座，每到佛教节日，从附近城镇来扬州烧香拜佛的香客络绎不绝，而此时吃素是佛教的基本规则，因此扬州寺院的素食逐渐精致起来。

> 豆腐皮

扬州名刹大明古寺 >>>

初建于南朝宋孝武帝大明元年（457年）的大明寺，位于扬州西北郊蜀冈中峰之上，是此地的代表性古寺。唐朝鉴真法师曾在大明寺居住和讲学，并东渡日本弘扬佛法，受到日本朝野的隆重欢迎，被封"大僧都"，后被日本称为"文化之父""律宗之祖"。大明寺也因此成为中日佛教关系史上的重要古刹。

淮扬菜本来就精致，传承已久的"寺院素菜"的制作更是如此。一般而言，寺院菜崇尚"全素"，能用面筋、豆腐、蔬果等食材做出数百种风味各异的素食。扬州地区的蔬菜资源又非常丰富，竹笋、白菜、韭菜、莴笋、菱角、芡实、莲藕、茨菰、荸荠、茭白等都是常见蔬菜，也都是素食的主要食材。而吸收了寺庙素食精华的民间素食，讲究"以荤托素"，并不是简单将这些蔬菜炒熟即可，尤其是其中

> 香菇

制作步骤

① 先取一张豆腐皮浸泡在清水中；

② 开始做馅心，将胡萝卜、香菇、杏鲍菇、笋分别切丝。锅中放色拉油25毫升烧热，先将香菇丝和杏鲍菇丝放入锅内煸炒，再将胡萝卜丝和笋丝放入煸炒；

③ 炒出香味后，加水，放入老抽、白糖进行调味。如果不是素食者，可少量加一点虾籽或扬州的虾籽酱油。此时锅内有一点卤汁，可放一片香叶稍煮；

④ 取出浸泡过的豆腐皮，挤掉水分后切丝，然后放入步骤❸所做的汤内；

⑤ 此时锅内卤汁不是很多，出锅前放入味极鲜酱油翻炒，最后淋入香油，盛起做好的馅心放入碗里，原卤汁待用；

⑥ 再选一张事先用水擦拭过，质地稍软的豆腐皮，将步骤❺的馅心放入后卷起，力度稍紧；

⑦ 包好后将豆腐卷放入盘里，放入蒸笼蒸5分钟即可；

⑧ 取出豆腐卷，令其在室温中凉透。然后取干净平底锅，倒入剩下的色拉油加热，油热后将豆腐卷放入略煎一下，让表面呈现漂亮的金黄色；

⑨ 装盘前将卷切成大小相等的段，淋上卤汁。可以适量葱丝、玫瑰花瓣作为菜品点缀。

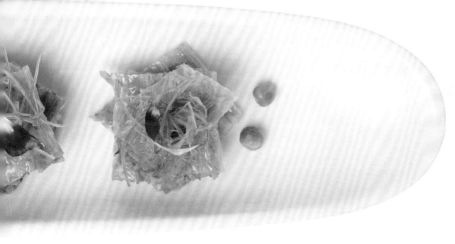

食材准备

豆腐皮……2张
胡萝卜……半根
香菇……6朵
笋……50克
杏鲍菇……1只
香叶……1～2片
色拉油……35毫升
香油……5毫升
老抽……6毫升
味极鲜酱油……6毫升
白糖……5克
水……20毫升

的"仿荤"素菜，不仅外形上多少接近荤菜，吃起来口感并不次于荤菜——做好这样的素菜，要有极高的厨艺才行。

最常见的仿荤菜素烧鸭，一般先将香菇、杏鲍菇、胡萝卜、笋切成丝后煸炒好（扬州菜讲究刀工，要求将食材切得比较精细，在素食要求上也不例外），再取出一张提前浸泡过的豆腐皮，挤掉水分后切丝，放入锅内继续翻炒。此时锅内有一些卤汁，但不是很多，出锅之前淋上香油，最后一起盛入碗内——这一切都是做馅心。

开始包时也很简单，选一张事先用水擦拭过且质地稍软的豆腐皮。注意，这张豆腐皮不能浸泡。要像做寿司卷一样将馅心放入整张豆腐皮中，以稍紧的力度卷起，保证它以后不会轻易散开。卷好后放入盘里，入蒸笼蒸5分钟即可取出。

等它凉透后再放入平底锅用油煎一下，让表面呈现漂亮的金黄色，正因为金黄色的表皮看上去很像烧鸭皮，人们为这道菜取名"素烧鸭"。将它斜切成均匀的块状，浇上卤汁，咬下去，满口都是吸饱酱汁的豆腐皮香味。

素食是扬州传统菜中一个独特的领域，并且是从寺庙中流传出来的。

2.

松茸莼菜汤
治愈胶质饮

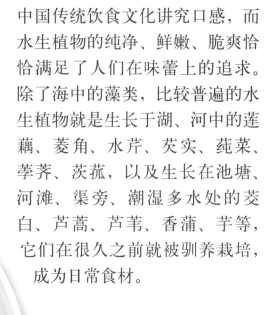

中国传统饮食文化讲究口感，而水生植物的纯净、鲜嫩、脆爽恰恰满足了人们在味蕾上的追求。除了海中的藻类，比较普遍的水生植物就是生长于湖、河中的莲藕、菱角、水芹、芡实、莼菜、荸荠、茨菰，以及生长在池塘、河滩、渠旁、潮湿多水处的茭白、芦蒿、芦苇、香蒲、芋等，它们在很久之前就被驯养栽培，成为日常食材。

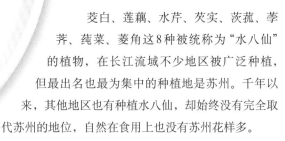

茭白、莲藕、水芹、芡实、茨菰、荸荠、莼菜、菱角这8种被统称为"水八仙"的植物，在长江流域不少地区被广泛种植，但最出名也最为集中的种植地是苏州。千年以来，其他地区也有种植水八仙，却始终没有完全取代苏州的地位，自然在食用上也没有苏州花样多。

大概受淮扬菜影响，苏帮菜也讲究选料——不以珍奇为贵，重采时鲜。而关于水八仙的时鲜，有句老话大概意思是，"春季的荸荠，夏季的藕，秋末的茨菰冬天的芹菜，3到10月的茭白最新鲜"。出于对新鲜的追求，苏州做水八仙宴时自然确定了一个标准——横山荷花塘的藕、南荡的芡实、梅湾的吕公菱、太湖的莼菜、葑门外黄天荡的荸荠、莲藕，用这几种当地产的应季水生植物做菜才算地道，差一点都不行。

与水八仙有关的美食中有道汤菜，就是用太湖莼菜做的松茸莼菜汤。莼菜是一种每年4月下旬到10月下旬都可以采来吃的水生植物，一般生长在黄河以南的湖泊中，以江苏太湖、杭州西湖、萧山湘湖等产量最多，上述三地

中，又以太湖产量最多。莼菜的椭圆形叶片如同睡莲般浮于水面上，其英文名watershield大概就来源于它的叶片形状颇像盾牌。

古人对莼菜的美味推崇有加，用莼菜做的羹汤，更是江南地区闻名两千年的三大名菜之一，甚至诞生了诸如"莼鲈之思"的故事。但实际上，莼菜本身无味，它最鲜明的特色在于茎及叶的背面包裹着厚厚的透明胶质——化学成分是一种黏多糖，正是这滑如琼脂的胶质让其营养丰富、口感别具风味。

莼菜的烹饪方式很多，主要以羹汤为主，配料多是鲜物。在传统菜中，有以鱼、莼菜共制的鱼莼羹，也有以鲜笋、莼菜共制的玉带羹，或是用松茸与莼菜做的松茸莼菜汤，它们最能品出莼菜独特的口感。以莼菜做菜要用莼菜刚长出的嫩叶，最好是卷在一起没有舒展开，带着一截叶柄，呈两头尖中间粗的丁字形。为了保持嫩叶的翠绿，开水焯10秒就要迅速捞出，凉拌、炒食可也。《红楼梦》里提到过莼菜的另一种吃法，叫椒油莼虀酱。虀，与"齐"同音，本意是指捣碎的姜、蒜、韭菜等，椒油莼虀酱便是以莼菜制成的一种菜酱，是将新鲜莼菜切碎，拌上盐粒、姜末、葱末、椒油等腌制而成。

9

食材准备

莼菜……20克

松茸……2只

红豆……10克（非必要食材）

白芸豆……10克（非必要食材）

盐……2克

高汤……3杯

红豆

制作步骤

❶ 将莼菜去除杂质，冲洗干净；

❷ 将松茸切成薄片，放入盛有高汤和红豆、白芸豆的汤盅或深碗内，然后将汤盅上锅蒸1小时左右；

❸ 锅中放水以大火煮开，加入莼菜，10秒后捞出，迅速过一遍冷水；

❹ 将莼菜加入步骤❷盛有松茸的汤盅内，加盐后即可上桌。

采莼在江南

以前，在江南，采莼也是很美的一景，往往是出动小船或菱桶，一人趴在小船前沿，身后放块石头以平衡船身，船前挂着竹篮子，在莼叶中缓缓滑动，同行的采摘者们边聊天边掐下水中卷曲的嫩叶连同嫩茎。如今因为水质变化缘故，加上采莼菜的人越来越少，就连最著名的苏州，也仅有东山一处是太湖莼菜的产区。所以如果你碰巧在一片水域看到了莼菜，请珍惜这里。莼菜喜欢洁净、无污染的水质，水质越好，嫩芽叶和水中茎上的胶质长得就越多。

莼菜的采收期很长，每年春夏之交（4月下旬到7月上旬）是它的第一个采收期，此时采收的是春莼，因椭圆形的叶子这时仍是卷曲的芽状，也叫雉尾莼，卷叶和嫩茎上裹着一层透明的胶质黏液，这是莼菜最好吃的时候；进入农历五月（此时早已入夏），莼菜的叶子完全舒展开来，在水面上漂浮着，叶面碧绿，叶背紫红，也可以食用，但品质较雉尾莼差多了；立秋之后，莼菜恢复生长，进入第二个采收期，此时采收的是秋莼。之后，随着天气转凉，低于15℃时莼菜就停止生长。

市场上出售的莼菜有新鲜的和瓶装的两种。除非是在莼菜采收期，恰好又在产地，才有可能买到新鲜莼菜。而在其他地区，购买到的都是采取了保鲜措施以后的瓶装莼菜。挑选时，从瓶子外看莼菜的颜色，灰绿色的才是质量好的，要注意保质期，同时观察包装是否有损坏。

苏州人自古不仅懂得营造庭院，也讲究器皿使用，饮食上更是追求精致。这种精致不仅体现在大户人家的富贵生活中，连市井百姓也是食不厌精。在苏州，家常菜虽然比较简朴，可简朴得并不马虎，苏州人善于将平常之物做得巧，吃得精，其中"精"字包含着苏帮菜的最大特色——讲究"时令"，所谓不时不食。左上：苏州园林中处处可见精致的透景花窗。Samcoolxu/图虫创意 左下：苏州得月楼名厨屈桂明以茭白制作的菜品也将形式美感做到了极致。

◎ 松茸

别名: 剥皮菌、松蕈

科: 口蘑科

主要产地: 亚洲地区特有的名贵食用菌，广泛分布于中国东北、云南、西藏、贵州、四川等地。

营养成分: 氨基酸、多糖、蛋白质、维生素及多种酶

◎ 莼 菜

别名: 马蹄菜、湖菜

科属: 睡莲科莼属

主要产地: 北美及亚洲许多地区，如中国、印度、加拿大等。在中国主要分布在云南、湖南、湖北、江苏、浙江、四川。

营养成分: 蛋白质、氨基酸、酸性多糖、维生素、微量元素等

外形及选择: 新鲜莼菜采好后按叶片分三等，最好的是刚长成的嫩梢，不到1厘米的芽头外裹满稠液；次等是2~3厘米长的卷叶，嫩叶还未张开，透明胶质顺着细茎淌下；第三等的叶片已基本张开，4~5厘米长的叶片上还有少许黏液。

3. 酒香草头
急火生煸最好味

三叶草

四叶草

草头

一道韭菜二道草头 ▷▷▷

有俗语说：一道韭菜二道草头。这里的一道二道指农作物采收的第一拨和第二拨。韭菜当然采第一拨较好，但一道草头太嫩，煸炒时会产生很多水分，人们倾向于草头选二道——最好叶大、色泽新鲜翠绿，并且烹饪时使用平底锅。

"草头"其实是上海土话，很久以前它是作为野菜存在的，因为质地易老而"刮油"，要用大量油来配才好吃，困难年代人们吃它并不多，常用它来喂猪喂牛。孔子在《礼记》里强调过吃东西要"不时不食"，原意是过了吃饭时间就不可以再吃了。据说后人将其延伸为不吃不在当令季节的食物，就有了"早韭晚菘，冬笋春芽"一说。对于生长期很长，从8月至第二年立春3月皆可采收的草头，人们吃它的时间是有讲究的——清明前后的草头最为鲜嫩，要每天早晨天刚亮到9点之前采收，太早露水会太重，晚了太阳一辣，叶子又会蔫。

因为这一缘由，它成为江浙一带人们春日餐桌上的"七头一脑"（即香椿头、荠菜头、小蒜头、枸杞头、马兰头、苜蓿头、豌豆头和菊花脑）之一。江浙一带烹饪江鲜、水产常以草头作为辅菜，这是一般在酒席上出现的大菜，比如秧草咸肉河蚌汤。在盛产河豚的扬中一带，烧河豚肯定是要配秧草的，据说，曾经的上海帮派人物杜月笙，谈吐、为人和生活细节都很讲究，当年常去当地的德兴馆点草头圈子和糟钵头。所谓草头就是苜蓿幼苗，苜蓿是苜蓿属植物的通称，标志性外表就是小黄花和圆润鲜嫩的3片小叶。但它并不是三叶草，真正被拿来入馔的，是黄花苜蓿的嫩叶。江苏人吃草头比较有名，当地人对它的叫法也是随着地域走，有的叫"金花菜""母鸡头"，但普遍叫"秧草"。江苏苏州、扬州、无锡、常州等地，常把草头嫩苗腌了慢慢吃，叫腌秧草。

❶ 每株草头只取顶端3片叶子，其他舍弃，清洗沥干后均匀撒好盐、糖；

❷ 取一锅将油5毫升烧热，放置一旁待用（在没有走油肉卤汁的情况下才需要这一步骤）；

❸ 另起一锅，将剩余的油烧至最适合急火爆炒的八成热（220℃左右，油面平静，有青烟）后加盐，倒入草头迅速拨散；

❹ 喷入白酒（高粱酒），淋入步骤❷中获得的温油（或走油肉卤汁），让油汁包裹到草头的所有叶片，这样可令菜品口感更温润，然后就可以盛出上桌。

因为人们相信后者可以解河豚毒。而对于大部分江浙人来说，草头是下粥用的日常咸菜。在苜蓿未开花的季节，家家将其采集好，一层层压入陶罐腌制成咸秧草，或拌黄豆，或佐蚕豆瓣，没有特定规矩，全凭喜好，口味自然也不一样，常年吃，也就成了人人心里的家乡菜。

我们无法确定中国人食用草头的具体年代，但宋朝人林洪所著，收录山野所产蔬果、动物的《山家清供》一书中，记录过唐代宫廷食用苜蓿的故事，离现在起码一千年了。时至今日，草头仍是中国南方春天里很讨喜的时令菜。

受江浙习俗影响，上海菜也非常看重草头，常用来配大肠、红烧肉。外行人常以为这是一道普通的素炒蔬菜，十几秒时间就可完成。但在这十几秒里，一个厨师要眼疾手快地运用他所掌握的技巧，否则会让草头错过最好的呈现状态。

食材准备

草头……200克

植物油……17毫升

盐……2克

糖……2克

白酒……10毫升

走油肉卤汁……15毫升

走油肉卤汁也可以用红烧肉汤汁或5毫升左右温热的油代替

13

草头是苜蓿最嫩的部分，含水量大，如果火候不到位，会在加热过程中出水，这样留下的菜口感就会老。按照传统做法，酒香草头一定要生煸，这也是很多老一辈上海厨师把这道菜称为"生煸草头"的原因。在中式烹饪中，煸和炒是两个概念，煸不需要颠锅，经过颠锅、翻炒很容易让草头叶子卷起来。

先开旺火，下一勺素油荡匀锅底，将锅烧到滚烫，油温太低的话可能激发不出草头的香甜口感来。再将预先沥干水，并均匀撒好盐、糖的新鲜草头放入锅内生煸。蔬菜总归会有一点点苦，放糖是解决它们原有的苦味。

煸的时候火候要掐准，让草头被热油均匀致熟，但未老化。准备起锅时，讲究的老厨师此时会加入少量走油肉的卤汁（走油肉是以猪五花条肉、青菜为主要食材，以葱、桂皮、姜、醋、八角、黄酒、白糖、高汤、酱油、油为辅料制作而成的，如果没有的话可用少量红烧肉汁或温热的油代替）。

烹饪这道酒香草头，最关键的步骤是在关火后迅速喷洒白酒（高粱酒最合适，也可用浓香型白酒或度数偏高的白酒代替）。碧绿柔嫩的草头在白酒的激发下把原本的清香发挥至最大，这样才入得了挑剔食客的眼。

沪菜厨师大概从从业初始就被灌输了一个理念，好的厨师，要想做出好吃的菜，不止要对烹饪技法了然，更重要的是对食材本身的性格有充分了解。事实上，这种理念背后透着江浙人的聪明和谨慎，这让他们对人的喜好把握得很准确。

用酒的智慧 >>>

在江浙一带，人们烹饪时经常用到酒。中式烹饪使用较多的是白酒或黄酒，食物中加入酒能带来独特风味——或酸或甜，或因谷氨酸和琥珀酸产生鲜味，还有酒精和其他挥发物质带来的芳香。虽然临近上海的浙江盛产黄酒，但酒香草头用的却是52度高粱酒，在关火出锅前洒入，借着食物已有的高温，产生崭新的香气和更深层的风味。

4. 荷塘小炒
集齐鲜界头牌

在中国园林的池塘中，荷花是少不了的主角，它的水下与水上一样精彩，莲子、莲藕、荷叶、藕带都是国人常吃的食物。莲是荷长在水面之上的果实，莲子胚芽称为莲心，可以泡茶。藕是荷长在水下的根状茎，幼年时叫藕带，条件适宜时就膨大成为藕。准确讲，藕是膨大的根状茎，所以也被叫作莲藕。

古人对莲藕的观察很细致，描述也很清楚——藕芽初生时只有两节，其中一节长出的叶子紧贴水面，这叶下才长藕，而另一节长出的茎穿出水面，这枝茎会开花，就是莲花。夏日时有人会把莲花、莲蓬连同茎一起剪下售卖，拨开莲蓬就是莲子。

因为江南人擅长种植水生植物，此处出产的莲藕尤其脆嫩鲜甜。一般每年4月下旬开始种植，7月下旬开始采收嫩藕，其吃法很多，如清炒藕丝、酸辣藕片、藕粉圆子等，可吃到10月完全采收的季节。老藕则可采收到来年4月。老藕需要长时间蒸煮，在江南往往被做成焐熟藕，即苏州人爱吃的糯米藕——在藕孔里塞入糯米，蒸煮焐熟，用细线切片，再浇上桂花糖汁。因入冬后的老藕淀粉含量高，也可以碾磨后收集为淀粉，就是江南人的零食——藕粉，或是做成藕圆。

夏秋间采的藕含水量高，可炒食也可生食。据报载，旧时北京，每逢七八月间，什刹海水边就有摊贩专门售卖从湖中现采的藕、莲子、菱角之类，切好之后码在冰上，点缀些杏干售卖，当地人称为"冰碗"，特点是入口时鲜嫩甜甜。这样生食鲜藕，要取藕最顶端的一段，此段最为水嫩，切开有九孔，切成薄片可当水果，味道甘甜鲜嫩。而藕的更多做法是将藕连同江南水八仙植物中的荸荠、菱角肉、芡实等炒成一盘。这道菜的有趣之处是4种食材都出自水中，却口感不一，它有个好听的名字——荷塘小炒。

将生长在苏州的莼菜、茭白、莲藕、菱角、芡实、水芹、荸荠、茨菰等8种水生植物归纳为"水八仙"，并非是来自官方机构或具体哪位人士的认定，而是长期以来人们口口相传的一种约定俗成，某种意义上，这些活跃在苏州人餐桌上的水生植物也记录着苏州城的悠远历史。

莲 藕

白芸豆

芡实

莲子

百合

制作步骤

❶ 将菱角剥壳洗净切成小块，芦笋去皮切段，荸荠去皮切成薄片。小西红柿、藕片、嫩莲子和芡实洗净备用。百合剥开成单片，白芸豆提前煮好，以口感软糯为标准；

❷ 锅中放水以大火烧开，放入步骤❶中所有食材，烫10秒后捞出，过一遍冷水；

❸ 锅烧热倒入植物油，再放入所有食材以大火翻炒3分钟，然后加盐调味，再加入水淀粉勾芡，翻炒均匀后即可盛出。

多变的菱

荷塘小炒中的菱也是南方重要的水生蔬菜之一，大概是水八仙中，除莲藕以外知名度最高的。菱一般在5月形成菱盘，6月菱盘长满水面，7月菱盘开始拥起，8月时，当菱盘从原本贴着水面转向挺出水面时，代表菱角成熟。菱的品种众多，荷塘小炒中用的菱肉是出自苏州的水红菱，外壳鲜红，也叫苏州红。水红菱比较脆嫩，适合新鲜炒食、直接生食。作家周作人认为水红菱生食最好，但也提供另一种吃法，即用酒糟腌制食用，是极好的下酒物。

菱里也有无角的和尚菱，两角弯得像牛角的老乌菱，以及四角的馄饨菱。还有晚熟的特大红菱被称为雁来红，大约采收季节已是大雁南飞时节。不同种类的菱，适合的食用方式不同。馄饨菱壳薄肉结实，大概因淀粉含量偏高，适合煮食，口感粉糯，又有菱角特有的香甜。而老乌菱、大青菱淀粉含量高约24%，口感较粉，适合熟食——当地人在这方面花样多，做红烧肉时也会放老菱肉。

菱角

菱与栗 >>>

菱也被称为水栗，李时珍的《本草纲目》中就收录了菱的几个别名，如水栗、沙角。菱被叫水栗有两方面原因：一是菱的种类中有一种无角菱，外形与树上的栗子很像；二是菱角的味道也与栗子相近。有趣的是，菱的英文 water chestnut，意译便是"长在水中的栗子"，这点和荸荠的英文 Chinese water chestnut 有点像，荸荠在上海方言中是"地栗"。

荸荠与芡实

当苏州本地的荸荠上市时，季节已然入冬，通常是12月到次年3月，与这道菜的其他食材莲藕、芡实、菱并不在同一时期，所以做菜时可选择罐装品。以前，老苏州人买荸荠回来，要将荸荠先放在竹篮子里，挂在堂屋梁上，过两天再拿出，这时荸荠的外皮微缩，水分收干一部分，里面更为脆甜。因为这种脆甜，常有人把它当水果出售，将去皮的荸荠串在竹签上，雪白一片地堆在水果摊上——这都是江南人儿时的记忆。这道菜还用到另一种食材芡实，但和其他地区的芡实大多口感粗糙不同，苏州的芡实口感软糯香嫩，只是8月上市时价格永远奇高，在这道菜里使用不多，也是口感上的点缀。

荸荠

5. 菊花脑米糊
山风野气扑面来

在长江三角洲地区，每至春天，人们都将吃野菜上升为一种仪式。不分城市大小，只要春天来了，郊外农田绿意渐盛，就能看到采摘野菜的城里人。

野菜图谱 >>>

物资紧缺年代，人们靠采摘野菜弥补耕作类食材的不足；物质丰盛年代，采摘野菜亲近泥土更多变成了生活乐趣。

在古都南京，每逢春天，附近的山上就长满了菊花脑，人们用它的嫩芽和鸡蛋或鸭蛋一起做成汤，据说喝了之后眼睛会明亮。

现在也有不少农户投入野菜种植，于是更大规模的吃野菜队伍出现，香椿、马兰头、枸杞头、荠菜、草头，还有菊花脑——各种野菜轮番进入吃客的菜谱中，而且吃法非常多样：有的用热水烫后凉拌；有的直接切碎加调料食用；有的和鸡蛋合炒——一道普通的炒鸡蛋加了香椿之后，可以卖出高昂的价格；有的和肉类混合成馅料，放在包子、馄饨、春卷等包裹物中，或煮或炸都是美味。

有人说，中国人吃野菜和经历过饥荒年代有关——漫长的历史中，很多时候人们为了弥补食物来源的不足，靠采集自田野的各种食物来解决饥饿感。但粮食充足的现在，人们对野生菜肴的热爱，基本就是因为其具有的特殊芳香，说得美好一些，是春天的气息。

菊花脑也是春野菜的一种，在长江三角洲一带普遍生长，因为叶片像菊花的叶子，所以得名，其实也真是野菊花的一种，有的地方也叫它菊花郎。人们看重它，不仅因为它有菊花的清香之气，还认为它能清热，去除人身上的一些小炎症，在讲究药食同源的中国，这道菜顺理成章地被放大了功效。

在古都南京，每逢春天，附近的山上就长满了菊花脑，人们用它的嫩芽和鸡

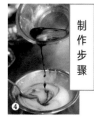

❶ 将大米粒浸泡一夜后用搅拌机磨碎，然后取出加适量水，在干净的锅中加热，令其成为熟米糊，然后放凉；

❷ 在熟米糊中依个人需要添加适量蜂蜜；

❸ 将菊花脑切成碎末后放入搅拌机，加入适量水，绞碎成绿浆后稍微加温即可；

❹ 将菊花脑汁和米糊均匀混合后食用。

大 米

食材准备

洗净的菊花脑⋯⋯ 200 克

大米⋯⋯ 100 克

蜂蜜⋯⋯ 15 毫升

○ **菊花脑**

别名： 菊花叶

科： 菊科

主要产地： 多年生草本。原产中国，南北各地均有分布。

营养成分： 维生素、氨基酸、胆碱、菊苷等

外形及选择： 叶子边缘明显可见锯齿或呈羽状分裂，开黄色小花。采摘时以茎梢脆嫩为佳，茎长通常 4~7 厘米。

左起：枸杞、蒲公英、泥胡菜、鹅肠草、香椿、灰灰菜。谢淼、摄影师陶永恒、YuanGeng/Adobe Stock、青脉叶子、南菁笔记、初心boy/图虫创意

蛋或鸭蛋一起做成汤，据说喝了之后眼睛会明亮。

也有人将之磨碎，和事先用机器磨碎并加热过的大米糊混合在一起，没有味道的大米糊增加了绿色野菜汁液后不仅更香，也更加好喝。在榨汁机器普及的当下，将大米磨碎加热的做法在国内是普遍流行，很适合消化不好的老人和孩子。

甚至有这样的说法：春天在米糊里加野菜，是因为绿色植物有助肝脏排毒，而冬天要注重养肾，改成将黑芝麻和米糊混合——听起来很玄秘，但其实和中国最古老的五行学说有关。

中国的很多地区，都讲究不时不食，对野生动植物更是如此，其实很有道理：比如菊花脑，就是春季和初夏食用的食物，过季就老了；比如螺蛳肉，也是清明前食用，因为这时候水最干净，到了夏季，水里微生物多了，螺蛳也就不那么清洁了。

真食现场 ▼

地景蔬菜

在中国城镇的农贸集市或沿街路边，经常可以看到菜农或摊主不经意间以蔬菜打造的"地景艺术"——将编织袋压扁铺好，摆上新采摘的蔬菜就可以叫卖了。视觉呈现也风格各异，可拥挤可留白，有时色系相近，有时大玩撞色对比。

蔬菜的叶子往往湿漉漉的，可能还夹带着小虫和泥巴，比起那些放置在精品超市货架上封以保鲜膜的同类，它们散发着更生猛和清香的气息，价格往往也更优惠。人们购买它们，既出于实用需要，也是在享受似乎与土地直接亲近的治愈感——躺在地上的它们好像还没有离开母体。刘小柱、李爽/摄

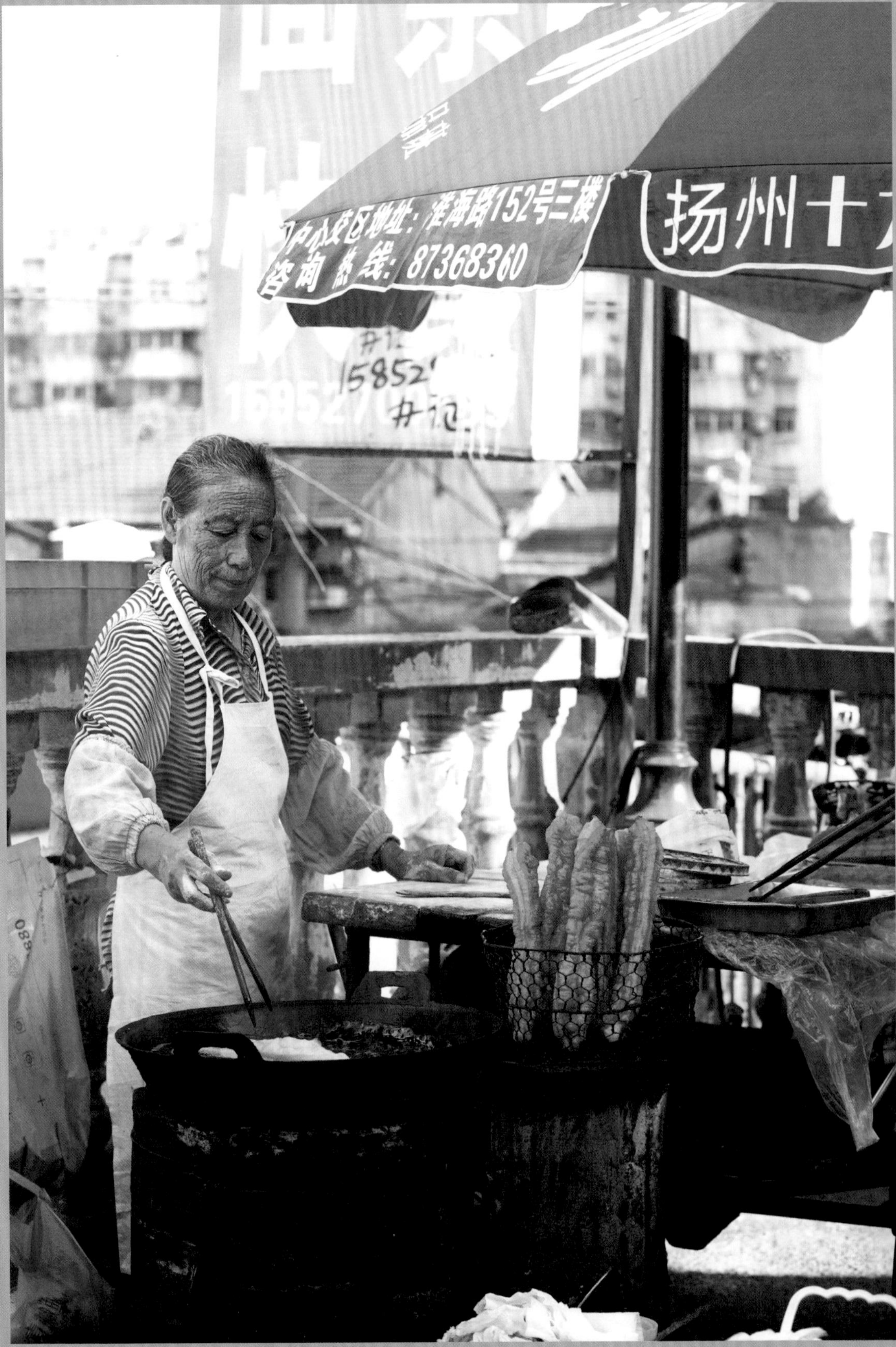
淮海路152号三楼
咨询热线: 87368360
扬州十

在很长一段时间中，中国大多数地区都奉行一日两餐的制度，而不是今天的一日三餐，甚至帝王之尊，也常常一日两餐。很多档案记载了中国历代帝王的日常生活，清代帝王会在早上7点左右起来吃一顿，这顿漫长的早饭一直可以延续到上午10点半；然后下午3点半开始另一顿午后的饭，同样延续几个小时。在没有电的时代，很多人在日落不久后无所事事，一般在晚上七八点钟就睡觉了。

中国人的一日三餐

一日两餐，不仅起到节约粮食的作用，还和古老的中医学理论暗合，很多中医建议"过午不食"，也就是午后不再多吃。不知道是因为粮食缺乏导致人们胃口不佳，催生了相应的医学理论，还是因为医学理论的流行，使人们逐步形成了一日两餐的习俗。

当然，中国很多的富庶地区，粮食供应并不紧张，会赞成人们多吃，并且形成了在餐与餐之间增加点心的习惯。在富裕的长江三角洲和珠江三角洲，这个习惯特别明显，至今仍流行着大量的点心，作为"正餐之外的食物补充"，类似英式下午茶，而且也是甜咸具备。从这个角度说，一日三餐还是两餐，应该有关于食物供应体系的充足与否，而不仅仅是养生理论。随着现代粮食供应变得充足，一日三餐逐渐成为中国人的主流用餐习惯。

中国大城市的早餐，尤其是北京、上海这种特大城市的早餐是最无趣的，如果你不能在酒店享受早餐，那么在街上也难以寻觅到合胃口的早餐，但在20年前，城市化程度还没有这么高时，情况不是这样。

北京某粥铺的常见早餐搭配

① 油条 3 元
② 糊塌子 8 元
③ 茶叶蛋 2 元
④ 豆浆 4 元
⑤ 咸菜 2 元

早 餐

半个世纪前，节奏缓慢的北京、上海都有自己极具特点的早餐。上海的早餐中，干的食物有烧饼、油条、用糯米包裹着油炸食物的粢饭团，它们和稀的豆浆一起，被并称为"四大金刚"，意味着这是支撑了整个城市胃口的四样东西。除此之外，干的食物还包括生煎馒头、小笼包、蒸的菜包和肉包，还有烤出来的"老虎脚爪"——一种金黄色的面制点心。稀的则有馄饨、面条，还有泡饭，就着泡饭吃的咸菜一般有4到5种，包括皮蛋、榨菜、酱瓜，有时候有咸鸭蛋，还包括切成小段的油条，可蘸酱油吃。可以说，吃过这么丰盛的早餐后，人们一般才有精神进行上午的劳动。

北京的早餐与上海完全不同。拿稀的来说，有用绿豆发酵而成的豆汁，有豆腐脑——上面浇了黄花、蘑菇和牛肉做的卤汁，还有各种汤面、馄饨、粥。最让人意外的是有用大量猪内脏做成的特色小吃，包括拿猪肠和猪脾脏混合煮熟再勾芡的炒肝，还有各种久煮的内脏，混合成奇异味道的老汤卤煮，吃的时候在上面加烧饼。炸的东西有油饼、油条，还有大量的芝麻酱烧饼、糖烧饼、椒盐烧饼，显示自己所在的地域是以面食为主的北方城市，且都是非常耐饥的食物。虽然只是早餐，也保证了供应大量热量和营养，在这点上，北京和上海类似。

可是随着时代的节奏越来越快，大城市已经不能容忍需要大量时间制作，还要花费大量时间吃的慢节奏早餐，而代以各种快餐食物。肯德基和麦当劳的早餐成为很多人认可的干净早餐，不过也很乏味。上面所说的那些早餐食物反而很多成了特色餐厅里的品类，有些还变成了夜宵，上海一家馄饨摊就登上了米其林榜单，半夜还有人吃。各种路边小摊的服务内容也变成了销售早已做好的烧饼、煎蛋饼，还有规模化生产的馒头、包子、豆浆。在大城市生活，就不要奢望随时可见的美好早餐了。

很多从物质贫乏地区出来的人想象不到为什么这些地方的人早餐要吃这么多，这么久，实际上，这是中国人很享受的一种『饱食终日，无所事事』的状态。

相比之下，国内其他城市的早餐要明显好于北京、上海、深圳等大城市。北方城市可以找到无数的热汤面馆，这里的面条是现煮的，暖暖的汤可以让你的胃部舒服，也有卖包子和馒头的小铺。南方城市则是用米粉取代了面条，很多地方精于制造面条和米粉的底汤——用猪肉、羊肉、牛肉炖很久，以便让早餐的味道更鲜美，成品还会加上各种肉类、禽类、鱼类、各式香料和作料。比较知名的有苏州的各式面条、湖南和广西的米粉、四川的酸辣粉、南京的皮肚面，还有湖北的热干面。

在南方，因为人们对食物的热爱，以及长期以来城市养成的休闲气质，使得几个区域还留存有优质的早餐，不因城市规模的扩大而改变。比如广州，早餐是配合茶一起食用的，所以叫早茶。一壶茶可以搭配很多东西，各种包子、米粉、甜食还有汤煮的点心，实际上这个早餐可以一直延续到午后。扬州也曾经富裕过，所以也有早茶的习惯，这里最出名的是包子，还有拌的豆腐干丝。很多从物质贫乏地区出来的人想象不到为什么这些地方的人早餐要吃这么多，这么久，实际上，这是中国人很享受的一种"饱食终日，无所事事"的状态。

西双版纳傣族自治州景洪市的普通一餐

❶ ⋯⋯⋯ 芭蕉叶包饭	❻ ⋯⋯⋯ 糯米饭	⓫ ⋯⋯⋯ 泡菜	⓰ ⋯⋯⋯ 柠檬水
❷ ⋯⋯⋯ 烤鱼	❼ ⋯⋯⋯ 烤鸡	⓬ ⋯⋯⋯ 米豆腐	⓱ ⋯⋯⋯ 牛蹄筋
❸ ⋯⋯⋯ 菠萝饭	❽ ⋯⋯⋯ 烤五花肉	⓭ ⋯⋯⋯ 手撕牛肉干	⓲ ⋯⋯⋯ 烤瘦肉
❹ ⋯⋯⋯ 烫蕨菜	❾ ⋯⋯⋯ 烤排骨	⓮ ⋯⋯⋯ 豆豉（蘸料的一种）	
❺ ⋯⋯⋯ 烤猪皮	❿ ⋯⋯⋯ 烫青菜	⓯ ⋯⋯⋯ 辣椒面	

午餐

越来越多的中国城市午餐吃得很不好，因为上班的原因，人们午休时间并不多，尤其是大城市，在过去的20年里，很多中国人是通过从家里自带饭食，或去工作地点附近的小餐馆解决午餐，只有生意人或有一定权力的人士会有时间应酬，他们应酬的内容包括一顿正式的午餐，可能还有酒。

在公务接待领域，对一顿正式的午餐，比较官方的说法是"四菜一汤"，这里面一定有主要的荤菜，可能是鱼，也可能是肉或者禽类，还有荤素搭配的炒菜，最后还有纯粹的蔬菜。至于主食，视乎南方还是北方，南方可以是米饭、炒米饭或者米粉，北方往往是面条和水饺。近些年，很多地方的政府直接下令禁止公务午餐饮酒，所以热闹的午餐场景也随之减少。

还有一种现象，就是国内大型和中型城市的餐厅开始模仿西餐，或者效仿邻国日本，提供定量的搭配食物。这种食物其实是四餐一汤的微缩版，减了不少分量，也意味着减少了就餐时间，保证你有更多时间投入工作。即使是一些出名的餐厅，也开始在午餐时间推出简单餐饮，这样人们可以吃得更快，换桌率更高。随着互联网叫餐软件的普及，越来越多的简餐、定食、健康餐取代了以往繁杂的午饭，很多人已经习惯于把吃饭的享受放在晚餐时间，这点和西方国家一样，但晚餐吃得过多会导致难以消化，也造成城市人越来越高的肥胖率。只有在小城市或者农村地区，才有大量的午餐时间，可这个时候，很多孩子在上学，或者很多人宁愿把时间花在午觉上，所以中国人的午餐一般不及晚餐重要。

多少年来，中国的营养专家一直在教育大多数人"午饭吃好，晚餐吃少"，可因为工作时间的规定，多数人是正好相反。

晚餐和夜宵

晚餐是中国人的放松时间。无论家庭聚会还是朋友聚餐，多数中国人都倾向于在晚上大吃一顿，也因此越来越多的餐厅开始在午间停止营业或推出特价套餐，到晚上才开始漫长的营业，时间可能从下午5点一直到晚10点后，尤其是大城市的餐厅。小城市多数还维持着晚8点左右关门的习惯。

晚餐是多数餐厅的黄金时间，很多晚餐会搭配酒且各种酒都有，最小的餐馆也有廉价白酒和啤酒，日本料理店都有清酒，韩国餐厅有烧酒，特别高

1. 云南喜洲，在路边米粉店解决午餐的年轻人。2. 江南地区的咸肉制品，很适合在午餐或晚餐时清蒸后食用，或用作汤的配料。

档的餐厅备有数量丰富的葡萄酒和威士忌，专门应付他们心目中的高档客人。但不管什么类型的餐厅，晚餐一定是繁忙的，如果晚餐时间门可罗雀，则这家餐厅快要关门了。

晚餐时间，餐厅会用各种菜来搭配酒，有凉菜和炒菜，一道道端上来。有些菜需要等一两个小时才能做好，可人们并不怕等待，因为晚餐就是享乐时间。火锅也成为许多国内城市居民的晚餐首选，这种食用方式需要大量时间，搭配啤酒，可轻易消磨掉一个晚上。

晚餐之后，很多城市有自己的夜宵市场，无论南北方，烧烤成为主要的夜宵，一直到凌晨两三点才停业。所以在中国的城市里，不用担心时间太晚没吃的。但在农村地区，还是会把深夜吃喝当成不正常的事情。漫漫的农村包围中，通常只有在县城（中国最小的城市单位），才有夜宵摊点。

如果是家庭晚餐，人们是看就餐人员决定菜肴数量，不过尽管人再少，也会有大荤（素食家庭除外），包括鸡鸭鱼肉、海鲜等，牛肉越来越受欢迎，因为人们觉得营养价值高；肯定有汤，南方可能是久煮的炖汤，北方可能用西红柿、黄瓜和鸡蛋快速做成汤，因为中国人觉得无汤不成饭，热汤热饭让胃舒服；还有青菜，大家觉得这样才能营养平衡。

中国人很少分餐，可能是因为热菜上来时要保证吃的速度，才能确保美味，所以尽管很多西方人去中国家庭做客，大家也很少特意为客人分餐，而是给他们筷子和刀叉，让其自己选择，然后饭桌上也多了很多与此相关的话

1

题。只有大宾馆的中餐，还有一些总是招待西方客人的家庭，才会实行分餐制，这是稀少的行为，中国人并不觉得分餐文明。很多专家要求分餐，觉得可以减少疾病传播，可是如同众多专家的教训，这种要求并没有成功进入中国家庭。

南北方的晚餐差异并不大，都是讲究营养均衡和荤素搭配，主要是"菜"的世界而不是主食的世界。一般来说，中国南北方的主要差异集中在主食上，如北方重面食而南方爱米食，别的方面有差异但并不大。

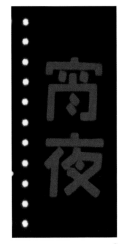

2

荤食上南方人注重猪肉，北方人善于烹制牛羊肉。很多南方人过去不吃牛羊肉，但这局面正飞速改变，很多专业人士说牛肉营养价值高，结果一些国内的中产家庭开始放弃猪肉改吃牛肉，这情况和一百年前的日本类似。另一差异就是南方人爱食用水产品，无论海鱼河鱼，北方则少很多，北方人对鱼类的烹饪技术明显弱于南方，哪怕是盛产鱼类的东北一些地区，也就是简单炖煮，不像南方那样多样化，一条鱼，从最简单的清蒸到复杂的鱼片、鱼肉丸子、鱼丁，都是厨师们可以轻松应付的家常菜。

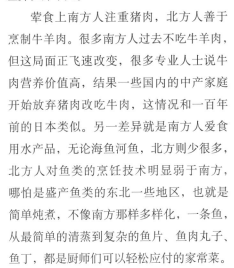

3

还有有意思的一点，中国人所说的"菜"大部分是指蔬菜，而不是指肉类和鱼类。中国的蔬菜种类极为丰富，加上烹饪手段多样，什么都能做成美味，所以蔬菜是晚餐桌上的重要一味。比如春天，南方吃笋、蚕豆、各种野菜，北方则是一种叫香椿的树上嫩芽；夏天，南方的季节性蔬菜更多，但北方这时蔬菜也不少，瓜类植物占据了国人这个季节的餐桌，如各种以冬瓜、黄瓜做成的菜肴，南北方也都吃西瓜，作为夏天的主要水果。南方人喜欢的豌豆苗、苋菜、各种奇怪的小青菜，在北方现在也能看到，但不是主流食物；秋冬来临，南北方都面临蔬菜减少问题，但广泛种植的大棚蔬菜，能保证人们在秋冬也能吃到各种蔬菜。不像30年前，北方漫长的冬季，只有白菜、萝卜和土豆可以食用，而且以白菜为主。在当时的首都北京，很多居民楼的走廊里都堆满了大白菜。

最后还是交通运输和种植技术的进展，彻底改变了我们的餐桌。

1.北京健德门地铁站口，趁夜行动的流动食摊以醒目广告招揽食客。riff/摄 2.提示有夜宵的餐厅灯箱。3.扬州众顺和餐厅的名厨柏翔飞以藜麦、丝瓜、秋葵、杏鲍菇等为主料制作的两道创意餐食，很符合一些中国人希望轻油低脂的晚餐需求。

买菜遵时令
生活爱传统

[sū zhōu]

苏州

▶葑门横街菜场

▶吴中东山集贸市场

▶双塔市集

苏州｜上海｜扬州｜成都｜南京｜北京

菜场里的食材可用人类学家列维-斯特劳斯的话形容：食物不只是好吃，也好想。菜场里拎着菜篮子的人都在"想"。想今天吃什么，怎么搭配，几人吃？"想"透露着他们的生活习惯、传统价值观，还有关心什么烦恼什么，思考逻辑又是什么。他们还难免碰上熟人和几乎天天打交道的摊贩，总会附带几句寒暄。这一切用严肃的语言可以表述为菜场是具有社会与文化意义的存在，而另一方面，喧嚣又鲜活的菜场，几乎真实得能触摸到生活具象的模样。

1—3.苏州的老菜场内，勤劳的摊主们分别忙于手剥豆子、莲子和芡实。

1

4

5

6

2

3　11

若一个城市很有历史，往往它的老菜场也带着浓郁的印记，比如苏州位于太湖之滨，内外水道纵横，有着丰富湖河资源，因此当地人常去的葑门横街菜场、劳动路菜场、新民桥菜场、娄门菜场这四大菜场都是依河而建。

水路是姑苏古城的重要通道之一，在葑门横街南边就有一条叫葑门塘的河，以前近郊的农民就是摇着船运着老菱、茭白、鲜藕等来横街售卖，慢慢形成了菜场的雏形。

在这些苏州城的菜场内，依然可在每日清晨最热闹之时窥视到苏州人忠于传统的生活方式：在那里，大部分摊贩依然利落地使用着老式杆称，菜农多半挑着担子卖菜，新鲜的蔬菜被码得整整齐齐、一丝不乱，地道的吴侬软语在耳边回响着："老伯伯，今天想来点什么，这个黄瓜是本地的白黄瓜哦。"或是，"阿姨啊，今朝的蚕豆糯得不得了，啊要称点呢？还有牛角茄，现在也便宜咯！"

7   8   9

苏州人喜欢吃本地品种的蔬菜，比如黄瓜在苏州分两种，一种是本地白黄瓜，另一种是青黄瓜。卖相好、口感鲜嫩、水分足的青黄瓜售价只有本地黄瓜的一半，一般都是白黄瓜先卖完，市民才会挑选青黄瓜；还有，尽管杭州红茄皮薄口感好，但大家还是习惯地先选择本地产的牛角茄；苏州的茭白品种也很多，以前葑门外的茭白名气最响，因为历史上葑门外的娄葑、斜塘、郭巷、车坊这些地方地势低洼，最适合茭白生长。这些本地茭白产量不高，个头偏小，但口感好，当地人用它做菜有个不成文的习惯，"茭白要轧荤道"，就是要跟肉类一起做。当本地茭白上市时，外地品种早已上市，但因本地品种的茭白又白又嫩，口感细洁，质地紧实有弹性，懂行的苏州老百姓还是愿意等到它上市，买回家用手掰成段，在蒸米饭时一同蒸好，再蘸用酱油、麻油等调好的味汁吃。

但如今因产量低、难抗病虫害等因素的制约，大部分苏州本地品种的蔬菜已难再见，取而代之的多是从各地涌入的蔬菜品种，比如福建的土豆和尖头包菜，海南冬瓜，上海有机花菜，浙江的白菜、茭白和莴苣，广东大青皮冬瓜，杭州红茄，云南球葱等，但并不妨碍忠于传统习俗的苏州人一觅见本地品种的蔬菜就欣喜抢下。

10

4—5.剥好的百合片与处理之前的鲜百合。6.色彩诱人的新鲜瓜蔬。7.已去骨并清理干净的待售黄鳝。8—9.种类丰富的豆制品。10.鲜笋。11.葑门横街菜场的热闹景象。

菜场里售卖的本地品种蔬菜、肉类，闲聊互动中透露的老式烹饪方式、习俗，某种程度上都是对土著精神的坚守和传达。

"不时不食"这一饮食传统也依然在苏州人的生活中保存着。苏州四季分明，加上周围各类食材丰富，四季都不愁吃到好味，即便进入秋冬季，荸荠、茨菰、水芹、豌豆苗等这些冬季的蔬菜也都会一一上市。

有人曾试图在7月的葑门横街老菜场寻找夏天才出的新鲜鸡头米，结果只有刚上市不久的藕和莲蓬，只有一些干货店才存有去年晒干的鸡头米。后来撞见有两三家店铺挂着醒目招牌，上写"南荡鸡头米"或"南塘鸡头米"，才得知首批苏州本地产的鸡头米要在一周后上市（本地鸡头米多产自南荡，苏州话中"荡"和"塘"的发音相似）。不时不食的苏州人就像日本人计算樱花盛开的日期一样，欣喜地数着他们宠爱的鸡头米的上市时间，态度极为认真。

每年的7月末，通常是苏州特有的水红菱的上市时间。摊贩为了保鲜，往往将水红菱浸在清水里，若你买回家不立刻吃掉也要浸水保存。而这个时节的藕介于虽还嫩，但马上就要老的阶段，有经验的人通常更早时候买，选取藕最脆嫩的前两段，切开颜色带点黄，有九孔，炒来吃也行，直接吃口感更像水果。如果等再过段时间，藕口感老了一点，就取中间粗大的段节塞入糯米，蒸熟做糯米糖藕。

所以在不同季节，苏州菜场售卖的蔬菜是不一样的，这点绝不马虎，即便是平民百姓，在苏州，也是坚决将不时不食执行到位。

另一种太湖特产——莼菜，也经常可在苏州的菜场里看到，它的采收期虽长，从3月持续到10月，夏天却是没有的，要等到春秋两季，新鲜的莼菜才会出现在菜场。苏州人对吃的讲究是出名的，他们晓得春莼是最嫩的，要选细细的、鲜嫩的、叶子卷起来的那种，像荷叶一样舒展开就不好吃了，买回家煮做羹汤最能体现它滑嫩清爽的口感。

菜场的生机也不只来自菜——这里通常还藏着最地道的平民美食。以葑门横街为例，沿河600多米的这条老街上，脚下每块青石条都有数百年历史，两边多是清末民初的建筑，这里大概是苏州保存最完善的老菜场。此处除了贩卖各类蔬菜、水果、肉类，也存在着各式苏味美食的店铺：同和斋熟肉店、茶食糖果店赵天禄、黄富兴糕团店，还有各种豆制品、卤味、苏式面、糕点、蟹壳皇、炸大排、爆鱼等售卖。作为传统苏式菜，爆鱼也叫熏鱼，买回去通常作为一道菜，用作面条的浇头。到了相应时节，这里还会卖比薯片香脆、略带甜味的炸茨菰片，还有从大缸煮好，上面盖着被子的焐熟藕和糯米糖藕。

在食物的地域分界日愈被交通和互联网打破的当下，很多隐藏在食物背后的传统生活的意识、信念，会逐渐淡化、消失。好在还有像葑门横街这样的苏州老菜场，一直在默默延续着此地的传统习俗：菜场里售卖的本地品种蔬菜、肉类，闲聊互动中透露的老式烹饪方式、习俗，某种程度上都是对土著精神的坚守和传达。

网红市集

通常，走在那些城市老菜场中(特别是早市)，你会发现20+的年轻群体明显缺席。与其早起追逐新鲜食材，他们往往宁肯享受赖床时光，且更看重消费效率，喜欢选择24小时便利店或外卖生鲜类App。不过，2019年年底重新开业的苏州双塔市集似乎打破了这一定律。位于古城定慧寺巷附近的双塔市集，原本是传统老旧的菜场，经改造后面积近两千平方米，集消费、娱乐、社交功能于一体，开业半月客流量便超20万，更因社交媒体的传播，形成了很高的话题热度。胖胖翻翻/图虫创意

▽ 和店主打招呼
侬好！最近啊有进啥个新货？

▽ 形容东西看上去不错
哦哟，这个物事看上去蛮灵咯哇！

▽ 问价
这个卖几钿？啊好便宜点？

▽ 觉得不太理想，想再逛逛看
我还想到前头转一圈再看看唻。

▽ 尝试砍价
价钿试巨，再便宜点么我就买哉。

保留老调门

双塔市集商品门类设置全面：蔬菜、海鲜、水产、粮油、茶叶、玉器、百货、文创……还设有宠物休息区、表演舞台、休闲区、花店等，老苏州人生活里常见的古早厨房用具或手艺也变成了民俗展品，运营方甚至把老城街头的钥匙铺、裁缝摊、修锁摊也一并搬了进来。

生姜 Ginger

顺北 39 南北货 Drysaltery

壮 38

苏州码子记录薄

营业执照

食品经营许可证

青色草的馅

对重苏州人而言俗谚令的

雨前後必喫時

令蔬菜香椿马

蚕头马兰笕等

无不清香可口

螺头水白

枇杷牛坟贵

柑橘是苏州

嫩正是当季

水果

种

芡白水珍

可错过的时令

小满

小满

的月

备

/ "视觉系"变脸 /

　　传统中国菜场很多只是在门口简单挂个牌匾了事，而在苏州这样有着悠长历史和精致传统的城市，人们似乎更容易也有能力去追求和欣赏精致之美。双塔市集从门类设置、装饰装修、推广文案都交由专业团队打造，将古老趣味与现代元素融合。比如，设计师们复活了古代苏州特有的民间"商业数字"——苏州码子，将其变成主Logo的设计元素，一下令其与中国很多城市常见的粗陋商业门头拉开了差距。

第2章

无肉不欢

在中国，不管东南西北，肉食者都在辛苦对待他们的食物。

中国人的肉食传统

1. 云南玉龙地区乡村集市上待售的猪头。riff/摄
2. 成都菜场里的肉铺摊主正专心处理他的货品，当地传统名吃老妈蹄花即以他手中的猪蹄和芸豆等煲煮而成。

中国人在吃上非常包容，比如吃臭的食物，各个城市基本都有炸臭豆腐的摊位；比如吃昆虫，在山东、云南，都是堂而皇之的事情；比如吃素、吃生的食物，甚至是看起来完全不能吃的竹鼠还有蟑螂，都可能出现在某些地区的餐桌上。事实上，在近年声名鹊起的武侠电影导演徐皓峰的笔下，竹鼠还被认为是最为美味的肉制品。中国人在吃的容忍度方面如此宽泛，很大程度要归因于这个国家在漫长的历史中，对蛋白质和脂肪的需求一直得不到彻底满足。

1. 四川的普通腊肉制品店内景。
李爽/摄 2. 北京一家东北风味餐馆的广告黑板显示，猪肉馅对饺子很重要。

人口众多并在漫长的时间流里不断经历灾荒和战乱，使"吃"成为中国人的人生大事——他们重视吃，愿意在吃上花时间，也享受吃。因为这个背景，在中国吃肉——这里说的主要是猪、牛、羊等大型动物的肉，成为一件特别快乐、特别重要的事情。肉类，也是中国最主要的食物，与肉相比，前面所说的食物品类都成了偏门、非主流。在中国，人们可以把肉做成各种美味，如果你愿意，可以尝试几百道关于肉的菜肴，一个月之内不重复，远不是在德国或者美国吃肉，只有那么有限的几种烹饪方法。

中国大部分地区把猪肉作为主要食用的肉类，从北到南无一例外。有趁新鲜食用的方法，有腌制的食用法，有些地方甚至吃变质猪肉，可以说，不管猪肉存放多久，人们都不会放过，而且几乎不会浪费猪身上的任何蛋白质。

新鲜猪肉

尽管中国南方和北方在吃的问题上有时互相看不起，但对新鲜猪肉的喜爱，却是相同的。东北地区的人爱吃杀猪菜，也就是将新鲜的猪肉、猪血、猪内脏与酸味的白菜混合在一起煮熟，听起来和德国人的方法有点类似，但其实不同。中国人喜欢用酸菜和猪肉煮成汤羹，可消除猪肉的腥臊之气，相比之下，德国的烤猪肘就没有这么复杂的芳香。在中国最会吃的省份之一——广东省，人们喜欢

东北饺子

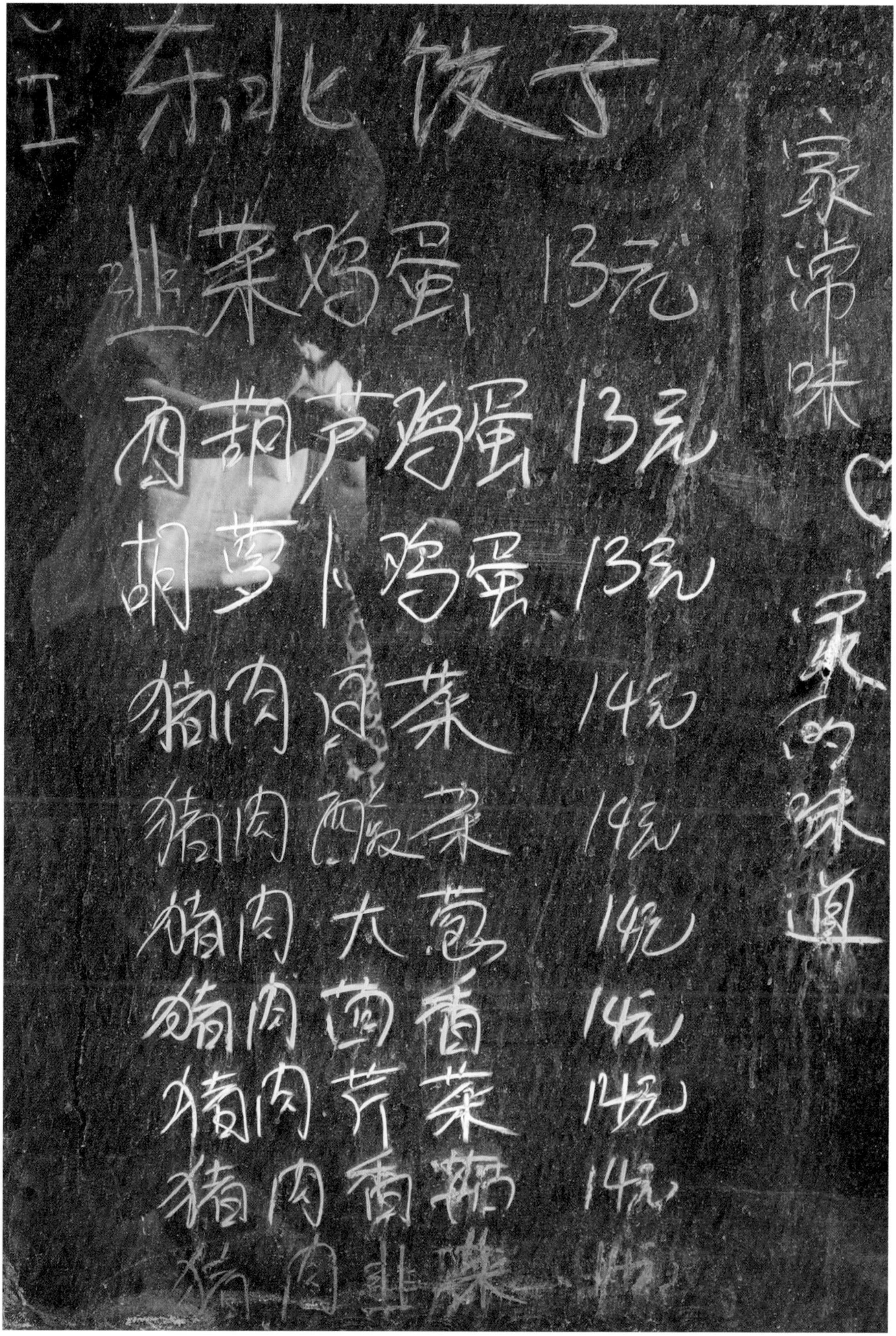

家常味

韭菜鸡蛋　13元

西葫芦鸡蛋　13元

胡萝卜鸡蛋　13元

猪肉莲菜　　14元

猪肉酸菜　　14元

猪肉大葱　　14元

猪肉茴香　　14元

猪肉芹菜　　14元

猪肉香菇　　14元

猪肉韭菜　　14元

家的味道

用新鲜的猪血、猪内脏做成各种汤，上面撒满东方的香料植物，比如韭菜、芹菜、胡椒，很多人为了追求这种美味，甚至半夜开车去往屠宰场附近的餐馆，以便能吃到刚刚杀好的猪肉。

新鲜的猪肉会被中国人切成片，切成丝，切成块，做成各种热炒，或者与酱油、白糖一起红烧。红烧猪肉几乎是中国的国菜，在任何地方吃猪肉的饭馆都可以找到，只是上海人加糖多，北方人加粉条多，但本质一样——高蛋白、高脂肪，吃进去有满足感。北方人还喜欢把猪肉剁成馅类，做成中国最著名的食物之一，饺子。其实包子、馄饨，还有春卷等馅类食物也离不开猪肉。猪作为一种可靠的饲养动物，饲料来源比较好补充，出肉多，除了不适合迁移牧养之外，几乎没有什么缺点。

腌制猪肉

金华火腿 >>>

金华火腿是产自浙江金华地区的著名干腌肉制品，外形酷似琵琶，味道香咸但又有甜味，富含脂肪、蛋白质、矿物质和维生素。有说它起源于唐代，并在两宋时期成为知名特产，明清时期已是朝廷贡品，甚至行销海外各国。在清朝著名的绘画长卷《姑苏繁华图》里，就可以看到售卖金华火腿的店铺。据说正宗的金华火腿要以当地叫作"两头乌"的猪后腿为原料，制作时间可能长达8～10个月，历经修胚、腌制、洗晒、发酵、落架堆叠等多个阶段，并因加工方法、加工季节和取材部位的不同，分为众多品类。Tanteckken/dreamstime/图虫创意

但并不是说腌制的猪肉就不美味了。中国很多区域出产火腿、腊肉和香肠，从南到北都有自己独特的出品：长江流域的金华火腿适合熟吃，可以和各种蔬菜煮成浓汤，也适合单独蒸熟，加上糖来调和它的咸味。使用这种火腿和莲子烹制而成的"蜜汁火方"就是东部沿海长江三角洲地区的名菜。长江流域的腊肉和香肠都是美味，应该是源于农业时代的传统，逢年过节才能杀猪，但不能一次食用完毕，需要保存下来的部位，往往就放在火塘之上，盐腌火熏之后制成腊肉香肠，既不容易腐烂，也有了不同的风味。什么时候需要，就直接拿下来切片切块食用。这些食物在现代食物体系里显得不那么健康，可是完全不妨碍中国人照常食用，冬季更是批量制作这种食物的高潮期。

西南地区的云南、贵州，也制作各种火腿，因为猪肉质量好，现在名气越来越大。奇怪的是，东方的火腿基本适合加热后食用，和西方生食火腿迥然不同，有人说是卫生条件不同，造成火腿成品不同，但事实上，更多还是因为中国人喜欢熟食猪肉类，他们觉得这样更能突出食物的鲜味——其实也是符合食品的安全食用法则的。

牛肉和羊肉

在中国牧业传统发达的地区，人们很少食用猪肉。中国的西北地区几乎看不到猪肉的影子，有宗教的影响，但也不全是，蒙古族也不太食用猪肉，他们广泛食用的是牛羊肉。而且近年由于食品工业不当使用饲料，越来越多的人觉得牛羊肉营养更好，也更加卫生。除了最简单的烤肉，牛羊肉的食用方法一点不比猪肉少——红烧的牛肉、羊肉都是日常美味；各种炒菜都可以放进去切成小块的牛羊肉，并且出现了很多名菜，如干煸的牛肉丝，和糖类混合烹饪的羊肉菜"它似蜜"，都属于中国独特的菜式。当然，大火翻炒小块肉类的方式，本来也是中国食物的独到之处。

西北地区的馅类食物，也普遍采用牛肉和羊肉，混合不同蔬菜会有不同味道。如新疆的烤羊肉包子、西北普遍可见的牛羊肉馄饨，都是这类美妙的食物。任何猪肉可以烹饪的菜肴，牛羊肉都可以做到，甚至更独到和美味，这也是中国美食传统在起作用，不管东南西北，肉食者都在辛苦对待他们的食物。

如果真要统计，中国的肉食者在人口总数中肯定是占绝大多数，无法想象这个国家在40年前，也就是计划经济时代，还需要凭借票证来获得肉类，当然，也是没有办法，任何民族都有自己的艰难历史。

红烧猪肉几乎是中国的国菜，在任何地方吃猪肉的饭馆都可以找到，只是上海人加糖多，北方人加粉条多，但本质一样——高蛋白、高脂肪，吃进去有满足感。

位于北京安定门内的便民肉店。

49

6. 上海红烧肉

浓的油，赤的酱

20世纪60年代时，上海曾经出现一个习俗，女儿会于父母66岁寿辰时，烹制66块红烧肉孝敬父母，祈愿父母长寿，可见上海人对红烧肉的热爱。

进击的徽帮菜 >>>

徽帮菜征服上海与考究饮食的徽商不无关系。当时安徽人在上海典质行业从业最多，富且有势力，为照顾同乡人的口味，大量徽菜馆出现。旅沪的徽州人每逢宴请总会选徽菜馆。当时住在上海的文学家、徽州人胡适无论请客还是被请，总在徽菜馆用餐。上海最初的徽菜馆是小东门大铺楼，由胡善增为首的徽商集资经营，胡适的父亲也曾参与其中。

在上海，无论是普通人家盛在锅碗里的家常菜，还是宴席上摆的精致菜肴，出现一条红烧鱼或一碗红烧肉的概率非常之高，因为它们最能代表本帮菜（即上海本地菜）烹饪的精髓。

虽然国内其他地方也有红烧的菜，但显然和上海的红烧是两个概念。上海的红烧不是简单加酱油上个色，通常是将酱油和糖一起调味，酱油咸中带鲜，容易使菜形成甜中带咸的多元口感。而酱油和糖相融，经过烹饪，还可以调出荤菜中的油脂和胶质，使得汤汁浓稠，味道醇厚。这就是所谓"浓油赤酱"，也是本帮菜讲究的原汁原味，这两者在本帮菜里并不矛盾。作为肉食爱好者的作家张爱玲，最爱的菜也是这"浓油赤酱"的红烧肉。

❶ 葱切段，姜切片，五花肉切成约2厘米见方的块；

❷ 锅烧热，加色拉油，先将肉块放入锅内煸炒，等原本红色的瘦肉部分变白时，加入葱段、姜片一起煸炒；

❸ 当肉质表面炒至微黄时，加入黄酒（炖煮五花肉时可以豪放地全部使用黄酒，不加水），下酒同时加入冰糖以及用老抽和生抽两者兑好的酱油汁，盖好锅盖炖煮90分钟，让酒香慢慢渗入五花肉里。90分钟后关火再焖约20分钟即可成菜。

⊙ 猪五花肉

五花肉一般取自猪腹部（此处脂肪组织最多，又有肌肉组织），特点是肥瘦相间，又称肋条肉、三层肉，这部分的瘦肉也最多汁。观察优质五花肉，其肥肉和瘦肉部分界限会比较分明，红白两色对比强烈，整肉用手摸时会有轻微粘手的感觉。

本帮菜"浓油赤酱"的特色，包括其擅长的"红烧"，其实是从徽菜承袭过来。自1843年开埠以后，上海地位发生巨变，从曾被名城扬州和苏州压一头、只有七八条街巷的渔村变成国际化都市，连带着地界上的美食品质也突飞猛进——之前上海没什么特色菜，就是八大碗之类的下饭菜。可这个城市是吃老虎奶长大的，短时间内迅速吸取安徽、苏州、扬州、杭州、广州、北京、四川、湖南等地菜系的精华，以及诸多海外奇珍。当时的上海酒菜业同业公会也因此分别成立了"本帮""苏帮""徽帮""广帮""京帮"等分会，方便管理各帮菜馆。其中，徽帮菜讲究的是火功，注意保持原色、原汁、原味，深得沪上食客青睐，也是本帮菜吸收得最多的外地菜系。

张爱玲曾说，上海人有一种奇异的智慧。大概是这些"奇异的智慧"运用得当，上海人很善于运用红烧离不开的酱油、糖、黄酒这些调味品。

上海菜里有很多都要用到黄酒，因为能使鱼、肉更为鲜香。黄酒里，最受上海厨师欢迎的必然是绍兴的女儿红，或者塔牌的香雪海。如果没有条件选择产自绍兴的黄酒，可以买上海黄酒（色味相对寡淡许多）、石库门黄酒、普通花雕。选择绍兴女儿红和塔牌香雪海的原因是，这两种黄酒产自绍兴，使用的是鉴湖水。中国对绍兴黄酒实施原产地域保护的原因之一就是因为鉴湖水，众多黄酒厂分布于鉴湖水系沿岸，其产品在经过了传统的酿酒过程后变得色浓味道足。酒中有较多的水溶性氨基酸，它和调料中的食盐形成钠盐，也就是味精。同时氨基酸又与调料中的糖分形成诱人的香气，使做成的鱼、肉更味美可口。酒内的酯类还会给菜肴带来芳香，糖分能增加菜肴鲜味，乙醇能除去鱼类的腥味、肉的膻味。正是这丰富的组合构成了令味道存储在人们记忆中的上海红烧肉。

小葱

食材准备

五花肉…… 1000克
小葱…… 30克
姜…… 40克
色拉油…… 30毫升
老抽…… 30毫升
生抽…… 40毫升
冰糖…… 100克
黄酒…… 1000毫升

7. 四川红烧肉
肥而不腻，瘦而不柴

几乎所有的中国省份都吃红烧肉（一般指红烧猪肉），但烧制方法又极不同，几乎每个地区都觉得自己的方法最正宗，其他是歪门邪道。其中，自诩红烧肉最正宗的区域，以上海、四川和湖南三地为主，他们各执一词，都觉得别人的做法不好吃，不正确。

曾经，某部美食纪录片介绍红烧肉时，被一些上海观众质疑——摄制组在上海拍摄这道菜，可采访的不是上海人，是在上海生活的北方人士。片中的北方家长做"家常菜"，不仅加蒜，还增加了青蒜苗——在中国，蒜被作为调料使用虽然历史悠久，但以北方地区为主，上海的红烧肉不添加大蒜，主要靠添加酱油、糖，外加八角、桂皮等香料，所以这道菜明显不是上海的烧制办法。结果不仅片子被骂，连家长信息也被披露。由一道菜引发这么大的道德批判狂潮很可笑，但由此可见中国人对红烧肉的认真程度。

红烧肉说起来历史悠久，北宋官员苏东坡，是中国文化史上的传奇人物，他爱吃爱生活也爱美人，加上才华横溢，虽然屡次被皇帝发配到边疆或穷困地区，但一举一动都受到朝野关注，包括他的菜谱。当时流行吃羊肉，举国若狂，而猪肉是穷人的食物，所以他发明了用盐、酱、酒烹饪猪肉的方法，实在没有酒就用茶水，反正不直接用水，火候到了的时候，肉变得入口即化。这种方式烹饪出来的猪肉软烂美味，后世称为"东坡肉"——至今还是四川和杭州等地人热爱的美味，但做法应该与古时完全不同了，现在普遍用酱油和黄酒、糖烹饪。

红烧肉实际上是东坡肉的变种，东坡肉大块，而红烧肉则小得多。虽然中国有各个流派的红烧肉，但基本烹饪方式其实类似：将带皮猪肉下锅，最好选择肥瘦相间的，纯粹的肥肉太腻，而瘦肉处理不好口感会很差，就是所谓的"柴"——形容一种枯瘦的口感。用热水煮一下，除去猪肉的腥膜，然后

食材准备

五花肉······500克
生姜······5片
葱······2根
桂皮······1根
香叶······4~5片
八角······3颗
植物油······30毫升
盐······5克
酱油······50毫升
冰糖······2小块
黄酒······30毫升
水······500毫升

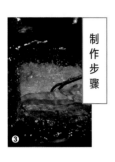

制作步骤

① 葱切段，生姜切片。清洗干净五花肉，尤其是带皮部位要拔掉猪毛，然后整块放入煮开的水中烫30秒；

② 烫后将肉取出，清洗放凉后切厚块，放入开水锅中再烫，然后取出沥干水分；

③ 锅烧热，先放植物油，稍后放入五花肉块，炸到两面微黄便盛出，将其切成更小的块，大小约3厘米见方；

④ 锅内留油，放入葱段、桂皮、香叶、八角和部分生姜片炒香；

⑤ 锅内再投入冰糖块及盐少许，待冰糖融化时加入猪肉块，令其被糖汁包裹。再加酱油、黄酒、剩下的生姜片一起翻炒，之后加水，大火煮开。煮开后撇去浮沫改小火，焖煮30分钟至1小时；

⑥ 打开盖子，改大火，汁收干后盛出即可，可在上面加少许色彩鲜亮的配料作为点缀，如樱桃萝卜切片、焯熟的芦笋嫩尖、苦菊叶等。

切小块下油锅炸，最好让猪皮起泡，然后加八角、香叶、茴香（不是必选）等香料，以及黄酒、冰糖焖烧，时间越长越好。最后猪肉肥肉部分的脂肪被煮烂，所谓"肥而不腻"，而被油脂浸润的瘦肉部分则"瘦而不柴"，一锅好肉上桌了。

苏东坡发明了用盐、酱、酒烹饪猪肉的方法，实在没有酒就用茶水，反正不直接用水，火候到了的时候，肉变得入口即化。

主要流派

之所以分各个流派，是因为不同区域的红烧肉微有差异。四川人说自己的红烧肉最正宗，因为苏东坡是四川人，并且他们讲究地用醪糟汁代替了酒和糖，而醪糟汁本身有甜味，收干后有红葡萄酒的香味，所以他们觉得自己的红烧肉很迷人。

上海红烧肉的历史肯定不长，因为整个城市的历史也不长。上海菜最典型的特征是浓油赤酱，很多菜是加酱油、黄酒，外加冰糖红烧而成，比如红烧鳗鱼、红烧大肠、红烧蹄髈等。上海的红烧肉也沿袭了上述特点，不少红烧肉里要加几枚鸡蛋同煮，因为蛋吸收肉味，会更加甜香。这道菜过去属于解馋菜，不是宴席大菜，甚至不少人觉得是穷人的粗菜，但随着中国人越来越在吃上突破禁忌，如今这道菜在上海的体面餐厅倒也常见——也有改良版，用鲍鱼和猪肉一起红烧，属于近年流行菜，价格也更昂贵。

湖南本来在红烧肉领域没有话语权，可1980年代之后情况有了变化。据说生于湖南湘潭的毛主席特别喜欢红烧肉，认为肥肉可补脑，帮助思考，所以湖南餐厅开始流行做红烧肉。做法与川菜类似，只是里面会添加红曲（药食两用的传统中药材），有的加少量辣椒，微带辣味。

红烧肉大概可算中国国菜，不吃猪肉的地区也有红烧牛肉、红烧羊肉——大概是采用大量香料，将酱汁和糖组合在一起，让本来腥膻的动物肉体变得软烂香糯，红烧也因此成为很典型的烹饪方式。

"水煮牛肉"顾名思义，就是将牛肉用水煮熟，而不是用油炒熟或用别的方式。但真的这么简单吗？这样它怎能压倒那么多的菜肴，成为四川名菜？

8.

水煮牛肉

辣汤嫩牛炒CP

青蒜苗

芹菜

牛肉

水煮牛肉的烹饪当然没有那么简单。事实上，它比一般菜肴的烹饪过程要更复杂，结合了炒菜和火锅两种烹调技术于一锅，最后出来的菜有油香，又能保持动物性食材的鲜嫩——每次研究透彻这些名菜，你就会感叹，中国人花费在食物上的心思实在太多了。

据说水煮牛肉是由四川自贡的厨师发明的。这个区域的菜肴以辣著称，可能也与打井做盐的工人的需求有关系，食辣可帮助他们的身体出汗、排湿，这样工人从阴寒的井底出来后，身体能及时恢复常态。而在自贡一带，牛又是从事运输的主要劳动力，所以牛肉多，以牛肉做成的名菜也多，除了水煮牛肉，还有火边子牛肉、干煸牛肉丝，总之都是牛肉老嫩程度不一的菜肴。

水煮牛肉追求的是牛肉的嫩度。据说最早的时候，厨师是直接用火锅涮牛肉，等熟后就夹出，蘸花椒末、辣椒末和盐制成的作料食用。后来为了让牛肉的味道更加鲜美，涮牛肉的汤不再是一锅清水，而是先用菜油炒熟豆瓣酱、干辣椒段，让油里充斥着辣香，然后再下青菜，包括莴苣片、芹菜梗、豆芽菜等可以快速炒熟的菜肴。等油封住菜时，往里倒入鸡汤、

食材准备

鲜嫩牛肉…… 150克

芹菜…… 100克

青蒜苗…… 100克

小葱…… 50克

姜…… 5克

蒜…… 50克

干辣椒…… 6克

花椒…… 2克

胡椒粉…… 5克

郫县豆瓣酱…… 20克

植物油…… 65毫升

盐…… 10克

酱油…… 20毫升

黄酒…… 25毫升

淀粉…… 20克

❶ 小葱、姜、蒜都切末，郫县豆瓣酱也切碎备用；

❷ 将牛肉均匀切成薄片，放入备好的酱油、盐、黄酒等各一部分进行调味，并适当加入淀粉（可防止肉质因加热而失水变老）；

❸ 备好的花椒和干辣椒分出一部分，不放油，在干净的锅中炒热后，用刀背敲成碎末，放一边备用；

❹ 将已洗净的芹菜、青蒜苗，还有剩下的干辣椒都切段；

❺ 取锅烧热，倒入15毫升植物油，然后放入步骤❹中干辣椒段翻炒出香味，再放入切好的芹菜段和青蒜苗段，加一部分胡椒粉炒熟，最后将全部食材盛出备用；

❻ 另起一锅烧热，倒入25毫升植物油，然后放入步骤❸中备好的一半辣椒末和一半花椒末，再加入切碎的豆瓣酱，炒成红色。然后加入15毫升植物油及剩下的酱油、盐、黄酒，再加适量水，最后放入一部分蒜末、一部分葱末、全部的姜末，以及剩下的胡椒粉；

❼ 将汤煮开后加入牛肉片，肉片一熟就断火，将锅中食材盛入步骤❺已有芹菜和青蒜苗的盘中，撒上剩下的花椒末、干辣椒末和蒜末；

❽ 将剩下的植物油10毫升以锅烧热后，浇在菜品最上面，令香味更饱和；

❾ 最后撒一点剩下的新鲜葱末作为点缀。

蒜瓣

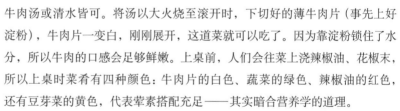

牛肉汤或清水皆可。将汤以大火烧至滚开时，下切好的薄牛肉片（事先上好淀粉），牛肉片一变白，刚刚展开，这道菜就可以吃了。因为靠淀粉锁住了水分，所以牛肉的口感会足够鲜嫩。上桌前，人们会往菜上浇辣椒油、花椒末，所以上桌时菜肴有四种颜色：牛肉片的白色、蔬菜的绿色、辣椒油的红色，还有豆芽菜的黄色，代表荤素搭配充足——其实暗合营养学的道理。

对菜品最后用到的花椒末、辣椒末，讲究的厨师都要现场制作——花椒炒好，然后用刀背碾碎；辣椒末也是先把干辣椒用火烤得更干，然后拿两把菜刀剁碎，洒在菜的表面上，最后一道明油浇上，呲啦一声，大功告成。

油温得四成热，估计130℃左右，这是最好的温度，能激发辣椒末、花椒末的香味，但又不会过烫，不会把下面的蔬菜烫老。

这道菜鲜香麻辣，属于川菜中辣度很高的菜之一。如果它的辣度算10分，别的川菜基本都只有五六分辣度，而回锅肉只有1分辣度。

为什么这么辣？前面也说过，自贡地区为井下作业工人密集的区域，吃辣有助于他们为身体排湿。实际上，顺长江而下到重庆一带，天气更加湿热，尤其是夏天，所以重庆菜的辣度基本都属于十分，水煮牛肉的辣在其中真不算稀奇。

炒好菜的油汤，除了可以用来烫熟牛肉片，还可以用同样的方法烫鸡肉片、猪肉片，包括稀少的兔子肉。如果肉切得足够薄，处理得足够好，口感都会很鲜嫩。这道菜做好，让一家人菜、肉都有，是一道不需要持续加热的火锅菜——可见厨师的智慧。

9. 回锅肉
不能没有灵魂豆瓣

回锅肉算是一道四川名菜，但是按专业四川厨师说过100遍的说法，川菜绝对不是全部都辣，有酸甜苦辣外加各种复合味型，百菜百味，回锅肉论地位虽然至少可排在川菜前5名，但辣度一点不大，勉强算是香辣——最不能吃辣的人，吃到它也觉得可以下咽。

青蒜苗

猪臀尖肉

豆豉

植物油

郫县豆瓣酱

酱油

黄酒

食材准备

猪臀尖肉……1 条约 400 克

青蒜苗……1 把约十根

小葱……1 根

姜……5 片

干红辣椒……20 克

豆豉……20 克

郫县豆瓣酱……50 克

花椒……10 克

植物油……20 毫升

酱油……20 毫升

黄酒……1 杯

清水……800 毫升

灯盏窝或灯盏窝儿,是四川地区人们对回锅肉最终成菜形状的比喻。缺少电灯的年代,人们使用类似平底碗形状的陶制小油灯即灯盏来照明,里面装有灯芯和油。人们炒制回锅肉时,肉片中水分会蒸发,油脂溢出,纤维和胶原蛋白也在热的作用下迅速收缩、卷曲,这一切会导致肉片中间凹陷,形成类似灯盏的造型。

制作步骤

① 小葱切段,姜切片,青蒜苗切斜段,豆瓣酱剁碎;

② 将整条带皮猪臀尖肉下入有清水的锅内,加葱段、姜片、部分花椒、黄酒,以大火煮开;

③ 撇净浮沫,将猪臀尖肉煮到七八分熟后,将其取出冷却,并切成3毫米厚的薄片;

④ 锅烧热,倒入植物油,然后加入干红辣椒、剩余的花椒煸炒,出香味后再下肉片。等肉片边缘卷起,肥肉部分呈透明状态时,先放豆豉拨弄几下,再放入剁碎的豆瓣酱,合炒炒出红油;

⑤ 再加入酱油翻炒,最后放入青蒜苗段,等豆瓣酱分布均匀后即可出锅。

如果说水煮肉片什么的辣度是10,那么回锅肉辣度就是1,非常细微的辣,更强调猪油和豆瓣酱、青蒜苗混合在一起的香味。

有人说回锅肉发明于清朝末年,出自某翰林,但这种说法很可疑,按照很多记载,明代四川就已经流行油爆猪肉,和现在回锅肉的做法类似,也是将肉煮熟煮透后切片,放在油锅里爆炒。但无疑,这道菜成熟定型应该是在清代。回锅肉的灵魂是四川的特定调料——郫县豆瓣酱,而这种酱料的成熟,也在清代。

另外让人觉得回锅肉未必是翰林发明的原因,就是回锅肉实在是一道很民间、很家常的菜肴,也是一道省钱菜肴。很多地方是买一块猪肉先煮熟,然后用肉汤来煮萝卜、冬瓜等素菜,称为连锅汤,再把煮熟的肉捞起,切成薄片放在油锅里另外炒熟——分明是经济实惠的主妇菜谱,不像是诗礼传家的文化人的发明。

郫县是今成都市郫都区的前身。公元前314年秦灭蜀后,于郫邑建县称郫县,是古蜀文明的重要发源地。此地以出产不添加香料、无任何油脂、鲜香红润的调味料"郫县豆瓣"闻名。被称为"川菜之魂"的郫县豆瓣酱最早出现于清道光年间,后在"益丰和""元丰源"等酱园的推动下,形成了特色酿制工艺和多种门类,现在被广泛用于炒菜、麻辣烫、冒菜、火锅、凉拌菜等多种烹饪领域。

四川自古出产好猪肉,回锅肉要用内江一带出产的黑毛猪,采用猪臀尖的肉,半肥半瘦最好,不要太瘦,那样油少肉柴,当然也不能太肥,那样过于油腻。将肉加香料煮七八分熟后,晾凉,切成大薄片,然后再下油锅里把肉片炒至吐油,注意,最好用菜油,因为猪肉本身会吐出油来。混合的香味出来时,往锅里加剁碎的豆瓣酱,这时很多大片猪肉正在蜷曲,形成美丽的"灯盏窝"——会不会做回锅肉,就要看肉片有没有蜷曲。有些人做完,还是

一片片的平整模样，显然不合格，不在于形状——因为油没有吐出来，口感会肥腻。

以豆瓣酱包裹肉片后，加少量青辣椒、青蒜苗，后者尤其重要，能加重回锅肉的滋味，所以四川人在青蒜苗成熟上市的时候做这道菜，家家户户铁锅敲响，这是一道主妇菜肴。外地人加莴笋丝或高丽菜，在四川厨子看来都不正宗，因为都属多余之物，不会增加菜肴的风味。

人们容易把两道川菜和回锅肉弄混，一道是盐煎肉，配料与回锅肉基本一样，但盐煎肉属于猪肉生炒，和回锅肉先煮熟后炒截然不同；一道是生炒辣椒肉，那道菜是把辣椒拍碎，加大量姜丝，放在铁锅里旺火滚油，也是生炒猪肉，炒到肥肉出油变微焦时味道最好。和回锅肉相比，这两道菜锅气更重，更快捷，配米饭吃最好。

如果回锅肉是小家碧玉，那么这两道菜就是街头大汉，更加新鲜热辣。

10.

夫妻肺片
"废"片也有未来

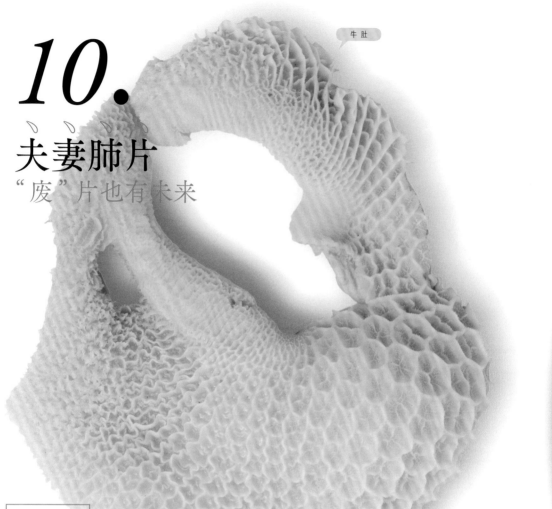

牛肚

食材准备

鲜牛肉……500克

牛杂（包括牛心、牛肚、
牛舌等）……500克

炸过的花生米……50克

炒熟的芝麻……5克

八角……5克

肉桂……1根

花椒粉……20克

辣椒酱……40克

红油……30毫升

盐……40克

白酒……25毫升

老卤水……600毫升

清水……1000毫升

这道菜起源于清朝末年，发源于四川成都。清朝末年社会经济衰退，不少小康之家破产，吃不起好的猪肉牛肉，以往不登大雅之堂的食材开始被食用，夫妻肺片就是在这种背景下产生。所谓的肺片，其实是"废片"，过去不太吃的东西被挖掘出来，包括牛头皮、牛心、牛筋、牛肚，牛肺倒是不在主流位置，但偶尔也夹杂其中。人们将这些材料煮熟后切薄片，然后将混杂了各种香辛味道的调料浇在上面，这些原本要被废弃的边角料因此变得极为美味——可谓川菜中典型的变废为宝了。

夫妻肺片这道菜最早因为廉价，并不出现在大餐厅里，而是由小贩在街头销售，以大脸盆盛装。因为是穷人的吃食，所以大家并不忌讳拿别人使用过的筷子再夹起来吃，尤其是劳动阶层，按吃过的片数算钱。但是这个菜渐渐出名，结果也有富人来吃，穿着长衫，一边无比小心防止油滴在身上，一边担心被路过的熟人看到自己在吃这么不雅的食物，所以这道菜又名"两头望"，意思是站在街头吃，两边都小心翼翼看着，不想被人看到。

夫妻肺片虽然没有宫保鸡丁那样有官员的头衔加持，还找了不太知名的"夫妻"来冠名，但知名度一点不低，同样是一道在中国全面开花的川菜。

2017年5月，美国《GQ》杂志发布了美食家Brett Martin推出的"美国2017餐饮排行榜"，休斯敦Pepper Twins双椒川菜馆的"夫妻肺片"排名第一，当选为"年度开胃菜"。这道菜的英文名被译成"史密斯夫妇"(Mr. and Mrs. Smith)，其中国创始者便是郭朝华夫妇。

所谓的肺片，其实是『废片』，过去不太吃的东西被挖掘出来，包括牛头皮、牛心、牛筋、牛肚，牛肺偶尔也夹杂其中。

最早，这道菜应该是由回民制作的。成都老满城附近住着很多回族人，他们擅长烹制食物，"两头望"基本都是取自牛身上的内脏和牛头肉，后来有汉族人也开始制作，逐渐加入猪内脏，所以这并不是一道清真菜。但是在发源地四川，这道菜基本还是恪守了传统方式：大块卤制牛头肉、牛心、牛肚、牛舌头，变凉后切薄片，再添以花生米、辣椒油、芹菜末、花椒末、卤汁等加以凉拌。尤其是靠近发源地的一些地区，不仅仅材料要严选，很多老店更有严格的上菜规矩——等客人点菜后，再把各种切好的薄片放在一起，往上浇汁，避免提前搅拌后，汁水进入到材料中影响口感，过于咸辣。外地川菜馆的这道菜没有这么讲究，都是很早搅拌好放在那里，味道可疑。

但据说售卖最正宗夫妻肺片的老店并不是成都街头的这些小店，而是一家国营老店，位于成都市中心，由20世纪30年代一对提着篮子叫卖肺片的夫妻郭朝华、张田政所创，也是因为他们夫妻售卖的肺片干净、美味，此菜慢慢改名为"夫妻肺片"，并且在他们手里，废掉了牛肺，所以夫妻肺片里面没有肺——也没有夫妻。

这家老店因为很早就成为游客的目标，所以有很多快餐，很多东西做得并不好吃，只有肺片严格遵守了传统，非要等你点好菜之后，才进行凉拌，浇汁，最后上桌，所以来这里吃一碟肺片是不错的选择。客人需外带的时候，店员会准备好汤汁和各种原材料，告诉你一定要吃的时候再浇汁。一点点遗传的古风，在这个国营老店身上显现。

红油

炸花生米

芝麻

八角

辣椒酱

④ ⑤

制作步骤

❶ 炸过的花生米切碎；

❷ 牛肉、牛杂洗净切块，块面不要过大或过小，如拳头大小即可，放入清水中烧滚后，撇掉浮沫；

❸ 将肉取出放入500毫升老卤水中，将八角、肉桂、盐、白酒和1000毫升清水一起加入，旺火煮开，20分钟后改小火，清炖2小时；

❹ 待肉类酥而不烂时取出晾凉，切成薄片，然后整齐摆放在盘中（可牛肉片在下，牛杂片在上）；

❺ 取制下的卤水煮开，先在肉片上撒适量花椒粉，再浇上煮开的卤水一勺。接下来舀上适量辣椒酱，浇一勺红油，最后洒上花生碎、炒芝麻，即可成菜。

生于北京的中国现当代文学家梁实秋曾说："我想人没有不爱吃炸丸子的，肉剁得松松细细的，炸得外焦里嫩，入口即酥，蘸花椒盐吃，一口一个，实在是无上美味。"

11.干炸丸子
咬一口咔嚓脆响

炸鹿尾是满族入关后因怀念狩猎生活而做的仿制品，以鸡肉、猪肉，加松仁、猪肝调出来后再灌入肠衣制成，形似鹿尾，传统的吃法是切片油炸再配上蒜汁。

炸佛手也是形似菜，用薄薄的蛋皮裹住猪肉馅，很像江南人常吃的蛋饺，只是被切成了佛手形状，再炸至金黄色。吃时夹一块蘸点椒盐，清脆中带着焦香，再深咬一口，内里肉馅口感尚嫩。

老虎酱是用紫皮大蒜捣泥和甜面酱拌匀，用香油封住，随吃随取，配炸食最好。

在职业厨师眼中，干炸丸子在北京菜中也颇有些位置，不只因为烹饪技巧难掌握，更因为京、鲁菜系厨师初入行时，常被要求烹饪这道菜作为考验。这道菜虽源于鲁菜，但经多年流传早已成为北京菜中的经典。北方正式的宴席上有道烧碟攒盘（满族把"炸"也叫"烧"，因此炸物组合也叫烧碟攒盘），通常是以干炸丸子、炸鹿尾、炸佛手三样炸物配合四种不同的味碟（分别是老虎酱味碟、椒盐味碟、蒜汁味碟、木须卤味碟），是道可口的下酒小食。

靠谱好吃的干炸丸子必然要契合"外焦里嫩，清香满口"这八个字，咬一口咔嚓脆响，坐在对面的人能听到才算合格，入口时口感酥嫩得恰到好处，不会刻意地弹牙。而做一只讲究的干炸丸子是从选料开始的，继而在配料、调馅、油炸等环节都遵从传统。选料要特意选靠后腿无肋骨部分的猪肉，也叫夹心肉，这处的肉内部含筋吸水性强，炸后能生成网丝状结构，包裹住其他材料，使得丸子变得酥、脆、香，不会死板坚硬。肥瘦比例应是5：5，肉末不可使用绞肉机绞制，否则会破坏肉体纤维，尽量以刀剁成肉末。

提前将章丘大葱、姜泡水，取少量葱姜水来调和好干黄酱，再倒入肉末中。这里的操作不像做其他丸子，葱姜末不加入肉末中，是要避免油炸时因葱姜易黑糊而影响丸子的味道。而之所以使用干黄酱，是因为其色泽黄灿且酱味浓郁。

除此以外，要丸子酥脆，还必须加入红薯淀粉，其他淀粉达不到酥脆的效果。此刻比例是5：1，即500克肉末加100克淀粉。再磕入一枚鸡蛋，加入少许用来提鲜的糖，然后搅和肉末。搅动方式是抓、搅、均匀摔打，这样丸子炸后才会真正外焦里

猪肉

制作步骤

❶ 先制葱姜水，比例是葱末8、姜末2。取40克章丘大葱切成末，取10克姜切成末。将两者放在碗里，倒入清水100毫升浸泡20分钟以上，用纱布把浸好的汁水过滤出来，再用纱布将葱姜中的余汁挤出来，葱姜水就做好了；

❷ 在葱姜水里加入花椒盐，调和好干黄酱（干黄酱本身很咸，炸丸子时就不加盐），再加入香油、红薯淀粉，一起倒入猪肉末内搅拌均匀。然后磕入一枚鸡蛋，加入用来提鲜的糖，再次搅拌肉末，方式是抓、搅、均匀摔打。之后放入冰箱冷藏30分钟；

❸ 手中塞满肉馅后握拳，大拇指与食指握成漏斗式，底下细，上头粗。底下稍稍使劲，即可挤出造型圆润饱满的丸子；

❹ 锅内放入300毫升色拉油，烧至七成热（约200℃，油面平静，有青烟），下入丸子，期间用漏勺反复捞出，轻轻拍打。成熟后它们会自动漂浮起来；

❺ 再将丸子移到九成热（约250℃）的色拉油内复炸约3分钟，炸至外焦里嫩呈枣红色，并发出吱吱声时，用漏勺捞出，控油，放入盘中。

靠谱好吃的干炸丸子必然要契合『外焦里嫩，清香满口』这八个字，咬一口咔嚓脆响，坐在对面的人能听到才算合格。

嫩。一般来讲，肉末和好后需放入
冰箱30分钟或者更久，让淀粉中含的植物蛋白酶有充分
时间帮助猪肉的蛋白质分解，而淀粉中的碱物质也会破坏肌肉纤维，使水分更多渗入肉中，补偿因加热引发的失水（失水会导致肉质口感变老）。

油炸的火候也重要。锅里倒入大量油，烧至七成热左右（约200℃，油面平静有青烟，原料下锅后，气泡较多，伴哗哗声）时，添些凉油，顺着锅边下肉丸——方法是左手握住一把肉末，攥紧手，肉末从虎口（手掌中大拇指和食指相连的部分）处挤出，用汤勺刮到油锅中，炸成圆滚滚的丸子。

丸子必须油炸两遍。第一次以热油炸七八分钟，慢慢令其脱水。冒泡就是丸子在脱水，当丸子内心温度达到100℃时会产生气体，使得丸子漂浮起来，这就证明丸子熟了。第二遍就是复炸，为了保证酥脆，用九成热（约250℃以上，油面平静，油烟密而急，有灼人的热气，此时下锅食材，翻腾起大泡泡并伴有爆炸声）的高温油炸。丸子发出滋滋响声时，说明已经炸到火候，迅速将其捞起，控干油，彻底形成酥脆口感。

正宗靠谱的北京干炸丸子颜色金红，外焦里嫩，而酥的持久度、嫩的程度、香味的层次都很有讲究：最初是香，远远就让你被香气吸引，入口是细腻软绵的嫩中带着干香；酥是牙齿能享受的美妙，美食家王希富曾形容干炸丸子的酥："就是轻咬一口，桌对面那人能听见从你口中发出咔嚓声。"而酥的持久度在于，热吃酥香，凉吃则脆而不皮。

红薯淀粉

食材准备

以夹心肉制作的猪肉末
……500克（比例是肥肉5、
瘦肉5，也可以调整比例为
肥肉4、瘦肉6）
鸡蛋……1枚
香油……50毫升
色拉油……300毫升
花椒盐……5克
干黄酱……15克
糖……3克
葱姜水……100毫升
红薯淀粉……100克

不分南北，中国各地都喜欢将肉剁成碎末，或者做成馅儿，包进包子、饺子、馄饨、春卷、汤圆，乃至整张饼，这是肉与米面的一个基本组合，也构成了中国餐桌上最主要的食物，或者作为主食出现，或者作为点心佐餐，当然最主要，还是做早餐食用。

12.

扬州狮子头
丰润弹牙大补丸

观看特别会做狮子头的厨师剁肉是一种享受，两刀重，一刀轻，剁肉的声音俗称马蹄声，这就是厨师的功力。

另一种碎肉食物，则是将肉馅儿团成圆形，或者油炸或者水煮，成为一道叫丸子的菜。据说这道菜早在唐代就存在，但并没有证据证实。丸子之所以受到南北各省欢迎，最切实的原因，还是切碎的肉松软好消化，便于老人和孩子食用。中国有不少传统名菜，其实都是供上了年纪的人享用的——因为有"孝顺"的含义，一般人都愿意做。

北方人喜欢剁碎肉，做成四个巨大的丸子，称四喜丸子；有的省份则是日常炸好丸子，随时和白菜、豆腐混合，做一种便捷而营养均衡的快餐；还有些地方，现场将肉馅团成小丸子，和青菜煮成汤；但是没有一种丸子可以和扬州狮子头比肩，这种做功精细、身型巨大的肉丸子，是中国菜在碎肉食物上的一个高峰，也是唯一以地名来命名的猪肉丸子。

扬州地区的碎肉丸子加工方式比较精细，配料也随季节而变化，确实是富庶地区的食物加工特征，原因还是在清代，扬州盐商聚集，富庶之家户户比拼厨艺，若是家中厨师手段不佳，未免丢人。据说扬州狮子头来源于官府，普及到了民间，这一说法也比较有可能：因为扬州地区一直流传葵花大斩肉，是将肉剁碎团成饼，然后油煎，相比狮子头，这种方式粗糙了一些，可以说

は扬州狮子头的基础。传说中两淮盐运司最
先烹饪这一菜肴，当时这里被称为将军府，将军府邸做的猪肉丸子，
一个的分量重半斤（250克）多，个头大，端上来极其威武，所以干脆就叫
"狮子头"了，这个传说有几分真实难以判断，但扬州本地的狮子头的确有半
斤乃至1斤（500克）重的，确实比外地的猪肉丸子大很多。

扬州狮子头，首先是一道刀工菜肴。扬州菜我们知道文思豆腐，一块豆
腐要切成几百道丝，切丝是扬州师傅的基本功，瓜酱鱼丝、小炒鸡丝都是丝，
一只鸡从杀死到上桌，只能几分钟，所以切丝要又快又好。狮子头也是，先
要切成肉条，然后再剁碎，即所谓的"斩"。讲究的做法都不用绞肉机，觉得
那样肉不好吃，其实是手工切保证了猪肉的纤维，剁碎的过程中又保证了黏
性，所以完全不需要用淀粉和鸡蛋来增加丸子的黏合度，和其他地方的丸子
有本质区别。另外的原因就是，刀切出来的狮子头会更弹牙——中国人追求
的口腔享受。

观看特别会做狮子头的厨师剁肉是一种享受，两刀重，一刀轻，剁肉的
声音俗称马蹄声，这就是厨师的功力。

斩肉与狮子头 >>>

传说狮子头在宋代时就已经有了。
当时有诗人将斩肉、吃螃蟹两件
食物界的美事，比作与"骑鹤下
扬州"一样的最佳体验。不过按
照考证，斩肉应该只是狮子头的
雏形，并不是今天这样做法系统
而完整的狮子头。

奶白菜

接下来，狮子头要好吃，要看猪肉的肥瘦比例。春天夏天，人们不喜欢太油腻的食物，那时候，肥肉的比例是三成，瘦肉占七成。而秋冬，人们胃口好，则变成肥瘦四六开。肥肉多的狮子头其实比较香也比较嫩，但很多人还是觉得腻，这时候怎么办呢？往肉里添加各种蔬菜或者香料，春天可以加芦笋、荸荠、春笋；夏天可以添加杏鲍菇、莲子；秋天有肥美的螃蟹上市，所以蟹黄当之无愧；冬天则是往最中心添两枚双黄蛋，咸鲜可口。

手工切好肉，放在手里团一团，因为黏液甚多，加上放盐后猪肉里的蛋白质分解，不用加面粉就能成型，这时候放在水里氽一氽，基本就能成菜了。冬天用热水，夏天用冷水，也和肥瘦肉配比有关。炖狮子头可纯粹用清水，如果猪肉品质好，则有浓稠的肉汤可以喝。但若用了养殖的猪肉，则放一些火腿、鸡骨头，包括排骨一起炖熟，会更加鲜美。大的狮子头，炖上两三个小时，内部熟透，汤清味鲜，因为不放酱油，所以这道菜极为清爽。

也有特大的2斤（1000克）左右的狮子头，炖好后供众人分享，浇上酱汁，那样更加好看。

扬州本地的咸鸡，吃完肉后会留下鸡骨头，将它和狮子头一起清炖，味道尤其鲜美——这道菜还是在当地食用最好，家常又搭配得巧妙——如果是特意做，则总觉得缺少点味道。

制作步骤

❶ 将肥瘦肉相间的五花肉手工切成石榴籽大小的颗粒，这是最关键的一步，不能用绞肉机绞碎；

❷ 将削好皮的荸荠、杏鲍菇、姜、葱白（放弃容易被炒煳发黑的葱叶）等配料也统一切碎，呈颗粒状。将所有配料和切好的肉在案板上混合，撒上盐末、适量蟹粉；

❸ 再在步骤❷的材料中打入一枚生鸡蛋，充分搅拌；

❹ 把搅拌好的肉末混合物以手团成圆形，中间包裹上一只咸鸭蛋黄，这样在煮制时，蛋黄的芳香会释放进肉里。团肉末时，最好两手一起操作，将肉末混合物在手心间互相抛甩。1000克肉可以团成8个左右的大肉丸，也可以更多，根据吃客的喜好定；

❺ 将团好的肉丸放入刚烧好的滚水里（水位刚好没过肉丸）定型，期间不要搅动，等水再开后变微火，加盖清炖约2小时；

❻ 临出锅前，在锅中放入几片奶白菜叶烫1分钟左右，随后将奶白菜与肉丸一起盛出装盘，上面浇红烧汁即可享用（红烧汁可用高汤、酱油、色拉油勾个油芡，但不是必要步骤）。

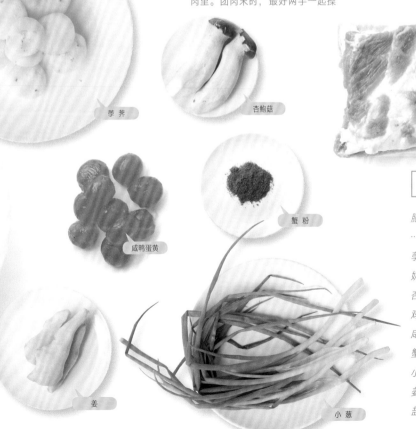

荸荠

杏鲍菇

猪五花肉

咸鸭蛋黄

蟹粉

姜

小葱

食材准备

肥四瘦六的猪五花肉
······1000克

荸荠······7~8个

奶白菜叶······7~8片

杏鲍菇······2只

鸡蛋······1枚

咸鸭蛋黄······1只

蟹粉······1碗

小葱······3~4根

姜······5克

盐······20克

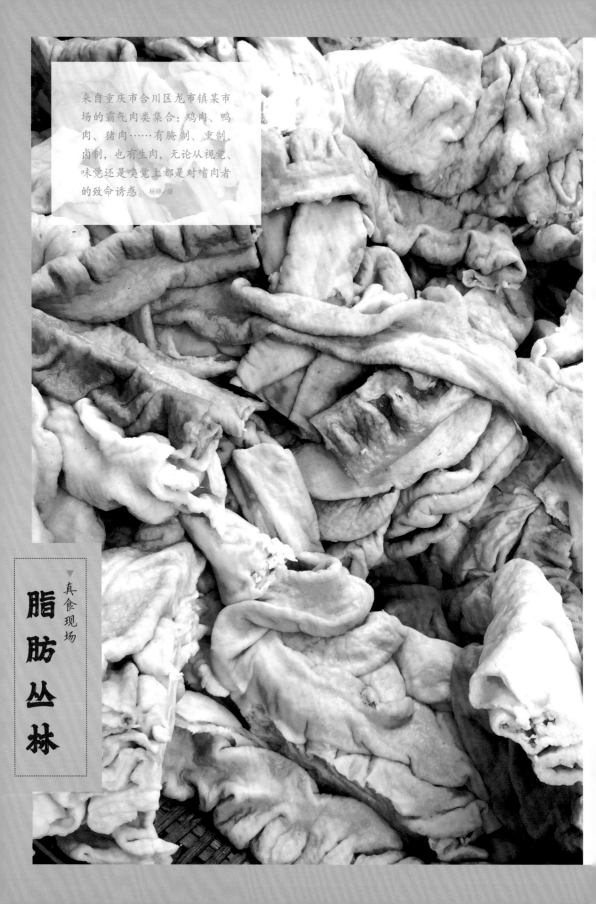

来自重庆市合川区龙市镇某市场的霸气肉类集合：鸡肉、鸭肉、猪肉……有腌制、熏制、卤制，也有生肉，无论从视觉、味觉还是嗅觉上都是对嗜肉者的致命诱惑。杨婷/摄

真食现场 ▼

脂肪丛林

尊膳今日推荐

烧椒龙鱼片

原价: 68元/份

现价: 34元/份

雪花啤酒: 5元

订餐电话: 145518

如果有朋友请你去他的家里吃饭，一定要去，这在当代中国城市是件稀少的事，一般而言，只有至爱亲朋才能享受这种待遇。相比较而言，在餐厅请客更普遍。

当中国人请你吃饭

家中请客

　　曾经在中国的近代社会，请客人上门吃饭，是件很流行的事。民国时期，人们在家请客吃饭是常态，尤其是中上阶层，因为居所宽大，外加备有厨师，这样做很容易，每家雇用的厨师还会被拿来比较。这种习惯在 1949 年中华人民共和国成立之后一直保留着，但原因正好相反，并不是因为主人家中宽大，而是在外请客吃饭要更昂贵和不方便，尤其社会上餐厅稀少，只能把客人请到家中做客。

　　这种习惯一直流行到改革开放后，1980 年代随着餐饮业的发达，请客人去家里吃饭的习俗变得越来越弱势，一是人们的居室环境改善并不明显，空间还是狭窄，二是主人时间宝贵，而请人吃饭的准备时间太过漫长，所以餐厅请客成为社会主流。

　　即使农村地区，也不再保留请客上门的习惯，虽然这里的人们时间上相对宽裕，有时间做饭，但他们会认为，在家请客是件没面子的事，说明主人小气或者过于精明。而且，即使在乡村，附近的集镇上也有一些规模较大的餐厅，有些甚至大过城市里的规模。这样的餐厅，可以满足附近村落的婚丧嫁娶需求，所以如果你进去，往往只看到大型的圆桌，每张桌子可以坐十余人，它们并不是为路过的散客准备，对此你不要奇怪。

　　什么人会保留在家请客的习惯？一种可能是主人是美食家，善于烹饪的名声远播，一般人总会提出去他家吃饭，主人会慢慢养成固定请客的习惯，比如对特别好的朋友，一年会邀请上门几次，或对需要维持某种关系的对象，也会开放几次。

1.面向中产以上人群的成都精品餐厅,以西式灯具混搭中式座椅来创造空间趣味。2.特定地区的中国人喜爱"吃虫",比如将富含蛋白质的蚕蛹油炸后食用。用户_5d5937b2/周虫创意 3.北京密云区的农家乐餐厅内景。电视、名胜风景挂画、多人座大圆桌几乎是此类餐厅的装饰标配,游客和周边居民的宴请需求都可满足。

另一种是家中雇用厨师的新富裕阶层,虽然近年国内富裕阶层的人数大大增加,但阔气到家中雇用正规厨师而不是保姆的人还是少数,他们一般是按照境外习惯,聘请厨师、保姆、园丁等多位帮佣,职责区分很完整;也有一些是出身于世家,按照1949年前的习惯雇用了厨师。像这种家庭比较喜欢请客人去家中吃饭,除了方便等因素,也有炫耀的心理。这种家庭的厨师,一般会在主人的调理下做出一些特殊的好菜,客人吃后都比较难忘。

再就是极其亲密的朋友之间,彼此也会请客上门吃饭,追求的是家中做客的轻松气氛,没有外人打扰。还有就是家里可以无休止地喝酒,聊天,不像餐厅要定点关门,这种现象在都市的年轻人中越来越多。

如果是家里请客,相对对客人没有什么规则,一般不会特意注明着装要求,客人随意即可,上门也不用特意携带礼物,想表达心意的话,带上鲜花、一瓶酒,或者外地旅行带回的小陈设品即可。但有一点要注意,千万不要在别人家里喝醉。中国人请吃饭,就是吃饭,会郑重其事地准备若干道热菜,还有汤、点心等供客人享用,和西方社会常见的酒会完全不同——酒会往往不准备菜肴,只有简单的冷盘。多数普通中国人还不知道"酒会"这个名目,除非请你的主人在外企工作,或他在西方社会生活过多年,才会专门准备酒会邀请你。

末代王孙的奢享食单 ▶▶▶

溥儒,1896年生于北平,清恭亲王奕䜣之孙。诗文书画皆有成就,也是挑剔美食家,经常出入当年京城最大的餐馆。一张由其亲自手写,要求厨师依样定制的菜单,在2017年保利春拍上拍出了52万元高价。内容既有鱼翅(排翅)、烤鸭(三吃)、烹虾(小块,多加蒜)等肉菜,也有糟煨笋尖、炸山药(拔丝)之类的素菜,还有汽水,从中可见当时上流阶层的餐饮细节和品位。

餐厅请客

在餐厅请客吃饭,是当下最流行的请客方式,无论在大城市还是小城市,无论有一堆人还是只有三两个人。大城市什么类型的餐厅都可以找到,而小城市可供少数人(比如两三个人)用餐的餐厅可能比较难找,多数馆子只提供多人用的大圆桌。不过不用担心，主人会找一堆陪客来凑满一桌，很可能吃完饭你也不知道他们是干什么的。

在餐厅请客吃饭的话，对具体餐厅的选择，不仅反映着主人的经济实力，还体现主人的热情程度。这点和西方社会一样，越是昂贵的餐厅，越表示主人对你重视。很多时候，中国人还奉行着古老的吃饭仪式，请客的菜品一定要多到剩下，才显示出主人的待客诚意，对这一点的坚持，北方超过了南方。

1949 年前的中国，比较流行举办鱼翅席、燕窝席、鸭子席，分别表示不同的待客规格，现在好像已经彻底消失了。不同地区表示隆重态度的请客菜品大有差异，如果是在北京，会请客人吃烤鸭、涮羊肉这两种最有北京风味的大菜，还有众多配菜；如果在上海，则选择更多，有本帮菜(有海参、虾仁这样的大菜，也有很多精致小菜)，有江浙菜，还有大量西餐，上海不愧是中国最早西化的城市之一，外国人在这里吃饭不会感觉陌生；如果在更大范围的南方，多提供海鲜、时令的青菜，还有很多做工烦琐的菜肴，比如在鸭子肚子里塞满糯米和青豆。也有些省份近年流行吃些奇怪的东西，如山东、贵州还有云南，他们会拿出昆虫当菜肴，不熟悉的人会被吓一跳，但大家也就是要你吓一跳的效果，你只要配合就可以了，也可以拒绝食用。

互联网大佬的宴客食单 >>>

和时代的剧烈变化相比，美味的变化要缓慢一些。据媒体报道，2017 年于浙江乌镇举办的世界互联网大会上，网易创始人丁磊宴请各界大佬的饭局菜单以宁波菜和海鲜菜为主，30 多道冷热菜里有大闸蟹、清蒸鲳鱼、梅鱼、带鱼、木鱼、白虾、海蜇、海瓜子等。

3

餐厅请客，会比家里请客更讲究座次顺序，一般是主人和客人岔开就座。据说在最奉行中国传统习俗的地区，还有专门的座位排位表格，要求主人坐在最上方，旁边是客人，然后依次排序。靠近上菜位置的座位，一般给最不重要的人，或者主动谦让的人坐，出席这样的场合时，哪怕你特立独行，最好也听从安排。

随意小吃

在当下中国，1980年代出生的人可以说代表着新的一代，他们对请客规矩不再那么执着，除非是在政府部门工作的人，生活在等级有序的环境里，或者是传统文化爱好者，再或者，生活在以保留传统著称的地方。一般年轻人，对请客吃饭的诸种规则不再那么遵守，更多地方形成了随意的就餐风格，流行一种小型餐馆。

很多小餐厅流行摆方桌，坐上去轻松随意，菜品也不再拘泥于传统，而是所谓的"融合菜"，可能有西方人喜欢的沙拉，种类五花八门，有传统的凯撒沙拉，也有来自南非的一种植物——冰草做成的沙拉，或纯粹用乱七八糟的蔬菜撒上浓厚罐装沙拉酱做成的沙拉；也有来自日本的生鱼片；还有当地的一些名菜，也许是用辣椒炒的味道浓郁的鸡，也许是以花椒、辣椒和植物油烫出来的脆嫩的鱼片，还有各种蔬菜和荤菜的混合搭配。在这种餐厅，一般可以选择啤酒，也许有一些不太好的红酒——除了大城市的某些餐厅有专门的伺酒师，一般餐厅提供的红酒，完全依赖采购者的良心以及拿酒渠道，对其提供的酒的品质不要有太多期待。当然，你也可以选择传统的白酒。

席卷中国南北的小龙虾，是平民饭局的热门之选，一些龙虾餐馆甚至需放号安排入座。lnzyx/deposit/涮虫创意

如果朋友足够盛情，而且觉得你不是装腔作势的人，可能会邀请你吃夜宵——当下中国从南到北最流行的一种朋友聚会方式，即使在偏远县城，你也可以找到吃夜宵的美食街，餐厅一般开到深夜，也许到凌晨两三点，最流行的食物是烧烤。

西方人对烤肉并不陌生，但他们一定会奇怪，在西方切成大块的烤肉，在中国却被切成小块，随着纬度越往南，肉可能被切得越小。在中国的新疆地区，肉串是大块肉。烧烤业发达的东北地区，北部常见大肉串，南部（如锦州）主吃小肉串。在四川，在云南，市面上流行小串，可能是受传统的饮食风尚影响。

1

除了各种烤制食物，近年中国最流行的夜宵内容就是吃小龙虾。这种并非原产于中国的动物，不知道为什么获得了夜宵市场绝对的霸主地位。所有的夜间市场上，要是没有小龙虾，感觉就差了些什么。而且不同区域的小龙虾有不同口味，近年流行麻辣、蒜味、五香、黄酒浸泡等，价格并不便宜，在夜宵市场上吃这么一顿，可能花销是正规餐厅的几倍。

比较没有被小龙虾攻占的区域，是边疆省份，或者水域不够发达的地区，比如西北，但不用遗憾，你可以在那里吃到上好的各种烤制羊肉；或者因为自己的夜宵饮食系统比较强大，比如西南地区的云南、贵州两省，这里流行各种烤的豆腐，也是美味——总之，你要相信，中国地域的广阔造成了物产的差异性，所以，如果主人邀请你深夜出门吃饭，那他是把你当作自己人，可以跟他走——吃什么不再重要。

1. 中国城市路边随处可见、好吃不贵的路边摊。人们乐于在此享受轻型饭局。SPC_范/图虫创意 2. 相约夜间"撸串"是当代中国人的聚会社交常态。漠河浮沙_Fanto/图虫创意

2

真食现场 ▼

超级食堂

北正街批发部

龙虎泉浴城

请客吃饭生活方式的兴起，在中国很多城市催生了饮食文化发达的区域，大量食铺在此集中，形成招牌林立的景象，入夜后也灯火辉煌，堪称城市的超级食堂，例如北京的簋街、成都的奎星楼一带。而在美食重镇长沙，就有太平街、堕落街等热门地点，近年"超级文和友"美食社区更是成为当地人气极旺的打卡之地。

这个面积达2万平方米的社区，既是容纳多家传统或创新美食店铺，需排号等位的大食堂，也是刻意打造的"市井博物馆"，处处可见当地生活以及过去年代的一些老招牌、老物件、老设计，甚至重建了长沙一条原本被拆除的老街"永远街"。在这里聚会请客，享用的既是美食，也有市井记忆。 ONEHALF

加菲、小象5、泡泡超人6、Dr_tattoo、西瓜有毒、山风海棠呆的旅行、Y2021/图虫创意

第 3 章

莲年有鱼

很多中国菜里的鱼类是被整条或者整块烹饪。

1. 江苏太湖边正在作业的渔人。
2. 仰仗太湖的丰富渔产供应，无锡家常小馆里常年鱼香四溢。

中国人怎样吃鱼

在国外的餐厅里，中国人如果吃到鱼，最大的惊奇感是，这里的鱼没有刺。而国内餐厅的习惯是，如果你点一条鱼，那么他们觉得保留一条鱼的原始模样（包括刺）上来，是对客人的尊重。这种习惯的养成，并不是因为中国人懒惰。在吃上的勤奋，中国人在世界上罕有对手。这种习惯源于中国人对鱼类菜肴的新鲜度和鲜美程度的重视，超过重视食用时候的安全。越鲜美，就越要减少处理步骤，所以最好的鱼类做法往往是清蒸，而不是做复杂的工艺处理。

看不到鱼形状的菜肴很少

多数中国人从小就被教育吃鱼要学会吐鱼刺，从小就在锻炼会吐刺的舌头，所以在饭桌上被鱼刺卡到的人，不会责怪厨师，往往都是自认倒霉，严重的时候，就自己去医院拔掉卡在喉咙里的鱼刺。

这就保证了很多中国菜里的鱼类是被整条或者整块烹饪，并不像西方，端上来的是一块看不出鱼形状的肉块。无论是中国南方流行的清蒸鱼、松鼠鳜鱼、烧鱼块、沸腾鱼片，还是北方流行的酥鱼、瓦块鱼、垮炖鱼等，基本都还能辨别出鱼的本相。北方对鱼的处理方式有不少保证了鱼骨头的酥软，吃进去也没有多大危害，某种程度上，北方人从小接受吃鱼的训练会少一些，舌头不如南方人灵敏。

即使是刺少的海鱼，一般厨师也不会特意去掉刺，尽量保持整鱼上桌，鱼头也保留原样。不少中国人还喜欢吃鱼头，因此餐厅的习惯是保留鱼头和一切骨头。

在中国的菜肴里，没有刺的鱼是很稀少的。只有少数几道以鱼为原料的菜肴会特意去掉刺，比如南方北方都有的糟熘鱼片，还有长江三角洲的鱼肉丸子、酱瓜爆鱼丁。这几道菜在中国厨师心目中，都是展现手艺的菜肴，如果菜里面有少量鱼刺残留，厨师会出来道歉，但主要不是因为妨碍了食用安全，而是因为有刺代表自己的手艺不够好，有没有剔掉的骨头。

这几道菜都是有水平的餐厅的代表菜。糟熘鱼片会选用上等河鱼制作，但都是鱼肉比较多的草鱼、青鱼等。厨师先去掉刺，然后用带有酒精味的调料糟卤汁来翻炒鱼片，酒精味主要是为了让鱼肉鲜美。

长江三角洲一带喜欢用河鱼做成鱼肉丸子。这里的鱼肉丸子制作注重往里面加水，但不掺杂别的东西，这样可以保证鱼肉的细腻。去掉刺主要是为了让人们大口吞咽细腻的感觉，同样不是因为安全第一。

国内沿海地带的人在制造海鱼的鱼肉丸子时，也会去掉刺。海鱼的刺本来就稀少，这样做很容易，人们选择这样处理是为了方便食用，并不是害怕顾客吃到鱼刺投诉。沿海南方省份的人，

在中国，水汽淋漓的各式鱼、虾、蟹大多以完整的原生状态在市场上售卖。

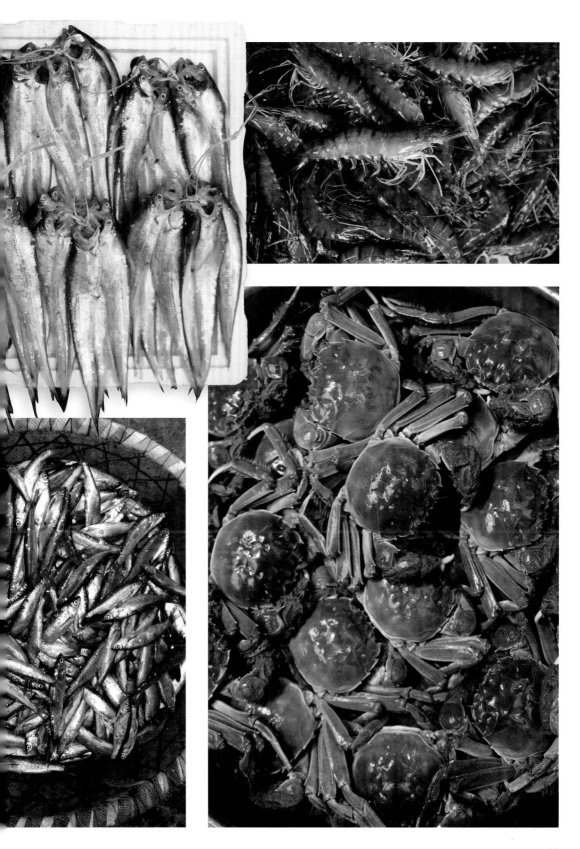

很多会在清晨吃鱼肉丸子汤，和他们吃猪肉、牛羊肉的丸子是同样道理。

最上等的江鱼，刺最多

即使是刺少的海鱼，一般厨师也不会特意去掉刺，尽量保持整鱼上桌，鱼头也保留原样。不少中国人还喜欢吃鱼头，因此餐厅的习惯是保留鱼头和一切骨头。对最名贵的海鱼，一定是整条清蒸，比如广东沿海地区喜欢吃的石斑鱼——让客人知道自己吃得货真价实。对少数特别昂贵的鱼，餐厅会把最肥美的部位上给最尊贵的客人，剩下部分做成鱼肉丸，鱼头则炖成汤，整条鱼仍然没有浪费。

而在中国传说中最美味的鱼，不是海鱼，是号称"长江三鲜"的三种鱼类，巧合的是这三种鱼都有很多刺，再次说明中国人一点不讨厌鱼刺。最出名的是长江鲥鱼。这种鱼刺很多，古书中对此也有记载，称之为人生中遇

到的恨事，但大家还是照吃不误，以致这种鱼于1990年代在中国绝迹，现在都是引进的美洲鲥鱼，据说味道远不如中国原版。可大家还是照样吃，并且一定要整条上桌，甚至鱼鳞也要吃，因为鱼鳞中有很多油脂，号称美味。

其次是长江刀鱼，也是鱼刺很多的鱼，但是大家吃得非常干净，能干的人吃完一条鱼之后会兴致勃勃给鱼刺拍照。长江刀鱼因稀少而昂贵，其产地的人们，为了让没那么有钱的人也可以尝到刀鱼，会把鱼肉剔下来和猪肉混合后包成馄饨吃，但这种吃法并不是因为刺多，只和价贵有关。

第三鲜为河豚，长江里的野生河豚很少，现在供食用的以养殖河豚居多。人们喜欢它的鲜美，且不像日本一样让大厨片生河豚肉吃，而是整条吞吃。河豚外皮上的小刺，也要吃进去，说是对胃好。

中国人在以天然或人工方法干制水产品方面拥有丰富的经验。

糟熘鱼片是糟熘菜中比较有名的，
而糟熘菜是鲁菜的拿手好戏之一。

13. 糟熘鱼片
搞搞酒魔术

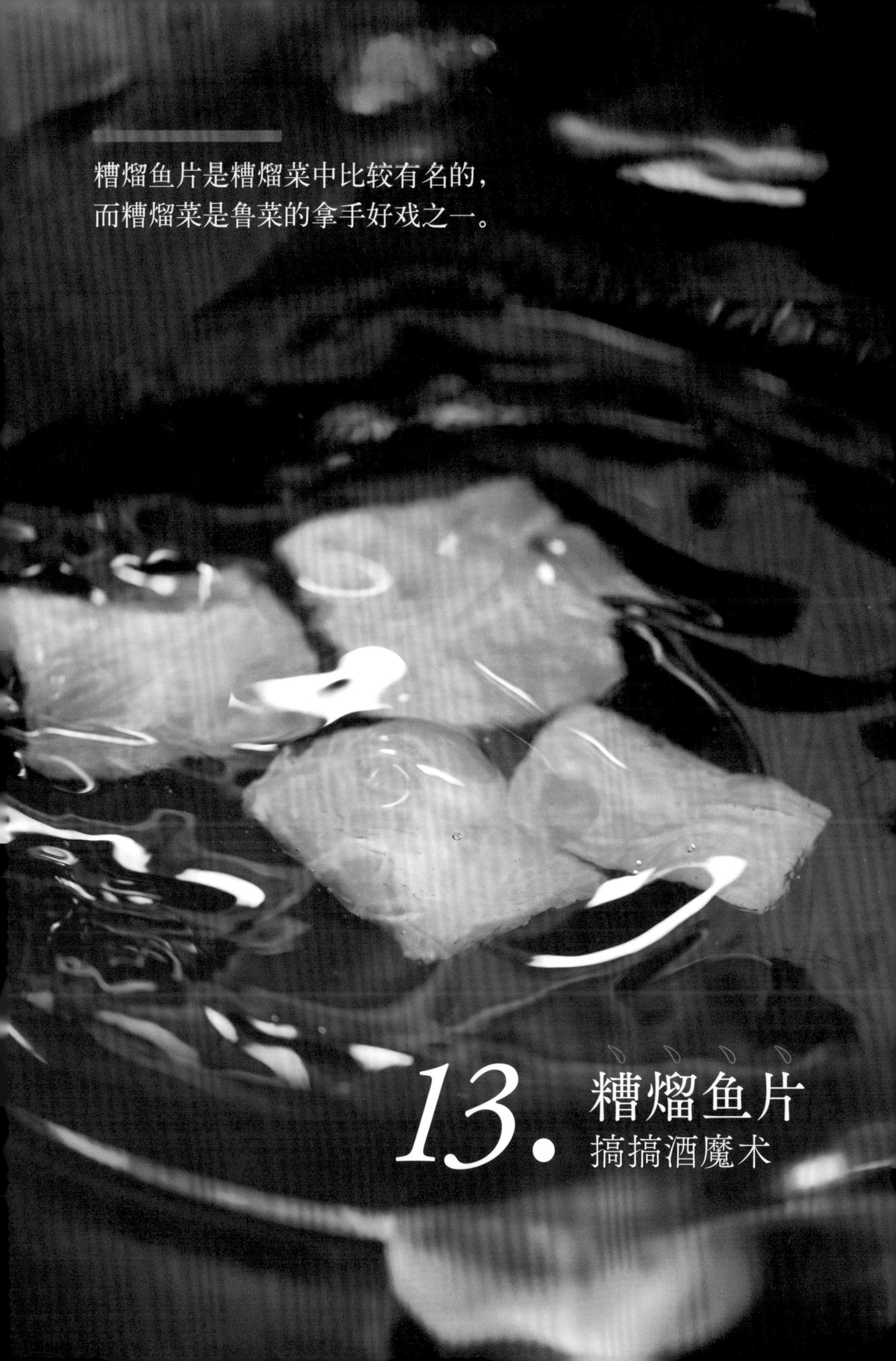

一道菜的流行，一种菜系的兴起，背后是人的左右。鲁菜发源于山东，不仅受齐鲁文化和海洋文化的影响，也受古运河文化的影响。这条古运河就是京杭大运河，从北京自北向南，途经河北、山东、江苏、浙江四省。因运河的南北流动，运河区域居民的饮食喜好是自然交融的，虽基于不同地域文化而拥有各自菜系，但对某些食材的喜好重合：扬州的富裕人家会在宴席上选择来自浙江金华的火腿、来自烟台的海参；同样曲阜孔府也照样将这些视为高档享受。这类贵重食材因此出现在运河沿岸各城镇的码头。随着运河流动进入了山东运河码头的，还有来自浙江绍兴的黄酒和糟泥。

糟泥是绍兴黄酒酿后的余滓，用它制出的香糟汁，做出菜来有特殊风味，香味不同于酒香，是一种浸润的香气与口感。以香糟汁入菜，本是江浙一带擅长，鲁菜也擅长用糟，但与江浙一带夏季吃的糟货不同，他们将糟用在了炒菜上，比如做糟熘菜。

为了准备糟熘菜必备的香糟汁，以往北方老鲁菜馆，都是自己吊糟。吊糟显然费时费力，要从绍兴买来坛装的香糟泥，一坛重约15～20公斤，一次买够10坛存到仓库里，好在越存越香。使用时提前取些糟泥，当时的吊糟是直接以糟泥加清水和匀，再用纱布滤出香糟汁即可做菜。如今，酿制工艺、材料、时间都有变化，一般而言糟泥里需要加入花雕酒、糖桂花（用新鲜桂花和白砂糖制成，一般超市有玻璃罐装）、白糖，然后将它们充分和匀。待糟泥沉淀，再次搅动，如此反复几次，大约经过一天一夜后，待酒糟充分吸收了黄酒和香料的滋味，用纱布包裹，兜起，吊在酒坛之上，清亮而浓稠的汁慢慢沥出滴入坛中，就是能做糟熘菜的香糟汁。

糟熘菜的口味讲究第一味觉是甜，紧接着第二味觉微咸，因此需要严格把握糟、糖、盐的比例。因此，吊糟的配方可照此进行：陈年花雕10瓶（约

食材准备

净生鱼肉或草鱼肉……300克

水发木耳……30克

蛋清……1枚鸡蛋的量

白胡椒粉……5克

色拉油……适量

盐……2克

鸡精……1克

白糖……15克

清高汤（或鸡汤）……200毫升

香糟汁……40毫升

葱姜水（具体做法同干炸丸子）……10毫升

玉米淀粉……10克

草鱼肉片

①

②

500毫升一瓶）、香糟泥500克、糖500克、盐100克、糖桂花50克。这个配方能吊出非常大的量，如果只做一盘糟熘鱼片，需要糟酒约50毫升。家庭烹饪可以直接买上海产的宝鼎牌糟卤。

除了香糟汁这一不可或缺的调味，糟熘菜更见烹饪功夫。一"糟"一"熘"各自强调了配料与烹饪技法上的特质。所谓"糟熘"，关键在"熘"字，糟易挥发，因此火候把握极为关键，要一熘而成，否则糟味尽失，做不出好吃的糟熘菜。火候掌握得好，烹出来的菜便带着糟香，口感鲜嫩。

风味红糟 >>>

中国菜善用酒来调味，不同的酒加上不同的烹饪方式形成各地的特色菜肴。在南北交通越发便利的时代，福建红糟也进入北京。作家梁实秋曾描述："福州馆子所做红糟的菜是有名的。所谓红糟乃是红曲，另是一种东西。是粳米做成饭，拌以曲母，令其发热，冷却后洒水再令其发热，往复几次即成红曲。红糟肉、红糟鱼，均是美味，但没有酒糟香。"无论是用绍兴黄酒余渣糟泥产生的香糟汁，或是福建的红糟，原始成分全都相当简单温和，以糯米发酵酿制，经过微生物分解、彼此作用后，增添了多层次的复杂风味，最终化为激发出厨师灵感的美味物质。

草鱼

具体到糟熘鱼片，鱼的选择可以是鳜鱼、鲈鱼、草鱼，过去的传统是黑鱼和青鱼，但口感并不很好。将新鲜的鱼处理好后去骨，顺着肉的纹理，先切成三大块，再片成3毫米厚的片。以盐、料酒、葱姜水、蛋清先腌制10分钟后，再加入淀粉上浆。浆好的鱼片下锅以温油进行滑油处理，即用较大量的温油（油量刚好将食材没过）把食材烹熟，目的是使食材保持细嫩口感，滑油时的油温通常是四五成热（130～150℃），不超过六成热（180℃）。再用小半勺高汤兑好香糟汁烧开，加盐、白糖等调料，下入鱼片，汤开时勾芡。勾芡时应用手边晃动炒勺边淋入水淀粉，勾芡前可以再投一次糟，也叫二投糟。最后用勺或者锅铲推几下，要掌握芡汁的浓稠度。经过滑油的鱼表面会有油脂，大火烧开后会产生浮沫，要去掉浮沫，盛入盘中。这道菜的最佳状态应是糟汁明亮，糟香浓郁，汤色呈现淡茶色，鱼片色泽雪白，口感滑嫩。

糟熘鱼片要炒得白，诀窍很多，一要锅干净，二要油淡，三是糟汁要加水或清高汤兑淡，如果鱼片能够提前去皮，那是最佳。

糟熘菜的口味讲究第一味觉是甜，紧接着第二味觉微咸，因此需要严格把握糟、糖、盐的比例。

❶ 将主料鱼肉改刀切片（长6～7厘米，宽2～3厘米，厚0.5～0.7厘米）；

❷ 鱼片里放入盐1克、白糖3克、白胡椒粉少许、蛋清、葱姜水，码好先腌制5～10分钟，再放入玉米淀粉上浆；

❸ 以锅煮开清水，把木耳焯透后捞出，放入盘中；

❹ 另起一锅烧热，放入油烧制到二三成热（60～90℃）

时，下入鱼片滑至六成熟，然后将鱼片单独取出待用；

❺ 取炒锅开火，倒入清高汤，调入鸡精1克、盐1克、白糖10～12克，倒入香糟汁搅匀后放入鱼片。等汤开时以水淀粉勾芡（勾芡前可再投一次糟）。最后用勺或锅铲推几下，要掌握芡汁的浓稠度；

❻ 将熘好的鱼片盛入已铺好木耳的盘子里。

酸菜鱼属于近年走出国门的中国菜，在不少海外中餐馆都能吃到。本来这是一道非常传统的酸辣味老菜，尽管人们的口味一直在追求新意，但对这种开胃又清新的地道传统口味的喜好却没有多少变化。新鲜的鱼清蒸当然好吃，但和酸辣味混合，美味会加倍。

14. 酸菜鱼
从地道腌渍开始

食材准备

活草鱼……1条约1000克

切片泡酸菜……100克

泡辣椒……30克

泡子姜……20克

葱……10克

生姜……10克

蒜……5克

花椒……3克

胡椒粉……5克

植物油……55毫升

盐……10克

黄酒……20毫升

高汤……500毫升

泡酸菜

这道菜和四川的腌渍传统有关。在四川，无论东部还是西部都有腌渍青菜的传统，家家户户都有大小不等的泡菜坛子。过去大户人家嫁女儿，谁会做泡菜，表示谁的家世好，女儿的家传学问多，甚至陪嫁也有带泡菜坛子的。泡菜被工业化生产后，这种情景不再出现，不过好的餐厅还是有自己的泡菜师傅。

当地人泡青菜，泡辣椒，泡豆角，泡萝卜，有一个泡菜坛子就可炮制一切。酷暑时吃不下饭，切几块泡菜，浇上辣椒油，就是最好的开胃食物。传统的川菜按照水域分为上河帮菜系、下河帮菜系，但都离不开泡菜——也称酸菜。拿几块泡菜放在猪油锅里炒一下，加上好的汤料，煮鸡肉，煮鱼肉，都能让肉的鲜美度增加。过去人们不讲究，是整条鱼放进去煮，现在一般都去掉鱼头鱼尾，把鱼肉片成片，大家从热气腾腾的酸汤锅里捞鱼片来吃。这道菜在大约20年前风靡中国，过去只吃糖醋鱼的北方地区，也开设了无数的酸菜鱼小餐馆，只不过操作得不够地道。

这道菜要地道其实不难，最普通的用草鱼，最高级的用鲈鱼、鳜鱼、黑鱼。鱼最好养殖期长，水质好，没有土腥气息。中国的食材范围太广，大家比较随意，什么都可以拿来做菜，但好菜还是需要好食材，比如炖鸡汤的鸡，一定要养殖2年以上才有黄油，才喷香，而用市面上几个月就养大的鸡做好

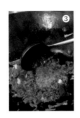

制作步骤

① 葱、生姜切末，蒜切片（也可以保留整蒜）；

② 鱼要去除鱼骨，鱼头切块保留，鱼尾切小块，然后将鱼身和鱼腹的肉切成薄片；

③ 炒锅内放植物油加热，加入花椒粒、葱末、生姜末、蒜片。炒香后放入各种切成薄片的泡酸菜、泡辣椒和泡子姜，出酸香味道时加入高汤。大火将汤煮开后放入鱼头和鱼尾，等浮沫出现后撇去；

④ 在汤中放入薄的鱼片，鱼片熟后改小火，放入黄酒、胡椒粉、盐，离火上桌。

鸡汤很难，催肥长大不符合自然规律。鱼也是这样，得流动清水养殖，饲料好，才能出产无土腥气息而肉质肥美的鱼，以这种鱼切片做酸菜鱼才好吃。一般中国人喜欢刺比较多的鱼，觉得鲜美，但酸菜鱼可能相反，因为入口是鱼片，所以刺要尽量少，一些好的海鱼，如龙利鱼也可以，反而更好切片。

除了鱼的选择，油也很重要。这道菜要油多，这样可加速鱼片的成型，而且保证鱼片鲜嫩。而且要用动物油脂而非植物油，后者黏性强，会让很多味道溶于其中，越来越浓。比如四川一带的火锅普遍选择牛油，就是因为牛油和麻辣味道不融合，口味不会特别重。酸菜鱼要求的是酸菜味和鱼肉的混合，但不能整个油锅都是酸菜味，所以用猪油比较合适。油多一些不要紧，因为并不吃进去，所以没有更多的热量。

泡菜好，油对，鱼不错，制作这道菜基本都能成功。

酸辣味道属四川家常菜体系，一年四季都可以吃，不需要花哨做法。学会做酸菜鱼，类似于掌握国外餐馆里的酱料，可以如此泡制很多食材，如酸菜豆芽、酸菜鸡片、酸菜嫩牛肉片都可以，既能去掉荤类食材的腥膻，又增加了香味的层次。

泡辣椒

松鼠鳜鱼是道典型的苏州菜。唐朝诗人张志和曾写过"桃花流水鳜鱼肥"。每年二三月,江南桃花开了,雨水也多,正是鳜鱼肥的时候,而讲究不时不食的苏州人也是此时开始吃鳜鱼。这道历史悠久的菜随着人们口味、喜好的变迁也经历了无数次改良,比如最早做松鼠鳜鱼用的是鲤鱼,慢慢改成了鳜鱼,因为鳜鱼的口味、肉质都比鲤鱼好,鱼刺少。关于做法,清代《调鼎集》中曾记载:"取鯚鱼肚皮,去骨,拖蛋黄炸黄,作松鼠式。油、酱油烧。"其中的鯚鱼就是鳜鱼。当时划好花刀之后挂的是蛋黄糊,而今天我们更多用淀粉。至于油炸后加"油、酱油"烧制的做法,后来改成直接将提前制好的卤汁浇上去,甚至连卤汁也有变化,就是为了让入口的每块鱼肉都浓腴和酸甜。

松鼠鳜鱼的烹制关键主要是在花刀上,这花刀也叫松鼠刀,为的是让鱼肉经油炸后形成蓬松的松鼠尾巴形状——这是经历数次改良也没有发生变化的。但这花刀很复杂,电影《饮食男女》中的老朱是台湾圆山大饭店的名厨,自然可以胜任,一般人就有难度。

15.
松鼠鳜鱼
花刀功夫深

1994年,李安导演拍摄电影《饮食男女》时,大概为了显示郎雄扮演的老朱的身份,或是为了突出家宴在老朱心目中的重要性,让老朱变着花样地做了若干道中国功夫菜,松鼠鳜鱼就是其中一道。

首先，要选择1斤8两（900克）以上，2斤3两（1150克）以下的鳜鱼，之后去内脏、除鳞、掏腮，把鱼洗净之后砍下鱼头，剖成两半备用。然后从鱼背侧面开刀，剔除中间脊骨和胸刺，但在尾巴处留约一寸长的脊骨。再把鱼肉翻转过来，鱼皮朝下摊好，在鱼肉上用斜刀切成花刀状，刀深达肉的4/5深度，但不能切破鱼皮。鱼肉要切成细穗状，粗细大约像薯条，但不能过细，否则就不能保证炸出来的鱼外焦里嫩。

改完花刀后，需要加盐、胡椒粉、黄酒适当调味，给鱼头和鱼穗都裹上干淀粉。当鱼身体内的水分吸住干淀粉变湿后，要再拍一层干淀粉，然后在外层干淀粉再次被水分渗透前迅速进行油炸，这样能保证鳜鱼的酥脆。将鱼身炸至金黄色就可以，鱼头也是如法炮制。之后，锅内留少许油，单独加高汤、盐、糖、番茄酱、醋，炒成甜酸汁。最后，将炸好的鱼身放入盘里，再装上鱼头。鱼口微张，身体微翘，有几分神似松鼠。把做好的热酸甜汁浇在鱼肉上，会发出呲啦呲啦的声音。当然，也有更讲究的做法：汁不浇在鱼肉上，而放鱼身下。因为直接浇汁的话，吸饱汁的鱼肉会软，影响酥脆口感。

《饮食男女》的食谱 >>>

根据《饮食男女食谱》（编撰：林慧懿）一书介绍，李安导演的电影代表作《饮食男女》一开场，父亲老朱就亲手制作了多道家宴好菜，菜品中除了松鼠鳜鱼，还有冰糖元宝、菊花锅、炸响铃、凉拌海蜇、翅包鸡、爆炒双脆、干贝芥菜心等。整片出现的菜品更有80多道，包括青豆虾仁、苦瓜排骨汤、无锡排骨、豆腐饺子等。片中家宴既是中国饮食文化精髓的集中表现，也折射了传统与现代碰撞之下的情感关系与冲突。人与食物，人与人，就是这样复杂纠缠。

开胃酸甜汁

除了刀功，松鼠鳜鱼最有代表性的技能就是酸甜汁了。酸甜汁的调配方法一直在变，最早人们并不是用如今的番茄酱、柠檬汁调配，而是用山楂熬制，后来变成以镇江香醋和糖调好的糖醋汁。当这道菜慢慢从苏州菜变成江浙菜乃至上海菜时，它吸收了广式糖醋的做法，调味汁里加入番茄酱。因此，我们在饭店吃这道菜时起码可吃到两种调味汁，一种是广式，以番茄酱、白醋、山楂片和辣酱油熬成糖醋汁；另一种则是偏传统的以镇江香醋、糖熬的糖醋汁。镇江香醋好闻但颜色深，因此有时为了好看，也会变成以镇江香醋兑米醋来调。白醋一度被使用较多，但因味道很冲，讲究的厨师逐渐弃用。到今天，因为大家越来越注重天然本味，开始用最天然，味道也相对温润的酸味调料——柠檬汁来代替白醋，为的是食客夹一筷鱼肉入口时，不仅尝到外酥里嫩的鱼肉，也能被酸甜适中的糖醋汁吸引得胃口大开。

其实，这道经过了几百年演变的经典菜，也在某种程度上说明一件事：好的厨师也是爱思考的研究者。

每年二三月，江南桃花开了，雨水也多了，正是鳜鱼肥的时候，而讲究不时不食的苏州人也是此时开始吃鳜鱼。

○ **鳜 鱼**

别名：桂花鱼、鲚花鱼

科属：鮨科鳜属

主要产地：中国、日本、朝鲜、俄罗斯等国。中国南至广东广西，北至黑龙江等地，几乎各大河流湖泊都有这种淡水鱼类。

营养成分：蛋白质、钾、磷、钙等

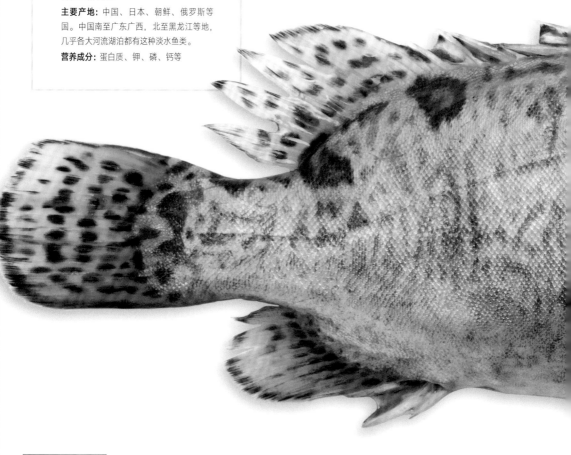

食 材 准 备

鳜鱼……1条　　色拉油……500毫升　　番茄酱……30克　　糖……10克　　高汤……50毫升

胡椒粉……3克　　盐……3克　　香醋……15毫升　　料酒……5毫升　　淀粉……50克

① ⑤ ⑦

抖散改刀后的鱼肉，有助于帮它均匀充分地吸收调味料。

外形及选择: 通常体态不小，有些扁，脊背隆起；身体颜色泛青黄色，腹部是灰白色，身体上有不规则的暗棕色斑点和斑块。其鱼肉为白色，肉质细嫩，味道极为鲜美。

制作步骤

❶ 将鱼去掉鳞、鳃、鳍、内脏并洗净，从鱼头的根部入刀，把鱼头切下来。从鱼颈开始，沿脊骨上边用刀尖划开鱼背部的鱼肉，使鱼肉与鱼骨分离，片到鱼尾处为止，不要切断；

❷ 将片开的鱼肉翻到尾部，再将整条鱼翻面，使仍与脊骨相连的这片鱼肉向上，鱼身的内侧向下。仍然从鱼颈部入刀，沿着脊骨将脊骨剔开；

❸ 在鱼尾部将脊骨斩断，将鱼肉鱼皮向下放在案板上，从肋部大刺的根部入刀，将大刺取下。片好的净鱼肉向下放在案板上，从一角开始，沿纵轴45°的角度切十字花纹，刀深达肉的4/5，不要切破鱼皮；

❹ 切好后将鱼肉抖散，使每个刀口都张开，再撒上胡椒粉、料酒、部分食盐，腌制15分钟，然后用部分干淀粉涂匀，保持肉穗分散的状态；

❺ 炒锅烧热后倒入色拉油，将其烧至七成热（200℃左右），将鱼身肉放入油锅中炸数分钟。待鱼身炸至自然卷曲、蓬松，状似松鼠尾巴后盛出，将有花刀的一面朝上摆在盘中；

❻ 将鱼头也蘸上淀粉，放入油锅中炸，炸至呈金黄色时取出，放入已有鱼身的盘中；

❼ 炒锅中留少许油，放入高汤、剩余的盐、糖、番茄酱、香醋炒成甜酸汁，浇在鱼肉上即可。

16.
干烧鲤鱼
玩对火用对醋

干烧鲤鱼是川菜和鲁菜里都有的一道菜。虽是不同菜系，但做法相似，只是调味料的选择各具地域特色。川菜会使用铸就川菜灵魂的豆瓣酱，而在鲁菜中，除了以炒糖色代替酱油外，还会加入醋。

食材准备

鲤鱼1条……约1000克

脂油丁……30克

冬笋……30克

香菇……30克

干辣椒……5克

青蒜苗……5克

香油……5毫升

色拉油……1000毫升

盐……3克

米醋（酸度4.5）……10毫升

糖色……125克（以50克白糖炒，或用酱油22毫升代替）

白糖……10克

料酒……20毫升

热水……1000毫升

将经过初步熟处理的食材加入兑好的汤汁中，以大火烧沸后再改用中小火慢烧，直至烧到原料入味，等汤汁浓稠时以旺火自然收汁——这种烹饪方式被称为"干烧"。操作得当的话，食材可以在长时间煮烧后保持形整不散，汁油也不浑浊。因是自然收汁，不勾芡，叫"自来芡"，菜肴整体色泽鲜红明亮，入口柔软鲜嫩，滋味咸香。

干烧鱼类一般选用鲤鱼。在中国区域的淡水鱼中，鲤鱼被烹饪的机会比较多，大概因为它肉质厚实，细嫩少刺，产量大还价格低廉，并且中医认为吃它对身体有益处。（用其他淡水鱼也可，实在没有也可用新鲜鱼块代替。）

选一条新鲜的鲤鱼，重量控制在1斤半（750克）左右为宜。若鱼太大，可能肉质偏老，影响口感。处理鲤鱼的动作要轻，去鱼鳃、鱼鳞和鱼肠的时候要避免挤破鱼胆，清洗也要仔细，尤其要将鱼腹内的黑膜刮洗干净，否则即便烧熟了也会残留苦腥味。同时需要去除的还有鲤鱼的胸鳍、腹鳍、背鳍等，这些部位腥味大，可以用剪刀剪掉。

处理好的鲤鱼，在鱼身两面切好大约间隔1厘米的一字花刀备用。此时，在锅中加入油，待油温升高至六成热（180℃左右）时把鲤鱼投入。炸制温度也以180℃为最佳，在该温度中炸制鲤鱼，能在极短时间内尽快去除水分，使表层鱼肉迅速收紧，从而保持鱼体外形完整，并确保鱼肉达到酥香软嫩的效果。如果低于180℃，鲤鱼表皮容易粘连。关于油量，一般餐厅比较豪放，会用1000克左右的油淹没鲤鱼。家庭烹饪时油的使用较少，但油量至少要100克以上，因为会损耗50克左右。但无论油量多少，鱼刚下锅时不可以搅动，以防鱼皮粘连鱼肉破损。

通常我们会说，炸至金黄色已初步定型时取出备用，而达到这种色泽的时间一般是3~4分钟。如果时间太久，容易将鱼肉炸得过老，太短则不能很好地突出酥香口感。

此时，在干净的锅里加少许底油，下入冬笋丁、香菇丁、干辣椒丁以及脂油丁（将猪的白色肥肉部分切成丁，也可以用比较肥的五花肉代替，油脂渗透

青蒜苗

鲤 鱼

◦ 干香菇

选干香菇和鲜香菇的差别不大，但香菇在干制过程中会生成很多的香菇精与鸟苷酸，会让干香菇比鲜香菇更香。挑选干香菇时主要看菌盖外形，较高品质的在晒干后菌盖依旧厚实、齐整，手捏有坚硬感，边缘内卷、肥厚，菇柄短而粗壮。干香菇含水量以11~13%为宜，以质干脆但不碎者为好，以及闻起来有特有的浓香。

鱼腹膜 >>>

鱼腹内的黑色膜衣并不是污染严重的标志，它的学名叫"腹膜脏层"，也叫"内膜脏层"，本身作用是包覆腹腔内大部分器官，吸收撞击、保护内脏，同时还分泌黏液润滑脏器的表面，减轻脏器间的摩擦。但并非所有鱼腹膜都是黑色，发黑的只有20多种鱼类，是黑色素沉积的缘故。这层膜本身脂肪含量高，营养价值一般，且容易富集一些脂溶性污染物，建议去除。

◦ 冬 笋

冬笋是由毛竹的地下茎侧芽发育成的竹笋芽，尚未出土，体型短粗，和春天露出地面的细长春笋在形态上不同。口感上冬笋比春笋更细嫩，也更加鲜美。通常在春季、深秋季节可以选择鲜笋，其他时候可用超市里销售的竹笋罐头代替。

脂油丁

制作步骤

① 将冬笋、香菇、青蒜苗、干辣椒都切丁;

② 鲤鱼去鳞、鳃、鳍,开膛去内脏,洗净鱼腹内的黑膜,用80℃热水烫去鱼皮表面黑膜,在鱼身两面每隔1厘米划直一字刀;

③ 取锅加热,放入1000毫升色拉油,待油温六成热(约180℃)时下入切好的鲤鱼,炸制定型后将其捞出控油备用;

④ 锅回火留少许底油,放入脂油丁、冬笋丁、香菇丁、干辣椒丁,煸炒出香味后再放入炸好的鱼,加料酒、米醋、糖色(或酱油)、热水、盐、白糖,旺火烧开后转微火烧20分钟;

⑤ 将鱼翻面,再烧20分钟,盛出控净汤汁装盘。再将锅中的原汁内加入少许色拉油(约3毫升),大火收浓时撒入香油。最后把收好的浓汁浇在鱼上,撒青蒜苗丁在鱼身上即可(不要撒在鱼头上)。

到鱼肉中后,鱼肉会软嫩不柴),将它们煸炒出香味后下入炸好的鱼。此菜的关键是要将配料的香味激发出来,冬笋要提前焯水,去掉酸腥味。香菇也要选择优质的,便于将香气充分渗入鱼肉中。

接下来的处理,以传统方法是炒糖色——在锅里加一汤匙油,加入半勺白糖,看着糖融化,颜色接近棕红色并且油面上开始起大泡时,将炒好的糖色连同热水、料酒、米醋等放入鱼锅里煮。这是传统做法,为避免重盐且豆腥味足的传统酱油在长期烧煮后产生酸味,所以以炒糖色代替酱油的色泽。但现在的酱油不再是传统工艺酿制,不存在这类问题,于是炒糖色这一步骤可以用酱油代替,将其与热水、料酒和米醋一起放入鱼锅。

醋的使用

为什么要加醋?这个问题的真正核心在于,在烹饪过程中哪个阶段加醋。醋不耐高温易挥发,所以烹饪前后调醋有天壤之别。在烹饪前或加热初期烹醋,叫暗醋法,目的是取其酸味,增加菜的酥烂度;在加热过程中烹入适量的醋,是响醋法,目的是借着醋的强烈挥发性,带着腥味一起挥发且菜肴没有酸味;在菜刚炒好时烹醋,是起锅点醋,这是为了增加菜的酸味。

而关于醋的选择,中国的南北方有很大区别。北方地区做这道干烧鲤鱼,绝对不会使用具有清澈醋香味的四川保宁醋,也不会使用香酸绵长厚重、适合蘸食的山西老陈醋。在酿制过程中既有醋酸发酵又有乳酸发酵,使得酸味不烈、口感微甜、香气清新的镇江香醋也不是这道菜的选择,当然更不用说酸爽、清甜、色泽透亮的广东大红浙醋了。北京的龙门米醋才是这道菜的用醋选择,这种醋呈淡茶色,酸味淡爽不烈,后口香甜。

烧鱼时要以微火烧够30~40分钟,过程中要敞开锅盖,30分钟不仅可保证烧入味,还让鱼皮的胶质充分融入汤汁中,最后收汁时就比较黏稠。收汁时在鱼身上加点香油,不但可取后者的香味,也会增加油亮的效果。

此菜的关键是要将配料的香味激发出来,冬笋要提前焯水,去掉酸腥味。香菇也要选择优质的。

移居美国后的作家张爱玲曾给友人爱丽斯写过18道菜谱，第十一道就是上海熏鱼。熏鱼在张的小说中出现次数过于频繁，很多人便暗自揣测那是她最爱的一道菜。

17.
上海熏鱼
烈火烹浓汁浸

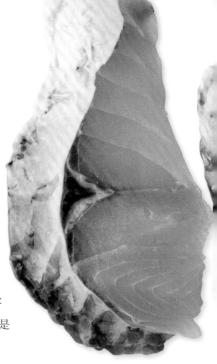

菜谱一开头，张爱玲就郑重其事地注明："鱼二斤（各种大而肉厚之鱼皆可用）。"出于美食爱好者的严谨，在通常做法之后，她又提供了以红糖、甘草、茴香末烟熏的方式。上海人张爱玲对美食有种天然的敏感。在《封锁》这个虚浮而又现实的故事里，她还将"熏鱼"和"菠菜包子"做了个对比，表达了吕宗桢对他夫人的小怨情。毕竟，一个在弯弯扭扭最难找的小巷里买来的菠菜包子怎能跟熏鱼比呢？要知道，在上海乃至整个江南，色香味俱全的熏鱼拥有略高档的社会地位。这点，张爱玲是懂的。

在熏鱼的发源地江南一带，也就是江苏、浙江、安徽、上海等地，过年时要准备很多熟菜，熏鱼是少不了的一道，不仅好吃，而且可以作为冷盘菜，从年三十放到年初一之后，完全符合"年年有余"的好意头。今天的人们，尤其苏州一带，总叫它另一个名字"爆鱼"，不过仅限这个区域，而且常以配菜身份出现——最有名的是苏州和昆山人最钟爱的爆鱼面。

熏鱼和爆鱼

食材准备

单独准备熏鱼汁（食材及做法见步骤 ❶）
1500 ~ 2000克的新鲜青鱼或草鱼⋯⋯1条
（取中段500 ~ 1000克）
小葱⋯⋯2根
姜⋯⋯30克
植物油⋯⋯300毫升
料酒⋯⋯200毫升

实际上熏鱼和爆鱼有区别，但百年来，两者的区别已被人们消磨殆尽。熏作为一种烹饪技法，在中式菜肴里很早就出现了。最初，人们以烟熏来处理鱼类、肉类食物是出于长期储存、防腐的目的。而后是因为烟熏食物中含有酚类化合物，使得食物具有特殊的烟熏香味。到了明代，在《宋氏养生部》里有了关于熏鱼制作的记载，还提供了烟熏的程序。到清末，一些书籍中出现了关于爆鱼的记载，比如《清稗类钞》，但已去掉烟熏程序。从当时的记载来看，爆鱼是取青鱼或鲤鱼切块洗净，以好酱油和酒浸半日，再放入沸油中炸到表面金黄，肉质疏松，然后起锅，在鱼肉上略撒胡椒末、甘草屑，置于碗中使其冷却，最后鱼肉的效果燥而味佳。从制作程序上，当时的爆鱼倒是与现代熏鱼的制作相差无几了，独少了"烟熏"的工序。

其实，上海熏鱼虽名带熏字，却并不是熏制的，而是经过浸渍，油爆，在调味卤汁中浸没等工序，使得形、色有"烟熏"的效果，所以人们沿用了古老的叫法。上海的熏鱼显然受苏州、南京、扬州熏鱼做法的影响更多。传统熏

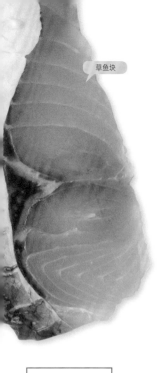

草鱼块

鱼采用油炸加工，且油炸温度在170~230℃，使肉中成分发生美拉德反应继而颜色变褐色，产生独特香味。不过，赋予食物色泽和味道的美拉德反应是把双刃剑，既能产出可口风味和诱人色泽，又能产生有害物质。

大部分上海普通家庭习惯用青鱼、草鱼来做熏鱼。这应该是当代才逐渐形成的选择，来自上海人在食材缺乏年代时养成的习惯。更早以前，被普遍认为正宗的熏鱼食材是鲳鱼。

熟悉鲳鱼产地以及上海菜形成历史的人，会了解这应该源于宁波菜馆。当然，上海人不是没试过其他鱼种，但鲳鱼肉厚而紧实、刺少、口感细嫩，鱼肉纹理也与其他鱼不一样，更容易让调好的汁渗入，于是上海人就把用鲳鱼制作的熏鱼加入正宗上海菜的行列。这也是有趣，凡是能安稳落地在上海，被上海人喜悦接受的菜肴就是上海菜，管它曾经来自哪里。

"老大房"熏鱼

上海人一度公认，本地老字号食品店"老大房"在20世纪20年代创制的熏鱼最好吃。它不借助于味精，而是用汁水浸没来提味，故有特殊香味渗出。这和张爱玲提供的食谱很相似。好吃的熏鱼其实有赖于在干脆外表下保证丰盈的烹饪技术。制作熏鱼时火一定要旺，先花五六分钟将切好的鱼块炸成金黄。炸之前，先用葱、姜、黄酒、冰糖、八角、桂皮以及老抽、生抽的混合汁事先熬15分钟做成熏鱼汁。当鱼的颜色变得金黄，实际已肉质疏松时，将其从油锅里捞出来，第一时间投入做好的熏鱼汁中。炙热的鱼块没入汁水时，会起许多气泡，意味着汁水正充盈着被炸酥的鱼块。

要保证咬一口时鱼肉的内里仍旧鲜嫩，关键点就在于花时间将鱼块浸没在足够的汤汁中。因此这道曾属于江南一带宴会十大冷盘之一的熏鱼，食用方式已经改变，大家更希望它被端上桌时还是温热的。但美味的改变总是依靠着人们的舌头与胃口，哪有刻意的"正宗"，一切都是为了更好吃一点。

上海熏鱼虽名带熏字，却并不是熏制的，而是经过浸渍，油爆，在调味卤汁中浸没等工序，使得形、色有『烟熏』的效果。

制作步骤

❶ 事先备好熏鱼汁。食材及做法是：锅内放清水500毫升，大火烧开后将香料包（桂皮10克、八角5颗、香叶10片、葱段和姜片各30克）放入，再加入冰糖100克、白糖100克煮至融化，加入黄酒50毫升、生抽25毫升、老抽20毫升、鸡精10克、香醋25毫升，改小火熬制15分钟左右，待酱汁略微浓稠时关火，冷却后放入冰箱内冷藏。要掌握好浸泡所用汤汁的温度，控制在4℃最为合适；

❷ 葱切段，姜切片。将鱼洗净沥干（如是草鱼，要将鱼腹膜清理干净）。取鱼身中段切成2厘米厚鱼块，

再沿鱼脊椎骨一劈为二，以葱段、姜片、料酒腌制3~4小时，隔夜更好；

❸ 锅烧热，放植物油，油温达到170~230℃时，将鱼肉逐一放入油锅中，开大火炸1分钟后改小火，炸2分钟后鱼肉表面呈金黄色并变脆硬，捞出沥干油。高温有利于迅速锁住鱼肉表面，令里面的肉质保持软嫩口感；

❹ 将捞出的鱼块迅速投入做好的熏鱼汁中，浸没1小时左右成菜。

18. 腌笃鲜
小火咕嘟慢慢炖

每年到了春天，江浙一带的人们都会吃腌笃鲜。"腌笃鲜"三字代表了这道菜所使用的食材和烹饪方式："腌"指的是火腿、咸肉等具有一定咸度的腌制品；"笃"是烹饪方式，是以方言来形容"小火咕嘟咕嘟慢慢炖"的状态；"鲜"指鲜嫩的五花肉和笋。

黄鱼

"腌笃鲜"的意思就是用咸肉、鲜肉来煨笋。这道菜虽然做法简单，但因对食材要求颇高，算得上一道有着强烈地域意识的菜，毕竟主要食材都取自于江浙一带。

首先是咸肉的制作。江浙一带一入深秋就会制作咸肉，尤以江苏地区做得较多。人们买回新鲜猪肉，一般先将花椒和大粗盐粒放入热锅翻炒，香味出来后取出放凉，将盐均匀抹在鲜肉表面，然后将肉封入坛内，以石块或其他重物密实盖压，腌20天左右后再拿出来晾晒。冬天腌好的咸肉一般能吃到春天。做腌笃鲜时，咸肉如果带一点肥膘更好。

其次是初春时萌发的春笋。一直有人对用春笋还是冬笋做腌笃鲜有争论，正确讲，冬笋春笋皆可，冬笋胜在味道鲜美，但因质地细嫩更适合清炒，炖汤还是优先选择春笋。挑看起来矮胖的春笋，再挑笋的中段和笋尖部位以滚刀切成。在《随园食单》作者袁枚眼里，做腌笃鲜最好也是用春笋，以浙江天目山产最好。他是杭州人，自然认为天目山竹笋最好。但实际上浙江的竹乡很多，安吉、临安、德清、余姚、奉化等皆是。只是以前受运输条件所限，人们选择竹笋时只能选运输时间在一天之内的产地。清朝《湖州府志》就记载，当时的苏州人喜欢购买产于湖州山区的竹笋，因为湖州所属的安吉、德清等是著名竹乡，再依靠太湖运输，往返非常迅速。

美食家袁枚 >>>

袁枚，清代文学家，乾隆进士。字子才，号简斋、随园，浙江钱塘（今杭州）人。著有《小仓山房集》《子不语》《随园诗话》等，主张诗文要抒发"自得之性情"。其将多年美食实践结集而成的《随园食单》一书，历数元、明流行的300多种菜肴、饭点和名酒，也对江浙地区的饮食传统与烹饪技术做了梳理，被称为烹调"圣本"。

食材准备

豪华河鲜海鲜版腌笃鲜

大闸蟹……2只

黄鱼……1条

河虾……10只

蛤蜊……200克

干木耳……5克

鲜春笋……3根

小葱……10克

姜……10克

色拉油……25毫升

盐……2克

鸡精……2克

黄酒……50毫升

清水……500毫升

木耳

河虾

豪华河鲜海鲜版腌笃鲜

❶ 将黄鱼、大闸蟹、河虾、蛤蜊洗净，事先分别在平底锅内放入色拉油进行煎制。尤其是黄鱼，要将表面煎得起壳才能经得住之后的久炖。其他几种煎熟即可；

❷ 葱打成结，姜切片，木耳以水泡发。将春笋对半切，扭一下笋壳，笋芯很容易就脱落了，去掉老根后再切片，放入开水中去掉涩味，捞起备用；

❸ 取砂锅一个，内加清水和煎好的海鲜及河鲜，用大火烧开去掉浮沫，再加黄酒、葱结、姜片，改用中火慢焖1小时；

❹ 当汤色呈现乳白色时放入春笋和木耳，继续煮30分钟，再加入盐、鸡精即可成菜。

大闸蟹

小葱

冬笋胜在味道鲜美，但因质地细嫩更适合清炒，炖汤还是优先选择春笋。

在上海，这道江南名菜腌笃鲜经过了一百多年的口味传承后，终于成为本帮菜里标志性的菜。一到春笋上市的三四月份，大家都热衷于在家炖好一锅汤色浓郁的腌笃鲜。在很多上海人的记忆里，到此时节，就应该拿出一块吊在户外晾晒的咸肉，放入温水里泡软切块；再买来新鲜带骨的五花肉，这样的肉不轻易脱离骨头，经得住久炖，还不会让汤色浑浊；五花肉切块后，与咸肉一样都要单独焯水，焯水时不放料酒，只将葱、姜一起入水煮，为肉去腥，焯水后的鲜肉和咸肉表面会有杂质，一定要清洗干净，这也是保持腌笃鲜汤清的重要步骤。

再将春笋用冷水煮开、沥干。如此三样主要食材都准备好了，一起放入砂锅，加入大量冷水再以大火炖开，这样能快速把食材里的营养物质析出来。待水沸腾时再转小火，慢慢地焖上两个小时左右，中间不加水、不加盐更不加味精，让肉和笋的咸与鲜渗入清汤。这就是上海人对腌笃鲜的概念：汤要清，肉和笋的鲜味都要炖入汤里。好喝的腌笃鲜一定是清爽不浊，味道却醇厚香浓。如果汤色很浓很白，多半因为火太大，肉又太多，导致肉质里的结缔组织、蛋白质快速溶解于水，才显出浓郁白色。

腌笃鲜并没有采用中国传统烹饪中的"爆""炒"等激烈方式，调味料用得少，是为了最大限度地提取食材原有的鲜味，因此食材的品质决定了这道菜的优劣。

蛤蜊

○ **竹笋**

科： 禾本科

主要产地： 可食的蔬菜型竹笋主要有毛竹笋、慈竹笋、麻竹笋等，主产于中国南方各地，如长江流域、广东、广西、福建、贵州等。

营养成分： 蛋白质、维生素B群、糖、铁、钾等

外形及选择： 外皮有光泽，若有泥的话，不干为好；长度不要太长，笋身短肥就可；轻戳笋的底部，容易有指痕的越鲜嫩；笋尖处是精华所在，肉质最鲜嫩，可用于炒菜或做馅心的配料；同样外形大小的话，分量重一点会更水灵。

多种版本的腌笃鲜

对上海或江浙地区的许多人家来说，腌笃鲜可以有各种做法。比如，"腌"可以选用咸肉，也可以用苏北盛产的咸鸡、咸蹄髈（江南地区的称呼，即北方所说的肘子）等；而鲜肉除选带骨五花肉之外，也能用新鲜鸡肉或蹄髈代替，如果高兴也可以用黄鱼、河虾、蛤蜊、大闸蟹等河鲜、海鲜来替代鲜肉或咸肉。不过，肉也好鱼虾也好，新鲜度是唯一的选择标准。好在，这些食材的产地离上海并不远。只是，因为之后要炖煮，黄鱼、大闸蟹、河虾需要事先分别下锅油煎，尤其黄鱼，将表面煎得起壳才能经得住之后的久炖。不过，经过这样改良的腌笃鲜煮出的汤更鲜美。

无论如何，每年春笋上市也就是一个月左右，过了清明，春笋就没有了。追求不时不食的上海人每年吃这道菜的机会其实也就在这一个月内，耐心煮上三四次，然后将剩余的热情留待明年。

食材准备	基础鲜肉版腌笃鲜
	五花肉……250克
	咸猪腿肉……200克
	春笋……3根
	小葱……10克
	姜……10克
	盐……2克
	鸡精……2克
	黄酒……50毫升
	清水……500毫升

制作步骤

基础鲜肉版腌笃鲜

❶ 将五花猪肉洗净，煮熟，切块。咸猪腿肉（成品外表干燥、清洁，最好肥瘦兼备，肉质紧密结实呈红色，脂肪则是正常的白色，整体有光泽，至少不晦暗）洗净切厚片，先在沸水中煮开，去除杂质后捞出备用；

❷ 葱打成结，姜切片，春笋处理同豪华版；

❸ 取砂锅一个，内加500毫升清水、五花肉块、咸猪腿肉片，用大火烧开后去掉血沫，再加黄酒、葱结、姜片，改中火慢焖1小时。水要一次加够，如果要使汤色发白，留少许油，不要将油撇净，炖够时间时开大火猛收即可（一般约需十几分钟，至汤色发白即可）；

❹ 将春笋放入砂锅内继续煮30分钟，再加入盐、鸡精，即可盛出装盘。

19. 江团狮子头
脂肪太美，脂肪万岁

中国人爱吃鱼，而且会吃鱼，不像很多国家，人们只吃大鱼或者炸鱼条，还都是去除了鱼刺的鱼，有刺的小鱼他们不会食用。但中国人不同，烹饪时喜欢保持鱼原来的形状。

食材准备

江团……1条约1000克
猪肥肉……400克
豌豆……50克
小葱……5克
盐……10克

豌豆

多变狮子头 >>>
虽然最早的狮子头的原料基本为猪肉垄断，但随着时间的推移，人们把一切切成末再团成团子的食物，都叫作狮子头，比如鱼肉狮子头、鸡肉狮子头。民国画家张大千请京剧名家马连良吃饭，知道他是回民，就特意做了鸡肉狮子头。

最讲究吃鱼的广东地区，流行吃清蒸鱼，从鱼死亡到蒸熟不过几分钟，有的加葱姜，有的加酱油，有的甚至只加一点盐——整条鱼端上来，会吃鱼的客人要保证吃完后鱼刺保留得很完整——就像有人吃完螃蟹，能够用螃蟹的壳和脚，拼接成整只的样子。

在吃鱼高手这里，鱼不分大小，小鱼放在嘴里，一口漱完，吐出来还是整条的鱼骨头，对不善于处理鱼刺的外国人来说，这类似魔术，其实不过是从小吃多了鱼，舌头很灵活而已。

但这里的江团却可能是中国人和外国人都喜欢吃的鱼。江团又叫鮠鱼，学名长吻鮠，在国内广泛分布，只是不同的地方有不同叫法。体型比较长，鱼嘴像锥子向前突出，有几根胡须，和鲇鱼有点像，也有点像鲨鱼，但属于淡水流域的无鳞鱼。只有一根主要的骨头，肉质肥美，因为脂肪很多——长江流域的人吃它最普遍，从上游的四川到最下游的上海都把它奉为美味。

长江上游管它叫"江团"，或者"肥沱"，最好的办法是清蒸，因为鱼里的脂肪肥厚，千万不要再新添油脂进去。有些北方厨师喜欢做鱼先用油炸，然后加糖醋汁红烧，如果用这种料理方法处置江团就有些糟蹋食材，最好的方法是放葱、姜、豆豉，将鱼以大火快蒸10分钟左右出锅，入口时鱼肉细嫩，感觉在吃一块鲜美的肥肉——而不光是鱼肉。据说20世纪70年代美国

制作步骤

① 小葱切末。江团去骨以手切成小块，猪肥肉也以手工切碎备用；

② 将两种肉类混合，加入适量的盐和葱末，然后对其进行摔打搅拌，等黏液渗出后用手团成球状；

③ 将肉团放入烧好的沸水内煮熟，盛出备用；

④ 将豌豆以料理机打碎成泥，倒入干净的锅中加热，熟后盛出放入盘中；

⑤ 将步骤③中已煮好的肉团放入装有豌豆泥的盘中便可上桌（这道菜可另备适量的春笋片和火腿丁，以高汤煮熟，捞出后放入煮好的豌豆泥中）

江团

时任总统尼克松访华期间，周恩来总理从四川调集了一批750克左右重的野生江团，专门运到北京去清蒸。还有一种做法，就是把江团的鱼肉取出来，加猪油剁碎，汆烫熟后成型，然后和笋片做成清汤，味道也特别鲜美。

这种汤看似清淡，但因为搭配了长江上游出品的一种苦笋，味道乍吃有些苦但有回甘，加上鱼肉的清鲜，令整汤呈现出醇厚的风味，是川菜里一道品格极其高妙的菜，且人们只在出苦笋的春天食用。宋代大文豪苏东坡、黄庭坚都称赞过这道菜。

在长江中游，江团的吃法又不太一样，比如湖北石首地区做江团最看重鱼鳔——据说它的质地特别肥厚，所以在当地江团肉不贵，但鱼鳔很贵。用几十条鱼的鱼鳔做成的这道菜，是一道在各路诗人笔下出现的昂贵的菜。

在长江入海口地区，江团数量最为稀少，但也因这里营养物质丰富，令江团特别肥美。如果遇到粉红色的野生江团，那一定是道珍馐，不过现在也是以养殖为主。这里流行两道江团名菜，一道是红烧江团，可能因为养殖的江团有一些泥土气息，所以要以酱油和糖的厚重味道盖住这些腥味；还有一种，和长江上游的笋片江团汤比较相似，用江团肉加猪肥肉，加荸荠，统一切成碎粒，然后用手团成圆子形状，放在锅里炖熟，可能只需要15分钟，就成了美味鱼圆汤——春天时配蚕豆泥、豌豆泥、火腿和春笋都可以。

因为鱼肉的脂肪多，江团狮子头口感特别鲜嫩，是长江三角洲春天时节的一道高级时令菜肴。

鱼鳔的价值 >>>

中国人很少会专门放大鱼内脏的美味，但鱼内脏里也有一种东西在民间很出名，就是鱼鳔。淡水鱼里有代表性的就是江团的鱼鳔，还有公鲤鱼的鱼鳔，也叫鱼白，同样是名菜；海鱼的鱼鳔在广东潮州地区被看重，俗称花胶，尤其是一些名贵之鱼的鱼鳔，晒干后售价高昂，有的甚至达几千元一斤，因为当地人相信花胶可止血、养胃。一些注重药食同源的人特别珍视花胶，有的家庭甚至将名贵花胶视为财产传给下一代。

111

20.

烧汁菊黄豚
"好吃"才是至毒

宋代文豪苏东坡特别馋，爱吃也会吃，历史上有道菜便因他得名：东坡肉。这道菜指的是用酒和茶汁烧出来的大块肉，完全不添加水，迄今一直在杭州地区流传。因为苏东坡懂吃，经常有人问他什么菜好吃或不好吃。比如，就有人问他：河豚有毒，为什么还有那么多人去吃？他说，因为太好吃了，值得那一死。

苏东坡与河豚的故事也说明为什么很早河豚就在中国被列为珍馐，因为太好吃。河豚，从科学属性上来说，为硬骨鱼纲鲀科鱼类的统称，正确的名称应该是河鲀，据说出水时会发出类似猪叫的吱吱声，所以俗称为"河豚"。河豚生活在江海洄游之处，属"长江三鲜"（河豚、鲥鱼和刀鱼）之一。一般来说，在春天捕捉并食用最为美味，不过人们现在吃到的一般都属于养殖产品，因为野生河豚越来越少。

过去的古人虽然没有实验室器材，但经过不断地经验总结，发现河豚的肝脏最毒，所以好的河豚厨师，首先并不是烧制这道菜多美味的厨师，而是会精心去除河豚毒素的厨子。他们除了把肝脏清除得干干净净，还要做河豚

  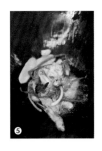 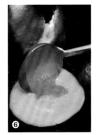 

❸ ❹ ❺ ❻ ❽

制作步骤

❶ 将人工养殖的新鲜河豚清洗干净，去除红色筋，再用盐清洗干净，然后用肥皂反复洗手（肝脏和精巢可以食用，但需专门处置，用专门的容器。别的内脏如肠、腮等不必食用）；

❷ 先将河豚的皮取下，放在一边。再将鱼肉和鱼骨分离，鱼肉切成薄片。另外取出豚肝，改花刀备用；

❸ 将草头以沸水焯熟后取出，放在盘中。选择水分及糖分含量低的南瓜，切块蒸熟后以料理机打成南瓜蓉。葱白切末；

❹ 再将步骤❷中的完整鱼皮和豚肝以沸水焯熟，取出后放在水里反复漂洗，最后将鱼皮切成大片；

❺ 开火，锅中放压榨豆油，烧热后加入鱼头和鱼骨，将它们煎至两面金黄。再加入葱白末、姜片，煎出香味后加白酒去腥，然后加水约300毫升，大火烧滚后转小火；

❻ 待鱼汤煮至浅黄色后，将汤中的鱼骨、鱼头、葱姜等全部过滤取出。因这道菜为厚味，再在剩下的汤中加入约30克南瓜蓉和酱油，汤汁变浓稠后关火备用；

❼ 将切好的鱼肉放入滚开的清水中焯熟后取出，和先前处理好的鱼皮、豚肝一起，放入早已盛好草头的盘中；

❽ 将步骤❻的汤汁淋至鱼肉上即可食用。

眼睛、血液、血管的剥离手术——后者的难度一点不亚于高明的医学手术。在爱吃河豚的国家，无论中国还是日本，能做河豚的厨子一般都需要持专门的操作证。而且在很多地方，河豚端上后的第一件事，是厨师当众吃第一口，用自己的身体作证菜品没有毒。

但现在这种传统的端上河豚的方式越来越少，因为普遍养殖后，河豚的毒性越来越弱，甚至肝脏也可以食用了。这里介绍的烧汁河豚，就是采用了先爆河豚肝脏的做法，这种河豚又名"菊黄豚"，因为身上有菊黄色花纹，有了这个好听的名字。厨师用草头——一种长江流域常见的小草（也是蔬菜）来配它，据说这种小草具有清热解毒功效。需要先把草头烫熟，放在碗底，然后静静地处置河豚。

再把据说毒性已经很微小的肝脏在高温的水里过一下，然后取出放在水里反复漂洗，这样能去除留存的毒素。等油烧热之后，先把肝脏放在里面炸焦，再下锅和

河豚

食材准备

河豚……1条约500克

草头……30克

南瓜……40克

葱白……3根

姜片……4~6片

压榨豆油……40毫升

酱油……15毫升

白酒1杯……15毫升

水……300毫升

草头

○ 河豚

别名： 赤鲑、气泡鱼、东方鲀

科属： 鲀科东方鲀属

主要产地： 主要分布于北太平洋西部，中国各海区及长江中下游一带淡水水域都有发现。

营养成分： 蛋白质、多种氨基酸、硒、锌

外形及选择： 身体呈短肥圆筒形，尾部渐细，背鳍位置靠后；体色及花纹因种类而异，体表密布小刺；有气囊，遇外敌时胸腹部会膨胀如球，浮于水面，使天敌难于下嘴。

长江三鲜 >>>

长江三鲜的说法在长江下游地区很流行，指刀鱼、河豚和鲥鱼三种。据说在江海交界处，于海洋产卵然后洄游到长江里的鱼类特别美味，所以这三种鱼很早就被中国人列为不可错过的美食，不过现今基本没有野生鱼种了，都属养殖产物。鲥鱼食用时不需要除鱼鳞，因为里面含有丰富的脂肪；刀鱼刺多，可将鱼肉搅碎，和猪肉、蔬菜混合后就包成馄饨。

河豚肉一起煮。为什么不干脆扔掉肝脏？据说这样最鲜美。看来苏东坡说的吃河豚值得一死的说法并没有过时，也算是中国人在吃上追求极致的一种表现吧。

等河豚肝脏炸出的鱼油和事先备好的动物油如猪油混合之后，加入河豚肉一起烹饪。此时要加白酒和调味料，等鱼的腥味散尽，鲜味也出来时，加糖、酱油和大量的水，再慢慢烧干。鱼肉久煮后并不烂，反而更加紧致，汤汁也变得很黏稠。最后的一步是加入鱼皮，且不需要久煮。在中国讲究养生的区域，河豚的鱼皮是给贵宾吃的，因为据说补胃——不过吃的时候要注意，鱼皮上面遍布小刺，会吃的人要翻过来食用，鱼皮里面有大量黏液，吃时一起吞下去，这样能保证不被刺扎到，但究竟有多少的养胃功能，只有天知道。河豚皮上的小刺，在河豚身体鼓胀的时候可以清晰看到。被拎着背鳍时，河豚的肚子会气鼓鼓涨起气来，所以它也叫"气泡鱼"。

做好后的河豚要放在草头上，好看又不腻。

中国的江苏、浙江地区水网密布，水产也很丰富，对什么时候吃什么以及如何吃的经验远超其他地方，风靡全国的小龙虾、螃蟹，最初是由他们兴起吃的潮流。而在初夏到小暑之后一月有余的日子里，当地人最爱的水产是黄鳝，一种生活在稻田、小河、池塘、湖泊等淤泥质水底层的鱼类。按照中医理论，此时的黄鳝最为肥美，也最滋补。

21.

蒜粒鳝筒

享受丰腴

上海、苏州等地吃面时，除了讲究面条本身，还很在意浇在面上的菜，即浇头，后者也是面条的精彩之处。常见的浇头有响油鳝丝、腰花、雪菜肉丝、爆鱼等。

黄鳝是一种适应能力强、产地广泛的鱼类，中国其他地方的人也会做黄鳝来吃。比如，长沙的太极图就是将整条鳝鱼油炸再加酱油、酒、姜丝焖煮；而重庆、四川一带则做水煮鳝鱼，或者在毛血旺里放入鳝片，都是以麻辣衬托鳝鱼的鲜美；相比之下，位于江南的杭州吃得精致很多，那道著名的虾爆鳝面，就是将鳝片以色拉油爆，再以猪油炒，炒好后浇香油与清炒虾仁一起作为面条的浇头；但要说最懂吃黄鳝的还是江苏淮安、扬州一带，据说可以做出108道以鳝鱼为原料的鳝鱼宴，并且取鳝鱼的不同部位食用，或以不同的烹饪方法而取不同的菜名，如非当地人，光看菜单很容易迷惑。

比如"生炒蝴蝶片"，就是将鳝鱼去骨切段后，背上的鱼皮保持不断，肚子中间一刀破开，鱼肉两边大小均匀，爆炒成蝴蝶片形状；如果是"炝虎尾"，就是取鳝鱼（最好粗若拇指）脊背上的肉，从尾巴尖往前数3寸（10厘米）的那一段，用滚水氽烫后再调味的一道菜。码好的鳝尾脊黑亮微黄，泛着油亮，好似老虎尾巴；另一道"炒软兜"，很多取的也是鳝鱼脊背上的肉，炒软兜讲究的是，炒好后鳝肉状如肚兜能兜裹住芡汁。

最常见的是"炒鳝丝"。过去江南一带的菜市场上，卖鳝鱼的摊子都有一块木板制工作台，当众将整条鳝鱼以工具划成丝条。但场面实在过于血腥，任食客再爱这美味也难以接受，慢慢这一血腥的表演行为就转为

食材准备

大鳝鱼……3~4条约500克
姜……20克
蒜瓣……100克
菜籽油……50毫升
猪油……20克
盐……2克
生抽……30毫升
老抽……10毫升
白糖……30克
黄酒……20毫升
高汤……100毫升

①

③

④

隐蔽加工；而另一道响油鳝糊，烹饪方式与炒软兜有些类似，但用的是鳝鱼腹部的肉，这个部位的肉柔软，加热后会卷曲，口感更加细嫩。

在淮扬一带，除上述常见的黄鳝菜之外，还有一道叫"大烧马鞍桥"，是将鳝鱼段和猪肉一起烧，烧好后因为鳝鱼段拱弯隆起像马鞍形状，得了"马鞍桥"的名字。深受淮扬菜影响的上海菜，也爱极了做鳝鱼菜。淮扬菜里颇有名的大烧马鞍桥，在上海有个改良版的名字——蒜粒鳝筒。

鳝 鱼

蒜的处理和自来芡

这道菜用的鳝鱼要够粗壮肥腴，最好约为大号毛笔杆粗细，差不多是成年男性中指的粗细。将鳝鱼剖腹去肠清洗血污后，因鳝鱼表面有黏液，土腥味重，要放点盐在鳝鱼表面，然后轻轻捏捏，冲洗后再用干毛巾擦净。之后再选用鳝鱼圆润的中段切段，于每段背上竖着片上3刀，此时才叫鳝筒。

做这道菜的大蒜一定要先在油里炸过，炸到金黄色里捞出在沸水里飞快过一下。少了这个程序，炸过的大蒜会依然有股冷腥味，即生大蒜的味道。正式开始烧蒜粒鳝筒时，前期处理好的大蒜要再放锅里稍微煸一下，这样蒜粒就会有着和红烧山芋一样肥润的口感。再放入鳝筒和姜末煸炒，最大程度煸出鳝筒的鲜香味，然后加入以高汤、酱油、黄酒、白糖调好的酱汁，大火烧开后转至小火焖烧小会，直到鳝筒稍微焖烂。

这道菜的最后步骤是不要加任何淀粉、蛋清之类勾芡，而是加自来芡。所谓自来芡，就是选择胶原蛋白含量较丰富的食材，比如五花肉、鳝鱼等，加糖、酒、醋、酱油，经过"文火入味，大火收汤"的过程自然产生浓稠的芡汁，而不采用容易使汤汁黏稠的物质，这是上海菜中比较多使用的烹饪方式。这样做出来的蒜粒鳝筒看上去光亮明艳，鳝鱼肉的软糯鲜嫩体现得很好。

有趣的是，无论人们怎么花样百出的吃鳝鱼，它在中国始终还是无生存危机的物种。

制作步骤

❶ 姜切末。将鳝鱼处理好洗净，用盐轻捏鳝鱼表面，去除表面黏液，冲洗后用干毛巾擦净，切成2寸半（约8.3厘米）长的段。在每段背上竖着划上3刀，然后在沸水中过一下，再用冷水冲凉；

❷ 锅烧热，放菜籽油40毫升（可用色拉油代替），放入蒜瓣炸至金黄后将其捞出，在沸水里飞快过一下，去掉冷腥味；

❸ 另起一锅，将前期处理好的蒜瓣再稍微煸一下，然后放入鳝筒和姜末煸炒两三分钟。煸炒的油选用猪油和剩余菜籽油的混合（也可用猪油和色拉油混合），可最大程度煸出鳝筒的鲜香味；

❹ 煸出鳝筒的鲜香味后，加入以高汤、生抽、老抽、黄酒、白糖调好的酱汁，大火烧开再转至小火焖烧片刻，直到鳝筒稍微焖烂，即可盛出。

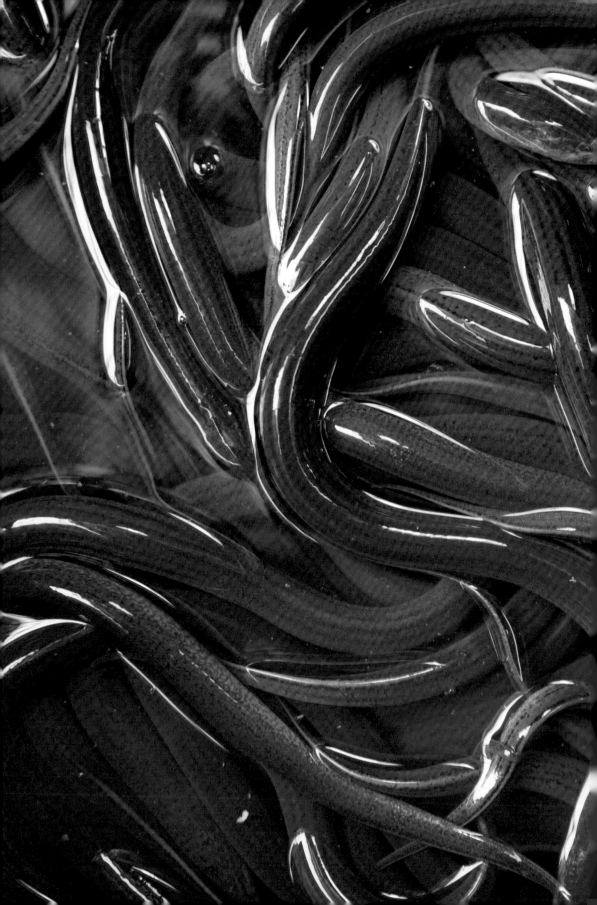

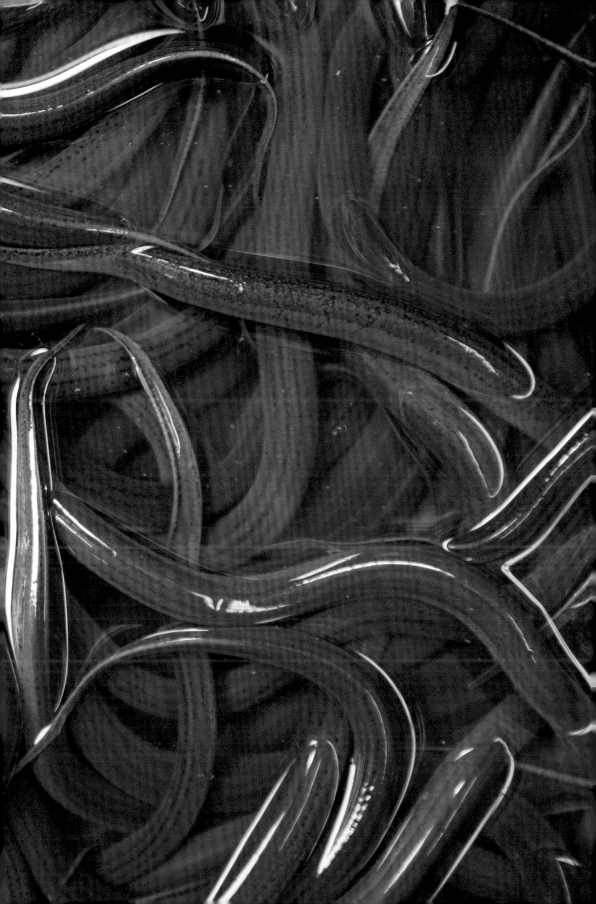

22. 炝虎尾

嫩滑至上

中国物产丰富，经常哪里出品什么，就想发扬光大，因此出了不少以当地物产为名的宴席，比如全鸡宴、全鸭宴、全笋宴，但往往名不副实，因为一桌都是一种主食材难免乏味，不免用别的材料来凑，变成各种组合菜。扬州鳝鱼宴也是这样，虽有炒软兜、炝虎尾、虾爆鳝、生炒蝴蝶片、炖生敲等各种菜式，做法还是类似。

但也不能不承认扬州地区的鳝鱼宴远比别处的鳝鱼处理高明，大概是唯一可以对敌珠江三角洲"长鱼"（鳝鱼的另一种别名）处理的。扬州地区最常选择的鳝鱼有两种：笔杆青、竹竿青，前面两字形容形状粗细，后面的青是指颜色，这里的鳝鱼黄中带青，颜色特殊。笔杆青一般用来做炝虎尾、虾爆鳝，也用来煮当地常见的干丝。这种鳝鱼的粗度类似从前的毛笔笔杆，据说杀死后不用铁器切开，因为腥味比较重，而是用竹签划开。炝，是扬州典型的一种烹饪方法，属于熟炒，先把划好的鳝鱼丝出水——放在开水里几十秒钟，去除浮沫后下入滚烫油锅，爆香后加胡椒粉、黄酒、酱油，就可以出

制作步骤

❶ 葱和姜切末待用；

❷ 将鳝鱼头部固定，身体用非铁器比如竹刀、塑料刀等划开（据说铁味腥臭）并去骨；

❸ 锅中加高汤或水煮开，放入处理好的鳝鱼烫煮十几秒。去除浮沫后捞出；

❹ 锅烧热，放植物油，油热后投入鳝鱼。等香味出来后，3分钟内加入胡椒粉、黄酒、酱油、少量盐，撒上葱姜末（也可彻底不撒享用原味），盛出上桌。因出锅后的鳝鱼色泽黑黄，所以叫虎尾。

❷

鳝鱼

锅了——非常嫩滑的一道菜。讲究的厨师只用鳝鱼的后半段，因为肉很滑，出锅后黑黄相间像老虎尾巴，所以叫"虎尾"，由此也可见中国人的幽默，都知道老虎肉吃不到，但还是心心念念。

也有人把鳝鱼肉炸酥了，和干丝一起煮汤；还有就是炸酥了鳝鱼肉和虾仁一起炒，是长江三角洲地区的名菜虾爆鳝，加大量白糖，可以下酒吃也可以当作面浇头。

因为淮扬地区鳝鱼粗大的多，比如竹竿鳝，所以就有了做多种菜的可能。当地有一道名菜炒软兜，就是取大鳝鱼中段切片，开水烫后下油锅，配料可以加粉丝、洋葱丝，也有加春笋和香油馓子（将面团拉成细面条后，下锅绕成萝形油炸而成的食品）的，大火滚油，胡椒粉、酱油加进来，油汪汪的，加以勾芡，最后筷子上的鳝鱼片像小孩子的肚兜又大又软，所以叫这个名字。

蝴蝶片则是生炒，头切开，炒的时候雪白，形状则像蝴蝶一样张开，配上红辣椒，颜色好看。这菜和炝虎尾不一样，吃的是肉质的厚，而不是嫩滑。这道菜如果需要高汤，往往用素高汤——用黄豆芽、香菇和笋焖成，因为荤菜要素汤配，扬州人在吃上费的时间和功夫，都不可思量。

南京地区会把鳝鱼带骨头炒熟然后在滚烫的砂锅里炖，上海则流行响油鳝糊，把鳝鱼炒熟了，往上面堆蒜泥、葱花，浇上一勺滚烫的油，吡啦一响，追求的是热辣鲜活。但扬州人觉得这些方法粗糙，不如自己的做法精细。

总之，根据刀工、火候的处理不同，鳝鱼可以变成各种菜肴。有的追求嫩，有的追求肉厚，有的追求滑，有的追求嫩滑，但有两点基本不变：一是烫，二是最好放酱油，很少有清炒，因为腥味的菜肴大概除了虾仁之外，其余都不宜清炒。鳝鱼的凉菜，大概只有无锡地区的梁溪脆鳝，把鳝鱼炸酥，加大量糖、油焖烧而成，油和糖让鳝鱼变成不是鳝鱼的另一种物质。

食材准备

活黄鳝……约1000克
（最好笔杆粗细）

葱……5克

姜……5克

胡椒粉……5克

植物油……55毫升

盐……5克

酱油……30毫升

黄酒……30毫升

高汤……50毫升

23.

油爆虾
外脆里嫩

油爆虾是地道的上海
本帮菜，会烧油爆虾几乎
是上海普通人家的必备技艺。

上海菜讲究火候，分旺火、大火、中火、小火、文火五种。而油爆虾这道菜，需200℃上下的油温，让河虾在极短时间内出锅，求的是外脆里嫩。

不过，因为上海开埠时间短，不足两百年，有上海菜也是后来的事。因此，究竟什么算是上海本帮菜，其实也难讲清楚。出身贵族很会吃的唐鲁孙总结过："真正的上海菜，应当以浦东、南翔、真如一带菜式为主体，口味浓郁，大盆大碗，讲究实惠而不重外貌，乡土气息浓厚的，才算是道地的上海菜。"

乡土气息离不开敦实的日常生活，而上海人的日常生活，无非是在三餐饮食与居中谋求最佳性价比，这是上海最实质的气息，在饮食中主要体现为"老八样"。这和流传于各地民间的八大碗很类似，基本都是做法简单、选材实惠、能满足当时平民对于肉类的欲望。上海的"老八样"就是出自浦东的八道菜：白斩鸡、八宝鸭、蒸三鲜、木耳红烧鱼、三鲜肉皮、扣三丝、响油鳝丝以及油爆虾。

油爆虾需要"爆"，虽然上海菜并不如鲁菜那样擅长"爆"的烹饪方式。上海菜讲究火候，分旺火、大火、中火、小火、文火五种。而油爆虾这道菜，需200℃上下的油温，让河虾在极短时间内出锅，求的是外脆里嫩。

虽然现在市场上虾的种类很多，传统油爆虾一定是选择产自江苏高邮湖的虾，因为它的下肢肥厚，而最好的食用季节是初夏6月份。一般水晶虾仁也选用高邮湖的虾。

油爆虾的关键是油温。爆的时候，可以先把油温烧到220℃，差不多锅周围都冒青烟时油温就足够了，将处理好的河虾投入锅里，油会瞬间翻腾起

制作步骤

1. 洗净并处理好河虾，姜切末；
2. 锅烧热，放入植物油，最好烧到220℃，此时锅周围会冒青烟，将河虾投入锅里，油将瞬间翻腾起来；
3. 当沸腾状态减小时，用汤勺取1元硬币量的水放入油锅令其继续沸腾。整个过程约10秒左右；
4. 炸好后先盛起虾，滤掉油，再在锅里加入事先调好的生抽、盐、白糖、姜末和黄酒，再将炸好的虾放入，翻炒几下就可以，临出锅时淋上香油。

河虾

来。但此时油温有降低，一般在180℃左右，且可以看到油锅的沸腾状态慢慢减小。此时，为了再次唤醒油的"沸腾"应该加水，但这一过程需要勇气，许多人在学习中式烹饪时都不敢操作这一点，也包括刚开始学习的年轻厨师。其实这个步骤很简单，掌握水的量即可。用汤勺取一点儿水，大概也就是人民币1元硬币的量，水进入油锅后，油温会迅速回升到200℃左右，油锅又继续沸腾了。其实，看似复杂的整个油爆过程只需要10秒钟左右。当然，如果选了个头大、壳厚的虾，可以适当延长油爆时间。

　　此时，油爆虾算是炸好了。河虾经过高温油炸，外壳会在短时间内变得松脆，同时虾肉中的水分并没有失去，而且壳与肉之间产生了些许空隙，方便调好的卤汁进入。因此，此时下调料是最容易吸收的。但很多年轻厨师可能不懂这点，他们配对了调味汁，但不知什么时候下调料才够入味，往往做出的油爆虾外表好看，但开开外壳时，里面还是白乎乎的虾仁。

　　正确做法应该是，炸好后先盛起虾，再滤掉油，继而在锅里加入事先调好的生抽、盐、白糖、姜末和黄酒，再将炸好的虾放进去，翻几下就可以了。最后出锅时要淋一点点香油。淋香油的步骤也很关键，香油放下去时，千万不能开火加热，否则就会有怪味，而非香油诱人食欲大开的香味。

　　做好的油爆虾成品颜色红艳亮丽，虾爆得外酥里嫩，酱汁咸甜适中。

食材准备

河虾…… 400克
姜…… 8克
植物油…… 40毫升
香油…… 4毫升
盐…… 2克
生抽…… 10毫升
白糖…… 10克
黄酒…… 10毫升

美食家唐鲁孙 >>>

唐鲁孙（1908—1985），本名葆森，字鲁孙，京城满族镶红旗贵胄，自幼出入宫廷，成年后遍游全国，熟谙从皇家至民间的各类风俗、掌故，对美食、起居细节尤有独特见解，著有《中国吃》《酸甜苦辣咸》《天下味》《南北看》等书。

24.
油焖大虾
鲜香甜咸齐备

在鲁菜中，油焖是指初步以煸炒或油炸方式对食物进行熟处理，再加入少量汤短时间焖制，这一做法要求原食材要鲜嫩易熟。油焖美食中最有名的就是油焖大虾。

按照传统，油焖大虾应该以产自山东渤海海域的对虾来做。这种对虾学名"中国对虾"，相比日本、朝鲜的对虾而言，体形更大、肉更饱满，最妙的是头部长满虾脑，焖出的滋味鲜甜，色泽也如红油般鲜亮。但之所以叫对虾，并非我们以为的，它们是雌雄一对形影不离，而是出自从前渔民们"两个算一对"的计算习惯，这样也方便销售。对虾的雌虾比雄虾大出不少，也因此，这道菜最高级的选择是选择雌虾。做这道油焖大虾，要先找几只大对虾，剪去虾须、虾枪、虾脚。虾枪就是虾头上的一根长刺，把它剪掉，并挑出虾包（虾枪根部的黑色包块物，也有称"沙包"）。再将背部的虾线，即虾的消化道抽出。因为对虾足够大，曾经是切为三段，头一段，身子两段，现在为了好看，都是取完整一只来焖，岂不知滋味不得尽入。

再切好葱丝，这里要使用山东产的大葱，因葱段足够粗大，一般厨师都是竖着破开，葱段就变成叠在一起的纸状，取其中一张，与姜片一样，都切成丝。

油焖自然需要油，传统上都使用猪油，猪油能增加虾的鲜甜。如今出于

番茄酱和番茄沙司 >>>

做油焖虾时若需用调味品添色，可从番茄酱和番茄沙司中选择。番茄酱是生酱，具有浓郁的番茄风味，需要经烹饪处理后食用。常用作鱼、肉等食物的烹饪作料，是增色、添酸、助鲜的调味佳品。番茄沙司是熟酱，由番茄酱加糖、醋、盐、色拉油炒熟调味而成，可直接食用，为薯条配的酱包里就是它。番茄酱里的番茄红素含量最高，但番茄沙司比番茄酱口感更细腻，味道更为酸甜。

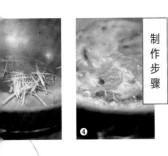

① 大虾要去虾枪，沿虾枪根部用剪刀以45°剪个角，挑出里面不宜食用的虾包。再去除虾须、虾脚。虾背要破开去除虾线；

② 葱、姜皆切丝备用；

③ 锅烧热，加入少许猪油，猪油融化后加入葱丝、姜丝煸一下。再放入大虾，以小火煎制，用勺轻轻拍打虾头，将其中的虾膏慢慢压出，锅内油汁会因此呈现好看的红色。再将对虾慢煎至金色，同时要保证虾的完整性；

④ 煎出红油后，沿锅边倒入黄酒，再倒入清汤（清水也可）、白糖、盐、生抽和老抽，让对虾均匀地吸收滋味。盖好锅盖焖5分钟后转大火收汁，1分钟左右汤汁会变浓稠，此时加入香油迅速翻炒1分钟后盛出。

○ **中国对虾**

别名：东方对虾、明虾

科属：对虾科对虾属

主要产地：中国的渤海、黄海和东海北部。每年9月，山东龙口附近海域是成虾向外海洄游的必经之路，也是集中采捕的最佳海域，20世纪80年代捕捞量一度达到高峰，后因过度捕捞导致对虾濒临灭绝，休渔政策实施多年后才逐渐恢复。

营养成分：蛋白质、钾、磷、钙、镁、虾青素等

外形及选择：偏黄色为雄性对虾，偏青色为雌性。新鲜对虾的头胸部更紧密，外表的光泽感也好。

大葱

健康考虑，提倡使用素油，但这点显然得不到一些讲究的厨师的认可。

在锅不太热的时候放入葱丝、姜丝，用油稍微煸一下，当香味出来后再煎大虾。这道菜如果使用对虾，一定要将虾头煎出虾膏脑，可以轻轻用勺子拍虾头，让膏脑慢慢融于油中，令满锅红润油亮，再将对虾慢煎至色泽金黄。然后放入少许清汤，加入绍兴黄酒、糖和酱油，让对虾均匀地吸收滋味。烹酒是要沿着锅边浇的，因为锅边最热，能迅速产生蒸汽，可以将虾肉的腥味带走。再盖好锅盖，微火烧焖三五分钟，待汤汁浓稠，对虾熟透之时，再开旺火收汁。此时加入香油，翻炒之间，香油与汁完全混合，均匀挂在虾的表面。

若家常操作此菜，也可选身边易得的食材，如大青虾、海白虾等。选择这些虾，需要在"制作步骤"第三步之后加番茄酱添色，因为这类虾的虾脑部位炸不出红色虾油。

这道菜最完美的样子就是色红油亮，虾肉细嫩饱满，味道鲜咸微甜，壳微酥，带着扑鼻的香，概括一下，就是"鲜、香、甜、咸"核心四字。

食材准备

大虾……11只

葱……1段

姜……1块

猪油……20克

香油……5毫升

盐……2克

生抽……5毫升

老抽……5毫升

白糖……5克

绍兴黄酒……35毫升

清汤……60毫升

25.

清炒凤尾虾
一点红尾的色诱

一般经济发达地区的饮食品质要比不发达区域好，但在长江三角洲这个整体富庶的地区却不一定如此，经济最发达的上海因为物产主要靠周边供应，人口过多又物价高昂，某些方面的美食享受可能不及周围扬州、苏州等城市，虽然大家的餐饮习惯类似。这从一道菜就可以看出来——清炒虾仁。

在上海的大小餐馆，如果提供这道菜，一定是清炒的海虾仁。海虾在上海周边被广泛养殖，保证鲜活度不难，有的餐厅干脆用冰冻过的虾仁来清炒，虽然虾仁晶莹透彻，吃起来远不如周围城市的清炒河虾仁，或者江虾仁。

所以，无数上海人去周边城市旅行，经常要跑去出名的餐馆吃清炒河虾仁，尤其是苏州一带。这里自古富裕，吃得讲究，很多餐馆在旺季要雇人从事剥虾仁的工作，秋天则是剥螃蟹肉，还有取蟹黄、蟹膏。完成一盘清炒河虾仁，可能要两三斤（1000~1500克）河虾剥离出来的虾肉才够。这个菜贵在人工但并不愁卖，苏州著名的老派酒楼里面，节假日都是上海人，频繁上菜的跑堂手上，一定端着清炒河虾仁。

扬州的水域更加发达，除了河虾还有江虾。长江里的虾更鲜活劲道，是一般养殖虾无法比拟的。两斤（1000克）左右的江虾，可以剥开炒一盘清炒虾仁，价格也不便宜，但想吃这道菜的人还是很多。每年夏天，江虾正肥，三四只就有一两（50克），剥开虾壳，头留着另作他用，把背部虾线挑掉的虾身下到猪油锅里，有时会配合一些当季蔬菜，比如夏天的藕节、莲子，秋天的银

制作步骤

❶ 将活虾剥壳，但为了菜肴的美观，要保留尾部的肉和红色甲壳，另外从虾背中抽掉虾线；

❷ 锅烧热，放入猪油烧至七成热（约200℃），将剥掉壳的虾放入爆炒1分钟，看虾肉变白，虾尾变红，撒上盐糖即可沥掉汁水装盘；

❸ 桌上放置以醋、姜末做成的料碟，蘸虾食用，可去腥祛寒，这也是清淡食用淡水鱼虾类食物的标准料碟。

食材准备

河虾……500克
猪油……20克
盐……10克
糖……10克
料碟……1份
（醋一勺加姜末一小撮）

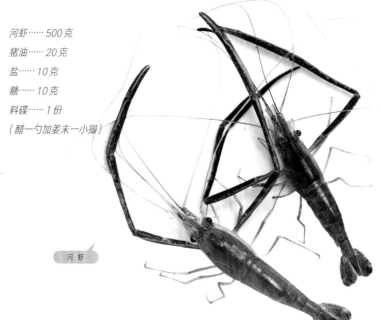

河虾

杏，有时候也用冬笋。这些蔬菜颜色多半清淡，为了让盘里的颜色好看，就把虾尾巴的一点红留着，称为凤尾虾——扬州人爱吃甜，加点糖，一盘好看的虾仁上来，鲜嫩有弹性，值得那价钱，也是时令菜的标准样貌。这样的虾仁如果大小平均、鲜活度好，下锅一炒几十秒就完成，甚至都不需1分钟。

虾头留下来，是因为夏天的虾头里面有膏有黄，可以敲打一下，用来煮汤，汤味鲜美，里面下白菜，就多了道沾染了荤腥味的美味蔬菜。

一般的人家买回河虾或者江虾，也许不会这么复杂地处理，干脆就用盐水煮熟，蘸酱油吃，讲究的人家会用虾籽酱油——将夏天的河虾的籽和酱油混合，味道格外鲜美；或者加酱油、糖、葱姜爆炒，名为油爆虾，属于夏天江南的家常菜肴，无论冷吃还是热吃，味道都不错；有时候嫌麻烦，干脆把夏天的虾、螃蟹、小杂鱼和丝瓜白菜一锅煮，做一锅河鲜杂烩，看是不好看，但吃起来非常美味。

扬州地区从夏季虾成熟开始，可以一直吃到冬天，夏天是江虾，秋天是周围湖泊的青虾、螺丝虾，都很鲜活，也是这里湖鲜菜的基础款。

26.

醉虾
越鲜活越畅快

中国关于虾的吃法，简单讲有两种，一是鲜食，二是烹饪后熟吃。鲜食主要在南方，醉虾就是其中一种，也叫炝虾。

作家鲁迅的文章里有一句这样的描述，"中国筵席上有一种'醉虾'，虾越鲜活，吃得人便越高兴，越畅快"。这是江浙一带的饮食风俗，尤其是苏州、宁波和绍兴等地。在这样的宴席上，主人往往会在宴席前半小时，用高浓度白酒混合调料浸泡清虾，等宴席开时，吸取了酒和调料的虾多半已是麻醉晕死状态，端上来时，仍有个别在小幅度跳动。人们往往吃得很开心，认为醉虾最为鲜甜可口。

这种吃虾方式的历史其实很久远，唐代人刘恂就曾在《岭表录异》中对此有活灵活现的描述——关于如何先用浓酱油和醋泼洒在活虾上，有筷子夹到口中时仍跑出的虾，也有直接跳出醋碟的虾，统称为"虾生"，而大家都

老字号邵万生 >>>

邵万生算得上上海较早的糟醉老字号之一，店主来自制作糟醉食品最好的地区宁波，在清末咸丰年间来沪经商，他的店会根据四季供应相应的糟醉食品，春上银蚶，夏食糟鱼，秋吃醉蟹，冬品糟鸡。

认为这是与众不同的佳肴。

本文介绍的在上海颇有名气的醉虾其实是集合了江苏、浙江人的饮食喜好。上海开埠后有一个很大的特性是融合性，江苏、浙江、安徽等地生意人，或是讨生活的普通老百姓逐渐来到这里，大家的饮食习惯、口味都被慢慢吸收、融合，形成丰富又独特的上海饮食风格，糟醉食物便是其中一例。糟醉食物并不是一种食物，而是非常庞大而复杂的同类食物群体，分为糟类和醉类：糟类用酒糟为主料居多，也有用甜酒酿的；醉类是用白酒或黄酒。

具体的醉制方法也很简单，一种是用白酒，直接喷洒在鱼、虾等食材上，加入调味料，再放入食器里闷着，高度白酒有杀菌作用，因此这种方法一般用于生食；还有一种，是用黄酒配以调味料浸没腌制的熟食品而成，比如醉蟹、醉虾、醉泥螺等，使香味更为浓醇。其中，醉虾、醉蟹等被认为具有特殊的甜味、鲜味，这些风味的来源取决于它们肌肉中含有的游离氨基酸和糖类，并且在腌制和糟醉的过程中，由于微生物的代谢作用以及蛋白酶的水解，氨基酸的种类和含量会有一定程度的增加。

为保证食物入口时鲜甜，制作糟醉食物都是就近取材。最初江浙一带制作醉虾的选料更多是当地产的河虾或是海虾。如今，因为食品卫生要求非常严格，上海的饭店里出售的醉虾已由生醉改为熟醉。因此，在选材时更会考虑如何入味。普通河虾的壳比较硬，味道进入缓慢，吃起来口感就不那么纯粹，而海虾个头大，浸泡的时间要更久，会影响肉质的口感，浸泡时间不够的话，味道又进不去。所以，现在上海能吃到的质量较好的醉虾多选用太湖的白米虾，它的大小与河虾接近，但壳比较薄。

好餐厅选择太湖的白米虾有两个原因，一是水质会直接影响虾的肉质与口感，而太湖水质相对干净。这与现在很多人跑去千岛湖、天目湖吃鱼是一样的道理。水质足够好，没有淤泥，鱼就没有腥味，而一般的鱼塘，哪怕养殖经验再好，如果塘底的淤泥翻得不勤，时间久了，水中的鱼虾就一定带着腥味，不够好吃。另一个重要原因，太湖距离上海并不远，运输方便。除了太湖，白米虾在福建近海口区域也有出产，不过它出水不久就会死去。虽然虾肉若以冰温保存，14天内仍可食用，但随着时间的推移，虾自身的氨基酸和其他带着特殊风味的小分子会流失，因此冷冻虾不具备新鲜虾的鲜甜味。

普通家庭如果无法找到太湖白米虾，可用普通河虾、体积不大的海虾代替，但因壳相对较硬，浸泡在酒中的时间需要适当延长。

太湖流域除出产优质白米虾外，还有特色的白鱼和银鱼，上述三者的外表皆呈现雪白感，合称"太湖三白"。白鱼学名"鲦"，浑身布满银色细鳞，体型狭长偏扁，脂肪较多。银鱼则无骨无鳞无刺，身体呈透明状，通常长为7~10厘米，被古人形象地称为"玉簪鱼"。

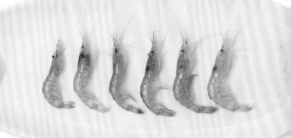

鲜虾

食材准备

熟醉（本文做法）

鲜活虾……500克

小葱……2根

姜……20克

蚝油……30毫升

生抽……20毫升

冰糖……50克

黄酒……100毫升

白酒……30毫升

沸水……500毫升左右

生醉

鲜活虾……500克

（每只长3~5厘米为佳）

姜……10克

胡椒粉……2克

盐……2克

白糖……5克

白酒……100毫升

129

传统·做·法·与·通·常·做·法·

照传统的"生醉"做法，要将活虾洗干净后，放入适量白酒（度数要偏高，从口味角度也可选用白葡萄酒、白兰地）、胡椒粉、姜末、白糖、盐等，盖上盖子等待些许时间。但我们现在能在饭店吃到的醉虾，出于安全考虑，采用的是安全有保证的熟虾，只能以黄酒代替白酒醉浸，方法虽然简单，但时间就拉长了许多。通常做法是，将活的白米虾洗干净后，用加了些许白酒的热水烫好，将黄酒加适量酱油、葱姜、糖，煮开之后自然冷却，再去浸事先烫好的虾。浸的时间至少2小时，如果使用个头较大的海虾，就需要12个小时，否则味道根本进不去。黄酒一般建议用品质优秀的绍兴黄酒，实在没有可以买香味色泽相对浓郁的黄酒，比如绍兴花雕。

据说，偶尔会有一些老食客馋到不行，偷偷恳请相熟的厨师给他做生醉虾。只是有些人的肠胃已不适应生吃，可能吃完就腹泻，但美味在舌头上留下的记忆是无敌的，并不妨碍他们再一次更加虔诚地恳求厨师偷偷做给他吃。

❶ ❸ ❹

制作步骤

熟醉（本文做法）
❶ 葱切末，姜切片。活虾洗干净，剪去虾须、脚后，用加了白酒的热水烫到虾尾完全蜷缩（直接煮也可），然后将虾取出装盘；
❷ 将黄酒加生抽、蚝油、葱末、姜片、冰糖煮开后，令其自然冷却；
❸ 用步骤❷中做好的调味汁浸事先烫好的虾，送入冰箱冷藏，浸2~4小时，如使用个头较大的海虾需12小时；
❹ 浸好后，小心调整虾的造型，摆盘上桌。

生醉
❶ 姜切末。鲜活虾用清水洗净，剪去虾须、脚，放于盘内；
❷ 淋上白酒，放入胡椒粉、姜末、白糖、盐等，盖上盖子等待20分钟左右。

糟醉食物并不是一种食物，而是非常庞大而复杂的同类食物群体，分为糟类和醉类，糟类用酒糟为主料居多，也有用甜酒酿的；醉类是用白酒或黄酒。

27.
水晶虾仁
浴火重生小透明

以虾做菜肴，江浙一带一向有很多花头。比如名菜"龙井虾仁"就出自杭州，选来新鲜河虾，配上清明前后的龙井新茶，虾肉嫩白，茶叶碧绿且有清香。而苏州人吃虾也是花样百出，炒虾腰、熘虾仁、炝虾、盐水虾、虾饼等，甚至一只小虾也分好部位被最大化使用，虾籽做了虾籽酱油，虾头与油同煎，做成好虾油，剩余的虾仁则用来做菜。

河虾

中国人吃虾吃得多了，自然就讲究起来。就着一盘很家常的盐水虾，大人们也会仔细教小孩如何吃虾，如何将一整只河虾送进嘴巴后，慢慢用嘴唇抿出干净、完整的虾壳。这大概是他们品味虾这种新鲜食物的仪式感。

几乎和"龙井虾仁"一样著名的"水晶虾仁"曾被认为是上海第一名菜，但它并非上海传统菜，甚至都不算江浙传统菜，它是一道近代才有的菜。众所周知，上海本帮菜在成长过程中，除吸收了周边江苏、浙江、安徽等地的特色，也融合了其他地方的特色，因此出现了一系列创新上海菜，水晶虾仁就是其中之一。它是在20世纪40年代，由上海静安宾馆的厨师将粤、闽菜系中的清炒虾仁改良而成。与它有类似经历的还有松子虾仁、三色鱼丝、松仁鱼米等新菜。

这道菜不需要其他配料，但做法并不简单，有许多关键点。首先，最好选择高邮湖的虾，500克重约有120粒的虾仁。将虾仁剥出后，放入用淀粉、一点盐和水调成的浓糊中，再温柔地顺时针搅动。这一过程其实是借用细细的粉粒打磨虾仁表面，有助于清洗上面的脏东西，而盐则会促使虾肉收缩，保证其入口时弹性很足。这一动作的幅度几乎和我们平常洗脸差不多，力度

食材准备

虾仁……500克
蛋清……半个
色拉油……40毫升
盐……4克
水……20毫升
淀粉……20克

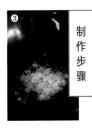

❶ 虾仁剥出后，放入用淀粉10克、盐2克和水10毫升调成的浓糊，再温柔地顺时针搅动，借此清洗虾仁上的脏东西。15分钟后用清水漂洗干净虾仁；

❷ 用厨房纸巾吸干虾仁上的水分，然后加入盐1克、剩下的淀粉和蛋清上浆。将后三者轻搅成薄浆，令其完美包裹起虾仁，之后再加入色拉油5毫升搅拌，冷藏2小时；

❸ 2小时后取出虾仁，取锅烧热，放入剩下的色拉油，将油烧至180℃左右时，放入虾仁翻炒两三下后盛出，沥干油。然后在原来的锅里加剩下的水和盐，不需添加其他配料，把虾仁再倒进去翻炒一两下迅速出锅。

要温柔，15分钟后，用清水将虾仁漂洗干净。虾受热往往会发红，但这道菜做成后，虾仁是发白的，因此清洗的水温很重要，秋冬季可以直接使用自来水冲洗，如果夏天做这道菜，水要先放入冰块降温。

清洗之后，以前的厨师是把虾仁放在洁白的毛巾上吸干水分，如今可以用厨房纸巾代替。吸干虾仁水分之后再加入盐、淀粉、蛋清上浆，这是这道菜的关键步骤。此时淀粉不能过量，否则出不来水晶的效果。之后再加入一点色拉油搅拌。最后，将其放入冰箱冷藏室内2小时。这一过程在厨师行话里叫"醒"，因为只有在5℃左右的温度下，虾肉的吸水性才最好，蛋清会被有效地吸进虾肉肌理中，炒出来的虾仁才会既嫩又弹。

过2小时后再将虾仁拿出来炒，此时油锅和油温都不能很热。以六成热为宜，即油温在180℃上下。油加热，开始有气泡冒出但未冒烟时往往就是在这个温度。倒入虾仁，在油里翻炒两三下就可取出，沥干油，在原来锅里加少量水，几粒盐，也不需要添加其他配料，把虾仁倒进去翻炒一两下就马上盛出锅。

讲究的食客会对水晶虾提要求，不仅虾仁要晶莹剔透，口感Q弹，吃完这道菜后，盘子还要显得很干净，没有太多油或水，仅仅有一点光亮。当然，因细节差异产生的结果也不同，上好的水晶虾仁炒出来是"L"形的，上浆不到位的虾仁很可能是"O"形，而死虾剥出来的虾仁则一定是"I"形的。这就是不简单的水晶虾仁，明明经历了复杂又精巧的烹饪过程，最终呈现时却又是云淡风轻的模样。如果一个人恰好是这样，我们会很敬重，认为他很有品格，而水晶虾仁是道菜，所以曾被用来招待美国前总统尼克松和英国女王的胞妹玛格丽特公主等国外贵宾。

28.

鱼香虾排
妙在泡菜鲜香

常常有人开玩笑，说中国有很多菜名不副实，比如芙蓉鸡片里没有鸡肉，鱼香肉丝里没有鱼——但不妨碍这些菜被称名菜。

食材准备

大虾……500克

鸡蛋……1枚

面粉……100克

面包糠……1袋约200克

葱白……20克

泡红辣椒……30克

姜……35克

蒜……20克

柠檬……2片

植物油……60毫升

盐……10克

酱油……15毫升

醋……10毫升

糖……15克

黄酒……15毫升

高汤……100毫升

"鱼香"菜系发源于四川，四川人爱吃江鱼湖鱼乃至溪流里的鱼类，但这些淡水鱼类在海边长大的人们看来，一是刺多，二是腥味重，并不是爱吃清蒸鱼类之人的首选。但在内陆省份的人们看来，海边人的担忧根本不足为虑，他们用各种配料将鱼类处理得芳香扑鼻，早已解决了土腥的问题，最典型的配料有豆瓣酱、辣椒、泡菜，加上少许的糖，酸和辣的组合让鱼的腥气荡然无存，反而刺激鱼肉多了些不同的感觉。这个配方不仅仅限于鱼类，还可以用于鸡片、茄子、肉丝，能让这些食材焕然一新。

川菜在民国时代取得了大发展，很多名厨诞生在此时，他们创新了很多菜，比如把"鱼香"味道作料加到猪肉丝中的"鱼香肉丝"。同时他们把很多地方菜推广到了全国，以至于到了今天，人们已经不知道鱼香肉丝属于四川名菜，只觉得中国到处都是。鱼香肉丝之所以能够顺利推广，和川菜的特点有关——原材料普通但作料丰富，后者常常能让普通食材变化出各种味道。

鱼香肉丝的主要调料简便易得，现在基本定

❶ 葱白和蒜切末，柠檬切片，泡红辣椒切丝，生姜15克切片，20克切末；

❷ 将虾去壳去虾线，背部改刀后，加部分盐、姜片2片、柠檬片2片进行腌制（不腌制但后期制作多加姜末也可），30分钟后取出虾肉，将之锤扁；

❸ 将鸡蛋打碎，搅拌成蛋液，然后将腌制好的大虾通身裹以白色面粉，再放入明黄色蛋液中均匀蘸取蛋液；

❹ 将蘸完蛋液的虾身取出，放入淡黄色面包糠中，均匀蘸取粉末；

❺ 锅烧热，放50毫升植物油，烧热后将虾放入，以大火炸至外部金黄后改小火，炸透后盛出放在盘中；

❻ 另起一锅，放10毫升植物油，下入泡红辣椒切成的丝，炒出香味后加葱白末、姜末、蒜末，翻炒几下后再加入剩下的盐、酱油、醋、糖、黄酒、高汤，在汁水稍微收干后盛出适量，直接浇到步骤❹已炸好的虾排上成菜。

型下来：需要姜、蒜、葱、酱油、盐、糖、醋、泡辣椒，除了最后一项，全都是厨房常备的材料；配菜则是胡萝卜丝、黑木耳片和莴苣丝等。将肉丝腌制后，放入油锅爆炒，中间加入各种调料上味，可以用少量的勾芡料，这样肉丝更有味道，之后加入配菜搅拌均匀，一道色香味都很全面的菜肴就出锅了。这道菜必须马上吃，放久了，肉丝和莴笋丝的嫩感就差了，所以在过去，虽然家家户户都会做这道菜，但还是大厨做得更好吃，原因是后者掌握了这道菜滋味之外的质地——使用过去做鱼的配料来做肉，所以此菜得名"鱼香肉丝"。

鱼香味道分析起来，其实主要是泡菜的酸香加上糖醋的味道，调料的颜色也好看，红红的和泰国酸辣酱有点像。

这些叫鱼香的菜越来越多，现在我们常能吃到的，就是鱼香茄子、鱼香肉丝，一荤一素，确实和鱼关系不大，但人们固执地觉得"鱼香"这个味型足够好，所以并没有去掉。鱼香味道分析起来，其实主要是泡的酸香加上糖醋的味道，调料的颜色也好看，红红的和泰国酸辣酱有点像，但吃起来完全不是一回事。

新一代厨师推广鱼香味，用来加在炸好的虾排上，大虾要去掉头和虾壳，但保留尾巴——这在中国叫凤尾虾。将虾锤扁后裹上面包糠下锅炸好，最后浇上鱼香的汁儿，乍看外表会以为用了最普通的番茄酱、辣椒酱，味道也甜甜酸酸，但真正吃起来却是有泡菜鲜香的鱼香味儿，一个小惊喜。

大虾

"鱼香"味型的起源 >>>
鱼香这种现在流传广泛的味型，据说是民国时期由蒋介石的厨师在重庆发扬光大，具备菜甜咸鲜各种感觉，葱姜蒜味儿都很浓郁——其实是当地家常菜的升华版，比家常菜更有仪式感，比较像舞台表演。

29. 春韭螺蛳
舌尖上的春雨春田

唐代诗人杜甫赞美过春天的韭菜，说下了雨的夜晚，把一茬茬刚长出的韭菜剪回家，怎么吃都好——其实就是吃韭菜的嫩叶。无论在中国的南方北方，春天的韭菜都是美味。北方人用来炒鸡蛋，或和猪肉混成馅料包饺子，北京甚至管春天的韭菜叫"野鸡脖儿"，形容其嫩叶在光线下五光十色的样子。南方人则喜欢把嫩韭菜炒着吃，比如和螺蛳肉混合炒，这道菜越来越在南方的春天变得贵重起来——因为好的螺蛳越来越少。

韭菜

芦蒿

食材准备

螺蛳……500克

韭菜……1捆约200克

芦蒿……100克

红辣椒……10克

小葱……2克

姜……10克

植物油……45毫升

盐……3克

螺蛳减少，是因为随着村镇经济不断发展，水田数量变少，加上工业污染的威胁，让本来到处可见的螺蛳面临生存危机。而且人们也害怕食用不干净的螺蛳导致中毒，这也是这道菜现在不常见的原因。螺蛳其实在中国南方普遍存在，种类各异，大点儿的叫田螺，上海及周围农村有一道菜"田螺塞肉"，是把田螺的壳洗干净，把肉取出来剁碎，和猪肉混合，然后再塞回壳一起红烧，是一道家常美味——也许有人觉得复杂，但主妇们兴致勃勃，因为这道菜乡野之感浓郁，让人想起家乡；小的叫螺蛳，吃时要去掉尾巴——很多菜市场有专人加工，一早的时间，能干的妇女可以完成十几公斤。

把加工好的螺蛳直接拿回家，一种吃法是带壳炒，加辣椒和各种香料，酱油汁和汤汁一定要浓郁，味道才能进到螺蛳壳里。会吃的人会直接连壳入嘴中，直接嗍取鲜美的螺蛳肉和汤汁。不会吃的人则用牙签之类的东西把螺蛳肉挑出来，据说风味感会差很多，因为减少了汤汁在口中的那种感觉。

制作步骤

❶ 红辣椒和小葱切段，姜切末。韭菜和芦蒿洗十净后都切段。螺蛳去壳后挑出肉，并去除尾部内脏部分；

❷ 锅烧热，倒入植物油约15毫升，然后加入红辣椒段和姜末翻炒，有香味后加入螺蛳肉，翻炒2分钟后盛出备用；

❸ 另起一锅烧热，放入植物油30毫升，再加入芦蒿段轻炸，芦蒿变色后即盛出，控油备用（如果不喜欢油炸，也可将油量减少一半）；

❹ 锅中留少许油，加入韭菜段炒，待其变软熟时，加入小葱段、芦蒿段、螺蛳肉翻炒，熟后加适量盐盛出装盘。

  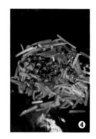

螺 蛳

不管怎样吃，这道菜都是江南名菜，很多地方有与此相关的谚语，比如"螺蛳肉就老酒，强盗来了也不走"。直到现在炒螺蛳还是南方夜间食物市场上的美食，因为价格不贵，还可以吃很长时间，正好可就啤酒。

还有一种吃法，就是此文所说的春韭炒螺蛳肉，相比起单纯地炒螺蛳，这个菜显得高档一些，因为加工时间更长，需要将螺蛳肉一个个从壳里挑出来，有的菜市场提供这种服务。把螺蛳肉和春天的韭菜嫩叶混合烹调，是一道时令佳肴。还有人在里面加一些芦蒿的嫩秆，这是餐厅的做法，因为韭菜叶太嫩，一炒容易不成形，加一些芦蒿秆菜会比较好看，一般家庭烹饪不太需要。

还有一种吃螺蛳的方法在苏州一带流行，就是将螺蛳、鸡骨头、猪骨头和鱼骨头一起扔进大锅，煮成一锅高汤，汤带有淡淡的黄色，用来煮面鲜美极了。但有人觉得这样操作不够干净，于是这种面被称为"奥灶面"。其实煮完汤后，骨肉都要过滤掉，并不会被食用。这种面还是很讲究的，曾经在苏州城里卖到很高的价格，一碗没有任何添加物的面，光靠着汤底，就比一般的面贵多了。

30.

葱烧海参
焦香肉香葱也香

自古以来，在食材选择上中国人就很热爱山珍海味。就中国的地形而言，山珍自然数量广泛，海味也不少，其中海参就是重要的烹饪原料之一。

香菜根

虽然在中国海域中有20多种海参可以食用，传统上人们仍固执地把登莱参和辽参视作最优选择。其中，登莱参出自"登莱海中"，即如今山东长岛附近海域。而按照古医学典籍所指，辽参的"辽"实际是朝鲜半岛、符拉迪沃斯托克和今天的中国辽宁这些区域。后来，辽参特指辽东半岛出产的刺参。

今天即便中国人可以吃到来自全球的食材，但仍笃定某片区域海参的优秀，也是因为它们从古代就被作为贡品送入京城。一位叫刘若愚的明朝太监在被囚禁期间，撰写过记录宫廷事迹的《酌中志》，讲到万历皇帝朱翊钧最爱的美味之一就是烩海鲜。这是一道以海参为主要食材，再将鲍鱼、鱼翅、肥鸡、猪蹄筋共烩的菜肴。

比较有意思的是，中国人对山珍海味的热爱是源于自上而下的推崇与效仿。当然，这种效仿、推崇行为也因为食物确实足够鲜美以及有趣的人性。

有一份来自20世纪30年代末的民间菜单就可以说明。当时，国民党元老级人物戴季陶带人进藏，路过四川甘孜州道孚县八美镇时，当地政府特意招待了一场宴席：红烧海参、八宝鸭、脆皮鸡、炒双冬等。这里是典型的藏地高原，竟很有心思用了标准的汉地宴席菜单。到了道孚县城时，菜式更是汉地的奢侈标准：除鱼翅、海参、熊掌、鹿筋之外，还有冰蹄髈、宣威火腿、虫草炖鸡，也有讲究的八大碗、四小碗、十二碟之说。这两次宴席使用的食材都是派专人去成都采买，无不透露了一个信息——对高档宴席的效仿热情，不会因条件的限制而减少半分。

登莱海参有了贡品的出身，自然受到食客们的青睐，逐渐成为鲁菜中开发较早的海产之一。后世的学者王世襄认为，万历皇帝爱吃的烩海鲜，可以

食 材 准 备

水发海参…… 300 克

大葱段…… 50 克

姜末…… 8 克

姜汁…… 5 毫升

盐…… 4 克

鸡精…… 3 克

混合酱油……老抽15毫升加
生抽15毫升

老抽…… 5 毫升

白糖…… 4 克

料酒…… 100 毫升

清汤…… 100 毫升

水淀粉…… 10 毫升

炸葱油所需材料：

大葱段…… 400 克

拍碎的姜…… 200 克

拍碎的蒜…… 100 克

香菜根…… 100 克

猪油…… 500 克

色拉油…… 500 毫升

猪 油

○ 海参

别名: 海男子、海瓜皮

属: 海参属

主要产地: 西太平洋、印度洋

营养成分: 蛋白质、多种氨基酸、多种维生素、铁、锌

外形及选择: 海参的品相好坏主要看刺，好的海参刺短、粗、壮。
干海参中最好挑干瘪、腹中无沙、表面颜色不均匀、呈浅黑色或
深褐色的海参购买。不干的容易变质，因为含有大量水分，
价格也会高出很多。干刺参能发到原长的2~3倍，但劣
质刺参做不到。直接用手捏干海参，弹性比较好、
手感轻的质量也更好。好海参还有鲜美的味
道，如闻到怪味或是腥臊味，都不正常，
最好将两种以上的海参对比来闻。

很多山东菜馆都会在客人就餐时赠送大葱,作为调节口味的配菜。葱生吃时有辛辣味,来自其含的硫化物,通常是以蒜氨酸类物质形式存在。但辛辣味的主要存在者二甲基三硫醚,其含量在被加热15分钟后会迅速降低,30分钟后彻底消失。不过另一些物质会被保留下来,比如有特殊肉香味的正丙硫醇。另外,加热过程中也会产生芳香成分,如甲醛、甲硫醇、乙硫醇等。因此,炸葱油取的就是焦香、葱香、肉香混合的香味。

作为胶东海鲜进入明代宫廷的证据。而善用这些胶东海鲜的山东籍厨师也确实是在那个时期进入当时的京城——北京,逐渐成为宫廷厨房的主导。这些厨师多来自山东福山,他们带去了传统的烹调技法和山东食材,一代接一代地执掌御厨,或许,也有山东靠北京较近的原因,总之鲁菜在很大程度上影响了北京菜。

到了清朝,鲁菜对京菜的影响更为深入。当时有规模的鲁菜饭店,无论开在本地或外地都能提供海参菜肴,其中最著名的就是葱烧海参。事实上从清末至中华人民共和国成立前,越来越多的鲁菜饭店将"葱烧海参"列为头牌菜,比如烟台的东坡楼、会英楼,青岛的聚福楼、春和楼,北京的丰泽园,上海的丰泽楼,大连的泰华楼等。

这道菜的烹饪方式就是烧。"烧"是指将前期经过熟处理的原料,经过煎炸或水煮,再加适量汤水、调味品,用大火烧开再慢火烧透入味,最后以大火收汁,为鲁菜、京菜所擅长,也是海参最适合的烹饪方式。葱烧海参是以咸味为基础,重点突出鲜味,并辅以微微的甜味来让食客回味。因此,这道菜是北方菜里难得的甜口菜。

一开始,这道菜是直接拿切了滚刀的山东章丘大葱下入锅里煸炒,炒完之后喷酱油,再加汤、海参、盐、糖等,这是最正宗最本源的葱烧海参。但煸炒葱时要掌握火候,葱过黑或未上色都会不同程度影响口味质量,且葱加

③

热后会出黏液，导致汤汁浑浊，也影响食欲。因此，来自北京丰泽园的大厨王世珍先生就改成提取葱油使用，吃其味而不见其形。

王世珍与丰泽园 >>>

丰泽园是创办于1930年的老北京饭庄，最初是由号称北京"八大楼"之一的新丰楼（饭庄）的领班栾学堂和陈焕章等人选择煤市街67号开办，经营正宗山东风味菜肴，一度居京城各大饭庄之首。20世纪50年代时，王世珍曾任丰泽园饭庄特级厨师。

⚬⚬⚬⚬⚬ 葱油的制作

葱油的制作在中国南北也有明显差异，北方用章丘大葱，南方用小葱，都是炸至焦黄色即可。葱烧海参的葱油来自章丘大葱，将葱切成段后要从中间劈开，目的是让香味更充分外溢。

以前因为传统酱油色泽浅，味道咸，想要成品菜的颜色深，就得猛加酱油，但又容易导致过咸，反之则色泽不够红亮。王世珍先生对此又做了改良，不使用酱油，以炒糖色解决颜色问题，而且汁少、入味、色泽光亮。炒糖色就是将白糖炒化上色，糖色一红亮必然味苦，需要加糖将苦味压下去。如果过甜，又需要加盐降低甜味，总之火候要得当，否则这道菜就会做得又苦又甜又咸，所以这道菜在过去是一道高难度的大菜。所幸后来酱油的酿造工艺有了发展，加上人们更加注重饮食健康，不再使用炒糖色解决葱烧海参要色泽红亮的需求，而是直接使用老抽与生抽的勾兑汁、料酒、一小勺盐以及两勺糖。具体调配比例各家不一，但总体都符合葱烧海参"咸甜鲜"的标准。

烧这道菜的过程中要先用慢火烧，再用旺火收汁。勾芡是在汤汁剩至三分之一时进行，勾得不可过浓或过稀，注意以芡汁包裹原料为好。淋葱油是最后一道程序，且要掌握用量。这些过程不能乱，乱了肯定会影响菜的口感。看似简单的这道菜，其实有繁杂的步骤，因为在北京菜和鲁菜中，它都算得上身份矜贵了。

大葱段

制作步骤

❶ 海参用凉水洗三四次，用坡刀（亦称斜刀）将其切成一字条，这样可以看出海参等级；

❷ 锅里放凉水，下海参，点火烧开，煮透海参后捞出，控净水，这一步骤是去除海参的杂质和腥味；

❸ 开始炸葱油。取干净锅底烧热，放入猪油500克和色拉油500毫升（也可以全用色拉油），烧至八成热（约220℃）时，先下拍碎的姜，炸至表面焦黄，再下葱段，

炸呈金黄色时放入拍好的蒜、香菜根。整个过程保持中火，把香料的味道慢慢浸出；

❹ 原锅内加入清汤60毫升、料酒50毫升、姜汁3毫升、姜末、白糖3克、盐、混合酱油，烧开后撇去浮沫，将海参放入煨2分钟后，捞出控汤备用。锅中剩余材料也留下备用；

❺ 小青菜洗净，以清水煮熟备用（青菜是这道菜的装点，并不是必备食材）；

❻ 另起一锅，下入余下的清汤、料酒、姜汁、白糖，调匀后烧开，开微火熳两三分钟，当汤汁已蒸发去三分之二后，再上大火调入老抽、鸡精，用水淀粉勾芡，倒在放有海参的盘里；

❼ 取干净锅底，放入步骤❹中余下的材料及葱油适量，再下入葱段50克烧热，最后一起淋在海参上，加青菜装点后即可上桌。

❹

❺

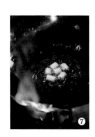

❼

31.

藤椒螺片配竹毛肚

满屋青山味

西方人在寻找香料的过程中付出了不菲费用和巨大精力，在东方的岛屿上找到了以胡椒为首的各种香料，让昔日充满动物腥臊气息的餐桌变得香气袭人。但四川人的香料之首，不是胡椒不是辣椒，而是花椒。

海螺肉

食材准备

海螺肉……200克

干竹毛肚……200克

小葱……50克

汉源大红袍花椒……6克

红小米辣……10克

青小米辣……30克

植物油……50毫升

藤椒油……10毫升

酱油……20毫升

盐……5克

鸡粉……3克

白糖……5克

冷鸡汤……200毫升

川菜重香辛的传统流传久远，早在辣椒进入中国之前。那么这个"辛"字指的是什么呢？就是四川本地的香料，如山茱萸、花椒等，一样有刺激性的香味，一样把平凡的食材变出异样感觉。花椒在四川本地也被叫作"油孢子"，富含油脂。若是本地产，气息更浓重，尤其是麻味。据说四川最好的花椒，产于汉源清溪镇的山坡上，非常珍贵，还讲究采摘的天气，比如下雨天不能采摘，以免滋味淡泊。

过去我们吃的花椒一般是红色，但近年随着川菜的流行，大家开始爱吃青花椒，因为香味更浓。青花椒里像葡萄一样一串串的，就是近年声名远扬的藤椒，香气浓郁带点苦涩，主要产于四川、重庆等地。用这种藤椒和青辣椒一起做菜，做鱼，做凉拌鸡肉，菜肴就多了山野之气，为古老的地方菜注入新味型，使传统口味变清新起来。也有人把青花椒包括藤椒籽放油锅里小火慢炸，最后去掉花椒，保留下来的油就是很好用的藤椒油，凉拌菜的时候加一点，菜就多了花椒独特的浓香，但又没有吃到花椒的麻烦——花椒颗粒小，容易塞进牙缝，口味又麻，容易吓坏陌生人。

用藤椒油凉拌四川本地的竹荪，是近年高级餐馆流行的前菜。四川菜的

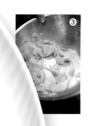

制作步骤

① 将花椒和小葱一起剁成细末，放在碗中备用；

② 起锅烧热，放入植物油，烧至180℃左右关火，将热油淋入步骤①盛有花椒末和小葱末的碗中，边淋边搅，制成椒麻汁备用；

③ 用冷水泡发好竹毛肚，然后烧开水将其煮2分钟左右，捞出后沥干水分，浇上步骤②备好的椒麻汁，再加入部分盐、白糖拌一下，待竹毛肚染成绿色后放一边备用；

④ 解冻海螺肉（新鲜的更好），去除肉质较老的头部，将剩下部分切成很薄的薄片，用开水烫一下（约30秒即可，烫久肉质易老），有条件的话可放在事先备好的冰块里（让肉质口感更脆）；

⑤ 将青小米辣和红小米辣全部切圈状备用；

⑥ 兑藤椒汁。将冷鸡汤、剩下的盐、鸡粉、酱油、藤椒油混合，然后加入步骤⑤备好的青小米辣、红小米辣，浸泡10分钟出辣味后，再加入海螺肉片泡5分钟左右，令其入味。然后装盘，先以竹毛肚垫底做好造型，再将海螺肉片夹在竹毛肚上面，最后放上花草装饰即可。

○ 竹荪

别名：竹参、竹姑娘、僧竺蕈　　**科属：**鬼笔科鬼笔属

主要产地：在亚洲南部、非洲、澳洲等地都有分布。在中国，优质品种多分布于云南、贵州、四川等地，其中以四川长宁县的竹荪最为著名。

营养成分：蛋白质、膳食纤维、多种氨基酸、多种维生素、钙、磷、铁

外形及选择：竹荪有着漂亮的白色网状菌裙，长度甚至可达8厘米以上，质优的竹荪会有一点甜味，外表呈自然的淡黄色，颜色过白的可能是被刻意加工过的劣质品。

凉菜一般是下酒菜，和国外餐馆的前菜作用类似，但不同在于，很可能最早上桌的前菜就很高超，味道浓郁，不遵循循序渐进的法则，这道菜就是这样，一端上来就有扑鼻的香。

四川南部有大片竹林，号称竹子的海洋，竹荪就是里面的一种野生菌，外表呈白色透明状，好看的同时也是高等食材，喝鸡汤时加几片，能去油腻增清香。但在这道菜里，不是用竹荪来煮汤，而是取竹荪上面又厚又有嚼头的伞状盖子——人称"竹毛肚"，烫后凉拌。这道菜纯素，但滋味却不是温和的，藤椒油加辣椒，属麻辣味道，本地人认为可开胃。也有人用藤椒油来拌螺肉，选用大螺头，肉厚又不老，烫后切片，上面浇藤椒油，螺片变得异香扑鼻。过去还有很多厨师用藤椒油来浇白切鸡。如果操作更精致，可以把藤椒加葱叶一起浸泡，泡好后剁成绿色的泥撒在荤菜上，就像这道藤椒螺片配竹毛肚，然后上面浇一勺热油，瞬间香味满屋。

四川人的花椒用量非常之大，有一位拥有30家餐馆的四川老板，一个月需要购买一吨花椒，平均一家餐馆需要30多公斤的花椒。或许可以说，花椒香是四川人梦里的香味，是他们的乡愁。

汉源与花椒 >>>

据说四川汉源县的花椒已有超过两千年的人工栽培历史，在唐代和清代都曾被作为皇室贡品。汉源花椒之所以闻名，与生长在泥巴山南麓有关，这里为亚热带季风性湿润气候，有一定海拔高度，天气炎热雨量偏少，于是催生了独特的花椒品种。这里的花椒颗粒大，挥发油含量高，麻香味更足。

螃蟹一直是江南人餐桌上的美味。宋元以来，尤其明清之后，关于江南普遍吃蟹的记载越来越多。当然，这可能和离我们越近的时代能找到的史料越多有关。不管怎样，江南吃蟹是越发精致起来，除了螃蟹种类增加，食用方法增多，相应的饮食文化也丰富起来，甚至在明朝时发明了精致吃蟹的工具——蟹八件，用八种小工具精心地挖出蟹壳、蟹腿、蟹钳部分细小的蟹肉。

$32.$ 油酱毛蟹
精致半蟹主义

食材准备

六月黄……5只

面粉……30克（具体使用量看操作时蘸多少面粉，可多备）

小葱……2根

姜……10克

色拉油……20毫升

香油……5毫升

混合酱油……

老抽10毫升加生抽15毫升

白糖……10克

黄酒……15毫升

水……20毫升

淀粉……5克

虽说螃蟹清蒸最好吃并且也是普遍吃法，但意犹未尽的江南人还是发明很多其他吃法，如今比较时髦的毛蟹炒年糕，就是从上海本帮菜油酱毛蟹改良而来。一般吃蟹季节是金秋十月，而七八月（阴历6月左右）盛夏时未长成熟的小蟹被称为毛蟹，也叫六月黄。这种蟹个头不大，一般一只的重量在2两（100克）左右，外壳脆内壳软，无论公母蟹黄和蟹膏都还未长扎实，但肉很饱满，极嫩极鲜，价格又便宜。江南人家就将它切开做面拖蟹或油酱毛蟹之类的菜肴，吃时连壳一口咬在嘴里，肉会随着压力和酱汁一同被挤入口中，比十月时吃整蟹更容易得到满足。

不过，历史上有"吃蟹大王"之称的清朝文学家李渔对此持相反意见，在他的食蟹谱中对全蟹以外的食用法一概排斥，对面拖蟹更深恶痛绝。他武断地在《闲情偶寄》里批评："更可厌者，断为两截，和以油、盐、面粉而煎之，使蟹之色、蟹之香与蟹之真味全失。"最后，他甚至生气地说，如此做法一定是嫉妒蟹的美味和外表的美观而多方蹂躏。身为雅士的他可能不理解面拖蟹是普通人家的最佳佐餐，一方面价钱便宜，另一方面切开煮时，蟹的膏脂流入面糊，吃时连面糊都觉得同样鲜美，堪称人间至味。

同样需要切开蟹的油酱毛蟹是上海菜中的一道传统菜，也得选择肥厚的六月黄。选时不能以青背白肚的成年蟹标准要求它，而要以手轻触六月黄的蟹脚，手感偏软的就是比较好的，因为肉还未长全。做的时候，从蟹中间部位将之切成左右两段。为防止蟹黄蟹膏流出，在蟹的开口处要蘸上一点面粉，再放入油锅里稍稍煎一下封口，这样可以保证面粉封住里面的肉，让其不会因之后的油煎失去水分。很多人以为是用淀粉，但一定要用面粉。用面粉裹好蟹后去炸，冷却后面粉是酥软的。而使用淀粉就会很硬，影响口感。

之后就是烧的过程。本帮菜中最有名的就是红烧，这道油酱毛蟹也是很典型的浓油赤酱特征。烧时要将蟹块与姜末一起煸炒，这个程序是加入少量油煸炒，而不是油炸，后者容易让蟹壳变硬，并导致蟹脚内蟹肉收缩。然后适当淋些黄酒，等酒气升腾时，加入老抽和生抽混合调制的酱油、水和少量白糖，烧出浓郁的酱香味。

最后一道工序就是用淀粉勾芡再烧煮收汁，煮成的油酱毛蟹色泽橘红，被浓厚的酱汁包着，内里肉质嫩极了。起锅时趁热淋上少量香油，不仅视觉上更有油亮感，且香油遇上热蟹，香气与热气交织，非常诱人。咬一口挂着咸香酱汁的鲜嫩蟹肉，这种快乐，唯有被油酱毛蟹拴住了心的人才懂。

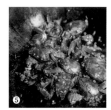

制作步骤

❶ 姜切末，葱切颗粒；

❷ 从蟹身中间处将蟹切成左右两段，刜去爪尖和蟹脐，为防止蟹黄蟹膏的流出，在蟹的开口处蘸上一点面粉，放入备好的油锅（事先在锅中放色拉油15毫升稍微烧热）稍煎封口后盛出；

❸ 原锅烧热后再放剩下的色拉油，放入蟹块与切好的姜末一起煸炒，蟹块微微变红色时淋入黄酒，等酒气升腾时，加入老抽和生抽混合调制的酱油、水和白糖，旺火烧开后，改小火烧7分钟左右；

❹ 蟹肉成熟并散发浓郁酱香味时，加入以少量水勾好的水淀粉再烧煮收汁，煮成的油酱毛蟹应该色泽呈橘红色，被浓厚的酱汁包裹（这道菜也可以在步骤❸倒入酱油的同时放毛豆，也是上海很家常的做法之一）；

❺ 撒上少许事先切好的小葱颗粒后起锅，趁热淋上香油即可。

太湖渔市

位于江苏省无锡市滨湖区的这处水产批发市场，满足了周边相当一批水产爱好者的口腹之欲。在这里可以领略太湖美妙的天光水色，观察渔民鱼贩们忙碌有序的生活。用来打鱼的大船通常停靠在离湖岸有一定距离的地方，渔民习惯住在大船上。各处赶来的鱼贩需从岸边开小船驶近大船和船主交易，交易时间通常是早晨五六点钟左右。交易内容是太湖引以为傲的产出，比如麻鱼、凤尾鱼、鲫鱼、湖鳗、太阳鱼、银鱼、大闸蟹、湖虾等。

中国人在旅途中怎样吃

1. 时间和体力有限的旅人们，通常被迫放低对旅途食物的期待。与狮同行/图虫创意
2. 中国西北地区常见的便携充饥食物烤馕。

毫无疑问，过去的中国人是最擅长在旅行中进行便捷餐饮的民族之一。现在的各种博物馆里，都可看到专门供外出使用的食物提盒展示，有竹制或者瓷制；有用布做的长条包裹，被称为"褡裢"，里面可以携带各种干粮，如烧饼或煎饼，或陕西一带需要结合热汤水食用的"馍""馕"等；除此之外还有各种咸菜，都可以在旅途中食用。简而言之，主要的搭配就是"干粮"加"咸菜"。

时移势易，对现代中国人来说，旅途时间不再需要漫长的几个月，且中间几乎不再有长时间找不到人烟的路途，于是，"干粮"逐渐成为被遗忘的称呼，而旅途中的食物，也变得越来越多样化。20世纪是中国食物走向现代化的过程，研究这一时期中国旅行食物的变化，最为有趣。

在轮船上吃

在中国最大的航道长江上，一直跑着运输人和货物的大型轮船，因为空间庞大，为烹饪创造了相对较好的条件，使得轮船食物一度成为旅行中最好的食物。轮船的餐厅一般设于二楼船尾，因为控制长江航运的多为长江中上游的人，导致这里的餐厅口味偏辛辣和新鲜，有钱旅客会很享受坐轮船溯江而上，在三峡吃着芳香辛辣的炒菜边看风景的过程。

这一场景，经常被记入20世纪80年代的中国电影里，那时候的中国刚从动荡时代恢复过来，进入一个讲究生活品质的年代，所以船上餐厅的饮食也不含糊，有鲜花，有桌布，有几道荤素搭配的菜肴，还有漂亮的女服务员。轮船上的餐饮还有一大好处，就是当船停泊于各个港口时，沿岸城市会有小商贩坐小艇前去贩卖食物，或者站在岸边码头上，拿竹竿挑起食物贩卖到船上。由于沿岸城市的水系很发达，鸭子是这里的主要食物，所以轮船上的人可以吃到各地的鸭子，如南京的盐水鸭、安徽的板鸭，还有湖北武汉的鸭脖子。这些食物都经过大量盐和辛香料的处理，可以保存较长时间，在轮船上三四天不坏，保证了船上的人也可以享用有趣的食物。

1990年代，随着火车运输的崛起，轮船运输开始走下坡路，这也是方便食物兴起的年代，包括午餐肉、方便面，还有各种袋装的饼干、面包、蛋糕。这时开水供应成了轮船上重要的服务内容之一，于是发明于日本，却在中国发扬光大的方便面一统了江湖。

随着轮船客运的减少，目前长江上仅有的轮船又恢复为旅游目的，餐厅重新恢复，但此时的餐厅已不再具备四十年前电影里的魔力，变成了最日常的食物供应处。

1990年代，随着火车运输的崛起，轮船运输开始走下坡路，这也是方便食物兴起的年代，包括午餐肉、方便面，还有各种袋装的饼干、面包、蛋糕。

在火车上吃

中国的火车餐厅一直存在。民国时期，火车票分为几等座位时，餐厅是纯粹模仿西方火车供应食物。中华人民共和国建立后，火车票供应紧缺的年代，火车餐厅的座位往往被工作人员当作额外的收入来源，开始贩卖餐厅座位，导致很多餐厅不能正式运转，只能销售盒饭，由列车员推着餐车贩卖。

甚至可以说，中国最早的盒饭体系，成熟于火车之上。在多数食堂还需要人们自己带餐具决定买什么的时候，火车已经实行了标配制度：一份荤菜，往往是肥猪肉片，再加几片素菜，和一块大锅蒸出来的方方正正的米饭，就算是高档伙食。更低一等的是没有猪肉的全素伙食，几乎没有别的选择。这

上海虹桥火车站内景。在经济发达城市，重要交通站点的餐饮服务已不仅仅停留在满足旅客的实用需求，同时也兼顾了审美和舒适。| 舞光拾色/图虫创意

种劣质的餐饮系统，同样刺激了铁路两旁小商贩的聚集。据说，中国烧鸡行业的兴起，和铁路餐饮伙食的糟糕有密切关系。

从1900年开始，国内铁道线最早通过的地方，都有著名的烧鸡品牌，比如符离集烧鸡、道口烧鸡、沟帮子熏鸡、德州扒鸡、辛集烧鸡。因为这种食物方便食用且容易携带，适应了乘客们厌弃劣质食物的心理，成为著名土特产。

1970年代末中国开始改革开放，铁路上的餐饮体系并没有随之好转，因为自由经济兴起的原因，人们更想挖掘食物的最大利润，所以食物的品质越变越不好。沿线的各种车站，不仅仅提供烧鸡，也提供各种盒饭，但并没有像邻近的国家日本一样，让铁路便当成为著名的餐饮，受到很多人的欢迎——一大原因就是中国人对旅行餐饮不挑剔，觉得就是充饥的食物，随便怎样都行；二是铁路沿线的供应体系都觉得，乘客很多也许一生中只路过一次，所以随便怎么吃都不会回头。这些思想的横行，导致中国的铁路餐饮业迟迟没有进步。

一直到2000年之后，高铁路线逐渐增多，铁路餐饮中，突然冒出了高铁盒饭这一供应体系，虽然很多人批评并不好吃，仍旧不如日本，也不如中国的台湾地区（那里提供著名的现做现卖的炸排骨饭），但也有很大改进：一是饭菜都是滚烫的，因为使用微波炉很便利；二是饭菜更多样化，提供一两种荤食配三四种素食的高价盒饭，大约人民币50元起售。尽管还有很多人批评，但高铁的盒饭体系还是大大提升了中国人在旅途中的就餐体验，既保证了营养，也有一定的滋味。最关键的是，饭菜的热度超过了日本的冷食盒饭，让喜热食的中国人的胃舒服了一些。

与此同时，过去火车上流行的方便面正在减少，因为方便面味道很重，在密闭车厢里吃它的话，旁边的人会对你侧目而视，所以这种商品在逐渐丧失在火车上的生存空间。

随着互联网业务的发达，铁路沿线供应餐饮的体系也在不断革新，人们可以用互联网软件在沿线各站订购肯德基食品、包子、面条和盖浇饭，不过，一百年前车站站台布满拥挤小贩的市井热闹的场面再也看不到了。

在长途汽车上吃

相比铁路和轮船，在中国的高速公路发展起来之前，反而是乘坐长途汽车最有吃到好食物的可能性。很多公路旁都有无数小餐馆聚集，形成了一个个类似古代驿站的体系，但又比驿站选择多。

现在中国一些公路旁的餐馆，也并不比某些小型乡镇的餐馆少，甚至因为这些公路餐馆是专门供应司机群体的，味道反而更加好。

泡面和干脆面填饱了很多路上中国人的胃。

为什么？因为司机走南闯北，是天然的美食家，最能分辨哪家好吃，并且很多司机会反复走这条路线，你家餐馆如果太差，他可以再开车一百公里去另一个地点吃。所以，中国的公路餐馆诞生了一些本来专供司机吃，后来流行到大众群体的美食，比如沸腾鱼片——传说是重庆地区某公路旁的小餐厅发明的：一位厨师快用光了餐厅所有的原料，只剩下油、鱼片、豆芽、当地常备的辣椒和花椒，最后厨师用油烹饪了鱼片和豆芽，成就了此后流行大江南北十多年的名菜。

另一道著名的新疆菜也是如此。很多人知道大盘鸡是新疆名菜，但不知道这道菜同样是为长途汽车司机发明的。在公路旁一个叫沙湾的地方，很多司机到这里为车加油并原地修整，于是当地的小餐馆经营者用辣椒、土豆、西红柿、洋葱等常见食材和鸡肉块合炒，成就了大盘鸡这道美味。这道菜在中国流行的历史也就20年，现在这个叫沙湾的地方依然没有发展成小城镇，却有近百家餐馆售卖大盘鸡，不仅仅是司机们会去吃，很多游客也专门开车去吃。

但是1980年代以来，公路两旁的餐厅一度名声不好，因为很多司机贪图便宜，带乘客去吃自己熟悉的店家，结果自己吃免费餐，乘客只能吃到昂贵难吃的菜肴。这属于典型的刚刚恢复市场经济的1980年代中国的小毛病，乘客们怨声载道，但也无法可想。随着高速公路体系的完善，路边都是按照统一标准兴建的休息站，

飞机上通常提供荤素搭配的套餐。

猫二大人VX13720400260/图虫创意

里面贩卖可乐、饼干，也有一些中国的传统点心，比如南方的粽子、北方的包子。不过总体来说，这些车站的点心味道都很一般，还是那个定理：售卖者觉得你是过路客，今世今生只会见你一次，所以随便应付你。

153

精致实惠主义

[shàng hǎi]

上海

苏州｜上海｜扬州｜成都｜南京｜北京

上海第一个菜场出现在1890年，由当时的工部局在"三角地"建立，名为虹口菜场，英文名Hongkew Market，上海人最习惯叫它"三角地小菜场"。对上了年纪的老上海人来说，三角地菜场直接影响过他们的生活，家里请客吃饭尤其烧年夜饭，采买都会在这里一次性买齐。20世纪90年代，这个菜场被拆掉了，但"三角地"品牌却延续下来，变成了附近十余家标准化连锁菜场。

越讲究生活质量或说挑剔的城市，菜场越丰富得无懈可击。上海的菜场就是这样，进去绝对花红叶绿，让人眼花缭乱。蔬菜区、豆制品区、肉区、鱼虾摊子、干货区、水果区，门类分得很细又井然有序。蔬果几乎没有泥土，海鲜、河鲜类也处理得干干净净，反映着上海人做事还是蛮讲究利落。

此地市场的绿叶菜很多，鸡毛菜、草头、豆苗、矮脚菜、太湖菜、西洋菜……细数起来竟有二三十个品种。当地人对豆制品的喜爱程度仅次于绿叶菜，一个豆制品摊位上往往有多达几十种豆制品，豆腐干都能分出好多种，香干、熏干、白干等，不同厚度和不同硬度都有。以豆制品做成的美食也花样繁多，如百叶结烧肉、荠菜拌豆干、昂刺鱼豆腐汤、香菜拌小素鸡。就连不是豆制品的油面筋、烤麸，也都是在豆制品摊位上出售。

1.豆制品在当地的消耗量很大。
2.早晨东安菜场附近人群涌动。
3.由英国人巴尔弗斯设计的老建筑1933老场坊内部。民国时期这里曾是上海工部局的宰牲场，拥有专业的屠宰流水线。
4.菜场内待售的虾制品。5.孙家巷菜场的摊主正处理肉类。

菜场里也夹着些熟食档，卖糖醋排骨、大红肠、白斩鸡、四喜烤麸、糟毛豆、雪菜毛豆、油爆虾等，懒得烧饭时去菜场溜达一下，把熟食买好，一顿饭连同零食就解决了。爆鱼摊是其中的点睛之笔，成品色泽深沉外脆里嫩，这样的爆鱼才能称之为"上海爆鱼"。爆鱼摊往往开在菜场门口，可买炸好的，也可在菜场买好鱼带来，现烹，每斤收个不贵的加工费，对要求美味又讲实惠的上海人来说是个合意的选择。他们打算得好好的，一条青鱼过来，中段加工成熏鱼，鱼头回去烧鱼头豆腐砂锅。

市场里鱼类丰富，海里的、江河湖里的都有，车扁鱼也就是鲳鱼，是上海人最爱的鱼类。上海人比扬州人还爱吃鳝鱼，菜场里

2　　　　　　　　　　　　　　3　　　　　　　　　　　　　　4

剖鳝鱼的摊位也很多。摊贩手法纯熟，熟客们看了可能无动于衷，初来的顾客往往看得目瞪口呆，好在手法迅速，还没等人反应过来，客人要的几条鳝鱼就处理好了。做事快，也是上海人特色之一。鱼虾类在干货铺里有不同姿态，有拇指大小的海虾，还有风鳗，是将海鳗腌制后摊开、摊平，再在通风处晾干。

5

　　早点肯定是菜场里的灵魂，除了粢饭、馄饨、小笼包、油墩子、老式葱油饼、油条、汤面、咸甜豆浆、肉粽、生煎、锅贴等这些本地早点，还有淮南牛肉汤、山东煎饼、安徽大饼等外来早点。如果有家早点店卖出了名气，是会带着整个菜场一起在上海飞黄腾达的。卖各种生面条、馄饨皮、饺子皮的摊位，在上海菜场里也必不可少，除此以外，还有专门卖生小笼包、生馄饨的店，对于上海人来说，不高兴烧菜时，就下下馄饨，小笼包蒸蒸，再来点熟食，一样惬意。

　　上海菜场里通常存在两种摆满坛坛罐罐的摊位，一种是卖酱菜、腌菜的摊位，一种是零拷（方言，即拆零销售，单位小至"两"）黄酒的摊铺。各种酱菜是上海人

1

2

3

6

7

158

早上吃泡饭的好搭档，榨菜切块放点麻油和一点糖，咸菜烧毛豆，都可以用来配泡饭。

以前，上海有不少油酱店，零拷是其特色，几乎所有的米面糖醋油酱类商品都可以"零拷"，比如盐、酱菜、菜油、豆油、红白乳腐、花生酱、辣酱、红醋、白醋、酱油、黄酒等，现在这类铺子基本都消失了，菜场里还能见到的大概就是零拷黄酒铺了。产自绍兴各个牌子的黄酒是零拷铺主力，高低档都有。零拷的老白酒也能买到，来打酒的人平常爱喝点酒，喜欢它的实惠。

此外，上海的菜场还另有一种别致的供应。夏天，菜场门口通常会有一两个老太太卖白兰花，一串两块钱，每串有四朵，用铁线钩住，铁线在顶端弯成圆扣，方便买者将之挂在衣服的纽扣上。走路时浓郁花香熏上来，深深呼吸一口，也是可以舒服一整天的。

1. 专售酱菜、腌菜的摊位。2—3. 水产摊位从鲜货到干货应有尽有。4. 鲜蔬大集合。
5. 上海人口众多经济发达，江浙一带的海产精华自然向此汇集。6. 山海关菜场附近老式街区与摩登高楼混搭的市井景象。7. 绝不缺少风干咸货。8. 水产摊位。

4

5

8

◎ 市言菜语

▶ 和店主打招呼

阿姨，今朝菜老嫩个，称两斤去哪能？

▶ 形容东西看上去不错，或询问有无新鲜货

看上去蛮灵额么／今朝有啥新来的好么事？

▶ 问价

几钿一斤？

▶ 觉得不太理想，想再逛逛看

介贵个，贵得一塌糊涂！贵了屋里相也勿认得了。

▶ 尝试砍价

葛末卖便宜一点末好！侬再送我点小葱。

〔第4章〕

鸡飞鸭跳

北方人
重视鸡肉的香味，
南方人
重视鸡本身的
鲜美之味。

1.北京香河某社区农贸市场上在售的活禽。
2.洒脱的姿态透露着主人对于自家禽类产出的自信。

1

会飞的美食

最近几年曾经爆发过的禽流感，对中国北方人民而言，不过就是少吃鸡肉，少买禽类制品而已，但对珠三角地区人来说，却是一场难以忍受的灾难。最大的问题是，不能吃活杀的鸡鸭鹅了——在广东人的菜谱中，只有活鸡活鸭活鹅活鸽子，才能叫好的食物，一切杀好的冷冻的禽类，都是难以忍受的——当年香港发生禽流感，卫生署署长要求市场不贩卖活禽，简直快引发骚乱了，不过最终还是生命的重要性战胜了口腹之欲，活禽在香港难以见到。

1

鸡

为什么那么看重活禽？因为珠江三角洲地区的人认为，禽类不活，则损失了大半风味，尤其是鲜味。广东人重视吃鸡，号称无鸡不成席。所以若是在珠三角的菜场，经常可以看到家庭主妇们对活鸡仔细端详，从头到屁股，无一处不要求圆满。这些活鸡，带回家做白切鸡，最高的要求是骨头里有血丝；腌渍的咸鸡，涂上玫瑰烧酒的玫瑰豉油鸡，和大量沙姜末混合的沙姜鸡，基本要求的都是鸡本身的鲜美之味——而一旦采用冷冻鸡，则鲜味会丧失大半。

这种嗜爱白切鸡的风气在长三角地区同样流行。上海的浦东地区原来是农村，这里有一种特殊的三黄鸡，黄皮、黄爪、黄羽毛，在水中煮5分钟即可食用——可惜现在越来越少了，但上海还有不少的白切鸡小店，供应养殖的三黄鸡，以及鸡血做的汤。

越往北方，则越少食用白切鸡，北方人重视鸡肉的香味，广泛流行的是烧鸡、熏鸡这些增加了酱香和柴火香的鸡肉制作，喜欢的是鸡肉的一丝丝的感觉，不再是白切鸡的鲜嫩。至于鸡汤，则是不分南北都喜欢。中部地区最重视鸡汤，湖北、河南等地甚至一早起床喝鸡汤；东北地区流行用干蘑菇炖鸡；西南地区流行放大量香辛料的凉拌鸡；西北地区除烧鸡外，还有用西红柿、土豆、洋葱和辣椒烹制的大盘鸡，方法和意大利做海鲜的方法类似，属于容易接受的中国菜，之后汤汁还可以拌面条，提升了主食的品位。整个中国在鸡的烹饪上虽然方法多样，但无人不承认这是一种好食材——所以烹饪态度都很认真。包括土生土长的，被冠以"美式炸鸡"名称，放了辣椒和孜然末的炸鸡，都属于精心烹饪的中国鸡。大概最不好吃的鸡肉，属于某些快餐品牌。

杭州人用一种晒干的笋干和几年大的鸭子一起煮，放大量香料，成就了名菜扁尖老鸭汤。这道菜有鸭肉的香，无鸭肉的腥膻。

鸭

鸭子则是北方烹饪水准高于南方，中国烹饪鸭子最著名的两座城市，分别是南京和北京。据说北京的鸭子的烹饪方式也是来自明代从南京迁至北京的厨子。北京人擅长做烤鸭，分焖炉和挂炉两种，风味都不错，最美妙的是鸭皮，油亮的皮切成薄片，卷在饼里，和葱酱一起入口，是属于北京的特殊美味。说来也奇怪，别的城市做烤鸭，基本超不过北京——可能在漫长的烹饪历史上，北京形成了专业的烤鸭产业链条，包括饲养，宰杀，烤制到最后的切割都行之有素，而别的城市各个环节都有缺陷。

但说到烹饪鸭子的丰富性，还是南京，这里的盐水鸭非常著名。除此之外，用桂花卤汁做的桂花鸭、南京烤鸭、酱鸭、板鸭，包括各种鸭内脏制品，也都很美味。南京往南的地方虽然做鸭子不如北方，但善用香料，广东人用他们的调料，陈年的橙皮——陈皮，和鸭子混合烧，做成了美味的陈皮鸭，比一般的酱鸭要香很多。广西人则用柠檬烹饪鸭子，也是一道奇特的美味。鸭子做汤总有腥味，杭州人用一种晒干的笋干和几年大的鸭子一起煮，放大量香料，成就了名菜扁尖老鸭汤。这道菜有鸭肉的香，无鸭肉的腥臊。

鹅与鸽

至于鹅，国内很多省份都较少食用，传说鹅肉特别有营养，所以会造成食用者疾病发作。明代开国皇帝朱元璋甚至在大臣中赏赐鹅肉，意思是让大臣自己去结束生命，当然这是传说。但在讲究吃的地区，还是会吃鹅，比如广东潮汕地区是将卤水准备好，卤制的小鹅鲜嫩，鹅肝不像国外那么驰名，但也很饱满；东北则是铁锅炖大鹅，把很多蔬菜和鹅肉一起炖熟。鹅因为不吃饲料，只吃草类，被视为一种干净的食材来源。

至于鸽子，在中国也是珍贵食材，大家普遍认为它可补养身体。最擅长烤鸽子的地方是广东中山，那里的乳鸽非常出名。西北地区同样喜欢吃烤鸽子，流行用泥巴包住鸽子，扔在火炉中烤熟，据说会有很多汤汁。相距遥远的地区在口味上一致，只能说是偶然性。

东北地区过去流行吃野鸡，但现在越来越少，这种口味慢慢从中国人的餐桌上消失了。

1.成都菜场里气势夺人的烤鸭制品。2.鸽子在中国民间的认知中有"滋补"功效。3.出现在云南玉龙地区乡村市集上的烤肉工具。4.北京市密云区某集市上农民自家产出的蛋类。

33.

宫保鸡丁
微甜荔枝味

和很多别的地方菜肴不同，一些流行甚广的川菜，如宫保鸡丁、麻婆豆腐、夫妻肺片，都能找到发明年份和发明者。这些菜距今也就百余年历史，但都已成为风靡全国的家常菜，可见它们好吃且便利。不好吃不能流行，太复杂也不能流行。

制作步骤

① 将山东大葱切成长约2厘米的小段，干辣椒切段，蒜和姜切片，花椒用刀背成碎末；

② 所有鸡肉切丁，加入黄酒5毫升、花椒末约3克、植物油10毫升、盐、淀粉，拌匀放置半小时；

③ 锅中放剩下的植物油，烧热后放入葱段、干辣椒段、姜片、蒜片以及剩余的花椒末，炒香后放入鸡丁，鸡丁半熟时加入以白糖、酱油、醋和剩余黄酒等调成的味汁；

④ 以上物料全熟后在锅里加入炸好的熟花生米，整体拌匀后，趁热盛出上桌。

花椒

鸡腿肉

熟花生米

鸡腿

中国菜有很多和名人有关，比如和宋代苏东坡有关的"东坡肉"，再就是宫保鸡丁，后者是清朝官员丁宝桢发明的一道炒菜。他任山东巡抚期间，杀了慈禧太后宠信的太监安德海，当时人佩服他，称为丁宫保，所以菜名的前两个字是他的名位。这道菜是把嫩鸡的胸脯肉和大腿肉切成小丁，和葱姜蒜等一起爆炒，加酱油、辣椒、白糖、豆瓣酱等调味料炒到一定火候后舀出来。比起一般的辣子鸡丁和炒鸡丁，这道菜非常鲜美，应该是得益于辣椒的特殊和豆瓣酱的调味——丁宝桢是贵州人，清代辣椒开始在贵州被广泛种植且做法多样，炒宫保鸡丁的辣椒叫糍粑辣椒，是将辣椒杵碎后团成的，香而不辣。

但现在我们熟悉的宫保鸡丁，里面还要添加花生米，这其实是在四川流行开的。四川厨师的说法是，丁宝桢也在四川当过官，然后把这道菜发展为添加花生米的菜肴。这一说法不知真假，不过添加花生米的确给这道菜增加了风味，果仁的酥香会让菜的口感更复杂。讲究的厨师会在制作鸡丁的同时，另准备一个油锅现炸花生米，然后在鸡丁快成菜时把刚炸好的花

蒜 片

干辣椒

山东大葱段

生米放进去，这样保证花生米和鸡丁能各自保持最佳状态，而不是事先炸好，到时候放入。中国人在追求食物的口感方面，一向能做到精益求精。

更讲究的厨师，除了追求两种食材的口感，还追求这道菜的轻微甜味——也叫"荔枝味"。很多外地人不懂川菜的复杂度，只强调它的麻辣，其实川菜是中国菜肴中味道最为丰富的，号称百味百型，宫保鸡丁其实追求的是荔枝味，入口时微微带酸，这是醋的作用，但迅速变甜，这是因为里面添加了糖，最后是一种煳辣味，是辣椒和葱段在油锅中被微炸后带来的口感——这一切混合后产生的酸甜味道，成了"荔枝味"。

这道菜在有点规模的城市的餐馆里都能吃到，很多人因此把它当成了中国菜的代表，但不同城市的宫保鸡丁一定味道不同。比如北京突出了鸡丁的大，花生的酥，以及口感的甜，基本不辣。有家号称是从四川移到北京的餐厅——峨嵋酒家最擅长这道菜，据说名伶梅兰芳曾是他们家的常客。这道菜属典型的复合型味型，甜中带辣，辣中带酸，有的炒法中加入黄瓜丁，实际上是为了减少鸡丁的用量，在过去鸡肉不多的情况下，这样做可以理解。

追求宫保鸡丁的真正味道大概很难，每个地方都说自己得了真传，丁宝桢肯定也来过北京，所以北京厨师也能说自己的做法才正宗。丁官员一路走一路改变着鸡丁的做法，这种可能性也是有的。在中国，讨论一道菜正宗不正宗，会引起热烈的争论，但其实意义不大，这种争论你说你有理，我说我有理，到最后都变成了口水仗，就像新疆和内蒙古每个县市都会说自己出产的羊肉最好吃，最后也是不了了之，其实都不错——不同的宫保鸡丁也是如此，这道菜价廉物美，方便制作，作为中国特色菜再好不过。

姜 片

食 材 准 备

鸡胸肉和鸡腿肉……250克

熟花生米……50克（油炸后去皮）

山东大葱……1根约50克

姜……10克

蒜……10克

干辣椒……8克

花椒……8克

植物油……55毫升

盐……3克

酱油……11毫升

醋……5毫升

白糖……10克

黄酒……15毫升

淀粉……20克

34.

芫爆鸡条

急火成真香

中国烹饪里有一个特色，就是很喜欢将肉类食材与植物类食材一起烹饪，通常这时肉类切得很细，很容易做熟，又入滋味，无论在餐馆还是家庭餐桌都很受欢迎。芫爆菜系列就是这样。

香菜

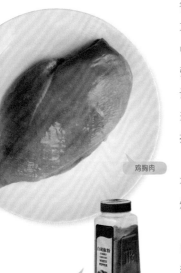

鸡胸肉

白胡椒粉

芫爆是源自山东的传统爆炒烹饪法之一，因鲁菜在明清时期对京菜产生了很大影响，使得鲁菜中有不少传统菜成为北京菜中的经典，芫爆系列就是其中之一。其中，芫就是芫荽，也就是我们常吃的香菜。它并非中国本土作物，由西汉张骞出使西域时顺带引入，有着特殊香味，因此有古书在总结烹饪经验时说，烹制鸡、鸭、鱼、猪肉时，加入它的嫩茎和鲜叶可以去腥味添香味。后来人们经过分析得知，它的香味是源于含甘露醇、正葵醛、壬醛和芳樟醇的挥发油。

在中式烹饪技法中，爆系列的菜分为油爆、芫爆、酱爆、汤爆等，程序有些小复杂，最关键的还是火力和时间，中餐厨师们称之为抢火候。其中芫爆的方法与油爆相似，不同是芫爆必须有香菜段。

芫爆的主食材一般选用质地脆嫩或鲜嫩的鱼和肉类，如猪小里脊、鸡胸肉、鱿鱼、牛羊的肚等，以改刀切成片、条、球、卷形，以便调味的汁液能较好地渗透，也使得爆炒时更容易受热成熟。我们常见的芫爆菜有芫爆鸡条、芫爆里脊丝、芫爆散丹（散丹是羊肚的一部分，上面有很多小圆疙瘩，看上

食材准备

鸡胸肉……200克

蛋清……2枚鸡蛋的量

香菜……50克

大葱……10克

姜……10克

姜汁……10毫升

蒜……10克

白胡椒粉……4克

香油……5毫升

猪油……300克（也可以用花

生油300毫升）

盐……2克

鸡精……2克

醋……3毫升

料酒……20毫升

水淀粉……20毫升（淀粉提前

按照1:4的比例兑好水）

去像一种叫人丹的小药丸，所以得名，我们见到的散丹基本已被切成长条）、芫爆鱿鱼卷等。而调味则用盐、味精、料酒、米醋、高汤、白胡椒粉兑成的清汁——为保持主食材本色，这里不用混汁。又因主食材易熟，且成菜强调口味鲜咸脆嫩，自然要选择以沸油、旺火速成的爆炒。

芫爆鸡条自然选的就是鸡胸肉。去掉鸡胸肉上会影响口感的白色薄膜后，将鸡胸肉横着切成薄片，再竖着切成比薯条还小的细鸡条。对于大小，我们不必担心，因为鸡条受热后会变粗。切肉时倒是需要注意另一点，一般切牛羊肉，是横着肉的纤维纹路切，而鸡肉细嫩，肉中几乎没有筋络，必须顺着纤维纹路切，否则在之后捏揉的环节容易碎。

切好鸡条后要加少量水、料酒、鸡蛋清和盐腌制。让鸡条嫩的关键是用手温柔地捏揉它，在一抓一揉间，水和具有极强渗透力的盐会进入鸡肉里，而鸡蛋清则挂在表面。之后，往抓揉好的鸡肉条里加入淀粉。根据此刻鸡肉条的状态来决定是加湿淀粉还是干淀粉，如果鸡肉条感觉水分很足，就加干

在中国，这类看似简单，实则步骤和技法讲究的菜才更容易列为名菜，在京、津、鲁等北方地区，芫爆系列的菜往往是一家老字号饭店的招牌之一。

淀粉；如果非常黏，无水分释出，就加入少量水淀粉。中国菜的魅力就在于，随时可以根据当下状态变化烹饪方法，让人感觉来无影去无踪，似乎毫无章法，但其中自有它的逻辑在。如果不用心捕捉其内在的逻辑，即便学习十年，也不一定能学会。最后在鸡肉条上抹上一些油，这是防止它自然风干。一般而言，此刻应该把它放入冰箱保鲜箱层放置20分钟，让水分有时间充分进入鸡肉组织。

接着，在锅里放入适量的油，浆好的鸡条需要先滑油，就是在90℃～120℃的温油之中将鸡条一一散开，油需要放比较多。当鸡条舒展浮起时，将其倒入漏勺中控油。

① ② ③ ④

制作步骤

❶ 将鸡胸肉去筋膜，洗净，切成长5厘米、宽0.5厘米的条，加入料酒10毫升、鸡精1克、蛋清、水淀粉拌匀腌制上浆后，放入冰箱冷藏10～20分钟；

❷ 香菜切段（长约3.5厘米），葱切丝，姜和蒜切片备用。用料酒10毫升、鸡精1克、盐2克、姜汁、醋、白胡椒粉一并调成清汁；

❸ 取锅烧热，以炒勺放入约200g猪油，在旺火上烧到四成热（约130℃，油面平静，无烟和声响）时，下入浆

好的鸡条，迅即拨散（勿使粘连在一起），鸡条舒展浮起后，倒入漏勺中控油；

❹ 另起一锅，勺内放入少量猪油，烧到八成热（约220℃，油面平静有青烟，菜勺搅动时有声响，菜下锅后有大量气泡，并伴有噼啪爆炸声），将葱、姜、蒜煸炒后下入鸡条和香菜段，喷入调好的清汁，迅速用大火翻炒均匀，最后装盘时淋上香油。

『雨后晴天汁』

香菜、葱、姜、蒜都需要提前准备好，而清汁也要提前兑好。之后是以葱姜蒜爆锅，喷入清汁，再加入鸡条。接下来是最核心的一步，即"急火成菜"——以恰到好处的急火爆炒鸡条和香菜段，一气呵成，鸡肉条以八成熟为宜，此时质感最为脆爽。需要提醒的还有：兑清汁时用的醋是北方常用的龙门米醋。一般包装上标有酸度，有3度的，也有高达5～6度的，正常烹饪选择不低于4.4度，不然成菜的味道就会有区别。

这道菜装盘后，盘中会溢出少许清汁，厨师们为这种状态起了很有意境的名字"雨后晴天汁"，如同下完急雨后，天迅速转晴，地面残余那一点水。这道菜做得妙的境界是，闻起来香菜味浓，鸡条入口时口感清淡爽脆又滋润。如果没有这点汁，肉的口感便会如干柴般，这也是芫爆与其他爆类菜的区别。在中国，这类看似简单，实则步骤和技法讲究的菜才更容易被列为名菜，在京、津、鲁等北方地区，芫爆系列的菜往往是一家老字号饭店的招牌之一。

35.

盐水鹅
老油老卤焖老鹅

在长江三角洲，吃鸭吃鹅都是传统，有加糖的酱鸭，有不同于北京的湿润的烤鸭，有红烧大鹅，但说代表，那就是盐水鸭、盐水鹅，总之盐水做法超越了一切做法，原因在于清淡简单，突出了食物的本味。

南京是盐水鸭之都，这里有句俗语：没有一只鸭子能活着离开南京。扬州一带更习惯吃盐水鹅，其实二者做法类似，只是扬州人更喜欢鹅肉的香味。相比之下，盐水鸭更嫩，盐水鹅要老很多，但鹅肉的老，在扬州并没有成为缺点，反而因为耐得住咀嚼，成了一种受欢迎的特点。

扬州人认为，鹅不吃饲料，而且不吃任何荤的动物，像螺蛳、蚯蚓都是鸭子最喜欢而鹅抗拒的，所以鹅肉特别干净，也更加鲜美一些。这种对吃素动物的迷思，其实没什么道理，只是一种自我催眠。不过扬州人确实会做鹅，尤其是周围的乡镇，本文介绍的盐水鹅，来自扬州郊县仪征的三六老鹅店。店主家一直做卤味，从前家里什么都卤，包括猪头肉、鸡、鸭子和野兔，也算是家传手艺。其实卤味店最重要的是有老卤，甚至有些人说自己有近百年的老卤——这属于中国人对老味道的迷恋，但并不存在百年老卤，卤水需要不断更新，每天损失一些，每天又增加一些，循环往复，但很多老卤里面因为香料不断增加，味道确实特别香，以至于很多人离开老家，要携带一些老卤，去新的城市做菜。

所谓卤，也是中国传统的烹饪手法——将荤菜素菜洗净，放在卤水里煮熟。卤水则是放置了十多种香料而成，包括八角、茴香、豆蔻、香叶、丁香、葱、姜、蒜、桂皮、洋葱等。在里面煮鹅煮多了，上面会有一层鹅油，这个油很关键，每次撇去卤水的浮沫时，注意不要撇去油。在扬州，看盐水鹅的好坏，很多就要看这锅卤——老店的好处是，卤本来就

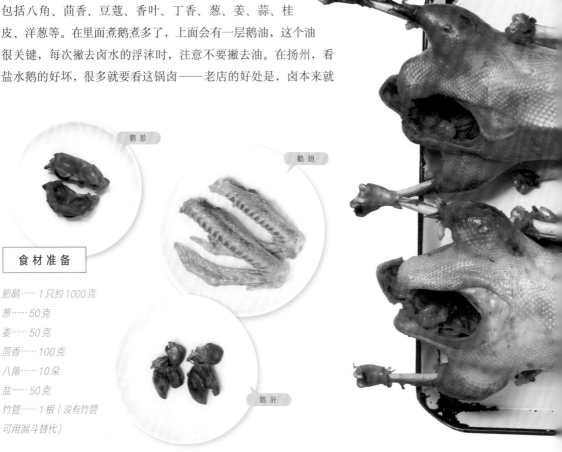

鹅爪

鹅胗

鹅翅

鹅肝

食材准备

肥鹅……1只约1000克
葱……50克
姜……50克
茴香……100克
八角……10朵
盐……50克
竹管……1根（没有竹管可用漏斗替代）

① 葱切段，姜切片。将鹅宰杀后拔毛，取出全部内脏，将血污冲洗干净，切掉翅膀和爪子后放进冷水中浸泡半小时，之后挂起晾干水分，1小时后取下腌制；

② 将盐和40克茴香投入锅中炒熟，取出放凉，在鹅的外部及胸腔内部细细抹匀，然后把鹅身放入器皿中腌制，18小时后取出；

③ 煮鹅需用大锅，最好家中有老的卤水，没有的话准备剩余的茴香、八角、葱、姜，投入水中煮开后再放入鹅，并在其尾部插入一根竹管，方便开水进入鹅腔内部，帮助鹅肉更快成熟且不会过老；

④ 待大火煨滚之后，转小火焖煮30分钟成菜（注意此时火不能开太大，否则鹅肉会变老，丧失鲜嫩），按需要切成小份即可上桌。

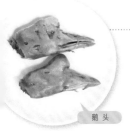

鹅头

香，不用放置任何增香剂和味精，新店就不行。这家郊区老店之所以生意好，就在于卤水里的鹅油喷香，远远就能闻到。

鹅都是小店店主挑选来的，过去扬州做盐水鹅都是用本地的鹅，因为这里水域辽阔，芦苇丛多。但现在本地工厂增多，填了很多湿地，所以很多鹅来自山东，以白色鹅居多，也有一种和天鹅交配后的鹅的品种，据说更香。

挑鹅时主要摸脖子，脖子有力的就很健康，一般选两年以上大小的，重的有3.5～4公斤，微肥为好，太瘦的不好吃。鹅的全身都可以吃，包括鹅头、鹅内脏，不过鹅肝并没有被特别挑选出来，据说是因为鹅的品种不同，肝并不嫩，但其实是喂养方式不同造成的，还是鹅肉最贵。

这家小店的卤水很清澈，看不到什么浑浊之物，甚至可以说清澈到底，有点黄。因为鹅肉太白不好看，有的人为了让鹅肉更黄，会加黄姜或者黄栀子（一种香料）。10公斤重的鹅需要0.5公斤盐，味道并不轻，据说是为了保存。鹅并不用煮太久，一般45分钟就好，但煮好之后并不开锅，而是采用极小的火，用大锅继续焖三四个小时。最后鹅肉酥烂但并不脱骨，取出后放凉，切成小块食用——这是一道扬州人喜欢的冷菜，酒席上一定要有，包括迎神、祭祀祖先，如果没有就好像不够正式，这也是盐水鹅在扬州当地流行的原因。这家小店一天最少要卖掉50只鹅，冬天生意更好，可能要100只，扬州大大小小有几千家盐水鹅店，可以想象扬州人一天吃掉多少鹅。老板因为平日生意好，正月可以不营业，卤水放在冰箱里保存，到正月结束后重新拿出来，开始新一年的卤鹅生意。

与扬州的大多数高档菜肴不同，盐水鹅属于特别民间的菜，做法简单，很多大厨不屑于动手，觉得就是靠好卤水就可以。但老百姓并不在乎这道菜属于民间还是官府，于是它甚至流行到了运河流域的其他城市——随水而走的菜肴。中国另一个以吃鹅著称的区域是广东的潮州和汕头，那里的卤水更清淡，而且流行吃卤鹅肝，因为鹅都是一年内的，所以肉的味道更鲜嫩。最近那里也开始流行吃卤老的鹅头，一只鹅头重1～1.5公斤，价格不菲，甚至要上千元，属于一道奢侈的菜肴。

36. 八宝葫芦鸭
不厌其烦的丰饶

扬州有道特别烦琐的菜叫三套鸭。很多厉害的厨师都觉得这道菜之难做，胜过了一般细雕细琢的菜，比如文思豆腐。

小麻鸭

文思豆腐难的是切豆腐，但切完也就好了。三套鸭的难度，是将整只家禽拆骨头——先拆家鸭的骨头，再拆野鸭的骨头，然后是鸽子的骨头，要先后从三只禽类翅膀下面的小伤口进刀，整只拆掉骨头，不能破坏表皮，把里面的骨头和部分肉取出来时，外面需要是完整的。

三套鸭的烦琐在于，拆完一只还有一只，最小的鸽子尤其难拆，即使老厨师也有失手的时候。拆好骨头后，先把几只禽类烫熟，然后鸽子塞进野鸭的肚子里，空隙处放些笋片、火腿片，再把野鸭放进家鸭的肚子里，同样在空隙处塞满好吃的配料。最后将套好的鸭子小火慢炖，上面放盘子压住，放些黄酒、姜、葱去除腥味，最后整个上桌。

清代末年还有人发明了五套鸭，在里面加上鹅和黄雀，最后因为难度太大，味道也并不好，放弃了。这种套鸭技法在扬州古老的饮食书里都有记载。很多扬州厨师并不是服务于大众，而是所谓"内厨"，为讨主人欢心，当然要尝试各种新巧菜肴，三套鸭的出现也是如此。清代之后扬州经济

之所以叫葫芦鸭，是最后要在成菜上整形，在鸭子中段用葱做绳子束腰，将本来一只肥硕的鸭子变成有腰身的样子。

香菇

火腿丁

莲子

松仁

食材准备

江苏当地小麻鸭……1只

熟糯米……20克

猪肚……15克

火腿……15克

鸡肉……20克

鸭胗……30克

虾仁……20克

干贝……20克

青豆……30克

笋……30克

莲子……20克

松仁……20克

葱……20克

植物油……900毫升

盐……20克

酱油……100毫升

水……1000毫升

线绳……1根约40厘米

细纱带……30厘米

笋

鸭胗

　　一路走下坡，做这种烦琐的菜的人越来越少，但并没有消失，而且也有改进。现在流行的不再是三套鸭，而是八宝鸭，只拆一只鸭子，那样工作难度减少了很多。

　　八宝鸭流传于整个中国南部，包括沿海和山地的贵州，之所以如此，一方面是因为名字吉利，"八宝"和中国人喜欢多的传统暗合；另一方面，大概是鸭子里面包的馅料多，吃起来有满足感。但这道菜的起源还是江苏扬州——只有富裕的地方，才会这么不厌其烦地打点自己的生活。

　　本文介绍的扬州八宝鸭，鸭子选当地高邮湖的麻鸭，半年以上大小为佳，肉质不能太肥或者太瘦，用于北京烤鸭的那种填鸭就不适用，因为脂肪太多。脱骨时，要从两肩之间进入，一会工夫，这只鸭子就被"拆"得只剩一层薄薄的鸭皮，带着少量鸭肉。说起来很难，但大厨有绝招，倒着剥皮，就像水果去皮一样。扬州类似的菜不少，比如脱骨鱼，也是将鱼的骨头全部剔除，保留完整的鱼皮，将里面填满馅料；再比如脱骨鸡也是类似。过去有钱的大户人家喜欢这种菜肴，鸭肉的腻香，中和以糯米，就会变得合适；鱼皮的胶质感，也能和馅料融合为一体。

　　鸭子脱骨完成后，里面要塞馅。馅以糯米为主料，添加青豆、猪肚切丁，

制作步骤

① 将猪肚、火腿、鸡肉、鸭胗、干贝、笋都切丁，葱打结；

② 为整理干净的光鸭拆骨。去掉鸭头后，将手从翅膀下方刀口伸入，掏除鸭子的脊梁骨、大腿骨，保留鸭皮和鸭肉。去掉鸭腿和鸭掌，放置一边备用；

③ 将猪肚丁、火腿丁、鸡肉丁、鸭胗丁、虾仁、干贝丁、松仁、莲子、笋丁和青豆混入事先蒸熟的糯米饭，做成馅料，最好炒制成半成品，可以节省后期的制作时间；

④ 把步骤③中做好的馅料从刀口处塞进鸭肚；

⑤ 塞好馅料后用针和线绳将刀口处仔细缝合，防止馅料泄露。再用纱带在鸭身中部偏上位置缠绕几圈，勒出纤细腰身，令鸭身整体呈葫芦状；

⑥ 将整鸭挂在钩上，以酱油涂抹鸭身。起锅放植物油800毫升，烧热后投入整鸭，将鸭皮表面炸至金黄色后取出，沥干油；

⑦ 另起一锅，放植物油100毫升，烧热后放入葱结、先前去掉的鸭腿和鸭掌，炒香后加水（如有高汤更好）1000毫升，再放入整鸭和盐，以小火焖至酥烂（约90分钟）。取出鸭身装盘，取锅中部分汤汁浇上即可食用（可点缀几棵事先烫好的青菜）。

❷

❹ ❺

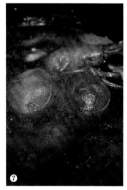
❼

外加火腿丁、干贝丁、虾仁、海参丁，然后也可以按照季节添加一些时令的东西，比如菱角、笋丁、芡实。也并不一定非要八种馅料，有时七种，有时十种，就像中国人腊月初八做腊八粥，里面的物品往往是随心所欲的，这点上又可以看到中国厨师的随意。因为皮薄，所以八宝鸭在填好之后，要慢慢入锅焖熟，不能翻来覆去。之所以叫葫芦鸭，是最后要在成菜上整形，在鸭子中段用葱做绳子束腰（用绵质纱带亦可），将本来一只肥硕的鸭子变成有腰身的样子。

这是一道真正的扬州刀工菜，比拼的是厨师的小心翼翼。用高汤焖熟后的整只鸭子，鸭皮的油被内部以糯米为主料的馅儿吸收，一切开，每块都醇香不腻。当然老年人最为喜欢，因为口感软糯。这也是扬州精致菜肴的一大特点，曾经服务的是达官贵人，而这部分人不可能太年轻。

这是一道越来越少见的菜，即使在扬州当地，要吃到地道的八宝葫芦鸭，也需要找餐厅预订，大厨才会出手。不过，当地还有很多人执念于此，觉得这种正宗的扬州老菜出现在餐桌上，才能显示一桌菜的丰饶。前些年扬州菜馆开到台湾去，当地很多老人家很久没有吃到正宗扬州菜的机会，于是每天都有人点八宝鸭，最后需要提前三天预定餐厅才能满足供应。但在新一代成长起来的时代，这种菜能延绵多久，还是要看运气。

传统中国餐馆是适合规模性聚餐的，比如八人桌、十人桌，包括各种奇怪名称的包房，都是为了多人聚会诞生的。

精品餐厅不过分明亮的光线、艺术化的陈设和洁净的环境，可以满足追求私密约会氛围的人。

适合约会的小餐馆

一家餐厅上不上档次，在很多中国人看来，主要就是有没有旋转型的大圆餐桌——这个在国外的高档餐厅并不多见；还有就是有没有专门的包房，最好单独配有卫生间，避开普通人居多的大厅。在这个以人口众多著称的古老国家，一直以来，避开人群也是高级的体现。

餐饮的背后是社会形态。中国还是一个尊崇集体生活的国度，举凡家庭聚会、公司聚餐，都需要吃饭庆祝，所以餐厅的桌子越大，往往越受欢迎。在很多小城市，甚至能看到可坐下二十多人的大圆桌，上面有旋转的圆形台面，不用人力带动，全靠电力运转，在这些小事上，中国人真的非常有发明精神。

这些餐厅的菜式，很大程度上也是为了集体聚会而诞生，一盆菜基本能做到多人食用，尤其是肉菜，恨不得全桌人人一块后，还有剩余，因为这些餐厅并不是按照来吃饭的人的数量进行食物准备，菜只有大份小份之分，所以到中国的旅行者往往会惊奇于菜量的巨大，尤其是北方城市。如果菜量少而精致，会受到当地消费者批判，"你们家的菜量这么小，是不是节省成本？"

因为重视"大"，往往就忽略"小"——中国一般的城市，一直到上个世纪末，才广泛出现适合约会的小型餐厅：这些餐厅的模式是相似的，首先在装修上追求所谓的小清新气质，开始在餐厅里放置桌布，装点绿色植物，也开始有一些精致的陈设物；餐厅的桌椅多了些两人桌、四人桌，尽量利用空间，陈设更注重私密性，有屏风和植物作为区隔，并不一定是把客人带进包间；最关键的是，多了些精致的菜肴，两或三人的小聚会都可以很好地食用，食客也不再以菜量多少作为评价餐厅的标准——中国的餐饮行业开始了一次规模性的转型，不再只是满足食客们的温饱需求，而是注重起吃的享受、餐厅的氛围。过去的中国年轻人约会，更多是去咖啡馆和酒吧，现在去精致小餐厅正成为主流方式。

但是适合私下约会的中国餐厅还是很难找到，即使在北京、上海这样的国际化城市里。一大原因是酒。事实上，多数中国餐厅尤其是传统餐厅，主要的配餐酒是白酒，长江三角洲流行黄酒，还有就是啤酒，但葡萄酒和一些酒精度不高的果子酒还是很稀少的品类。北京不少老餐厅有一种中国红葡萄酒，还有桂花葡萄酒，如果你有猎奇心理可以尝试，都属于加了不少糖的甜葡萄酒品种。

哪怕是生意火爆的餐厅，酒单上也只有寥寥无几的几种葡萄酒，很可能你点的那一款，虽然标明了原产法国、原产智利，在当地很可能只是超市里价格便宜的货品，根本不适合一个浪漫的夜晚。除非你的主旨就是买醉，那么选择烈性的中国白酒也不错。

酒之外，就是菜量。中国的餐厅整体来说在减少菜的分量，并且开始有分餐的餐厅出现，但对于想约会的两个人来说量还是太大。两个人吃饭，如果是在北方，点四个菜可以剩下一半，尤其是汤，上菜量至少是五六人份，太不适合一个清爽、寻求美味和情调兼顾的夜晚了。

中国还是一个尊崇集体生活的国度，举凡家庭聚会、公司聚餐，都需要吃饭庆祝，所以餐厅的桌子越大，往往越受欢迎。

酒和菜量之外的阻隔，还有环境。不少美味的中国餐厅为了安排坐下更多的人，会压缩就餐者的空间，这倒是东西方世界的共性，让人坐得更局促，必然会牺牲掉隐私性——你说的很多话，不一定被你的情人听到，反倒是坐在隔壁的刚下班的商店女销售更能全收进耳朵里。

不过，大批的适合约会的餐厅也在诞生中：北京有家烤鸭店，专门找了伺酒师，准备了来自法国、西班牙、意大利还有中国新疆的各种性价比很好的葡萄酒，可能你会惊奇地发现，红葡萄酒配喷香的烤鸭是个惊喜；大的商业中心里开设了越来越多的时髦小餐馆，不再是为了大规模聚餐，而是为了三口之家和两人约会准备了小角落，你可以自然而然地说话不用避开旁人；北京使馆区附近的很多小餐厅，装修得比较有格调，菜式也是小巧而讨人喜欢的。

说白了，饮食背后还是社会潮流，中国正急剧从传统中脱离，适合恋人们的餐厅也在急剧增加——因为年轻一代大多数已经不会做菜，他们要吃饭，要约会，非上餐厅不可。

商家专为小型约会定制的菜单。

精细背后
深藏老练
[yáng zhōu]
扬州

▶ 石塔菜场

苏州｜上海｜扬州｜成都｜南京｜北京

在扬州，城区一开始并没有正式的菜场，至少在
1949年之前没有，一般居民日常所需的蔬菜、肉
禽蛋、豆制品，往往都是由近郊的农民或摊贩在每
日清晨于集市设摊供给。有些卖主则是串街走巷叫
卖，最常见就是卖一种小食——五香茶干。

3

4

1

2

也是在20世纪50年代初期，在城区方圈门、大
舞台以及国庆路等地一共建了八个菜场，人们买菜
就有了固定场所，但种类远远不及今天丰富。而且
当时是计划经济时代，购买商品比如买蔬菜、副食
都必须用票证。因为对供应量有所限制，一到早
晨，买米，尤其是肉的摊铺前，顾客就排起长队，
成了菜场的壮观一景。南方人多半比较精明，很会
节约时间，往往会把菜篮子丢那儿排队，自己先
去做其他事，估计时间差不多的时候，再来买菜。

那时的菜场其实还是以街为市，既没有明确
的区域划分，也没有规范的摊位，蔬菜、水果多半
是随意摆在路边售卖，一根扁担挑着两个竹编大篮
子，篮子里放满水灵灵、码得整整齐齐的蔬菜。

到了20世纪80年代中期，原有的小菜场才逐
渐演变成今天的农贸市场，菜场上有了更多新鲜的
食材，扬州城区先后建设了近十个农贸市场。解放

1.傍晚的菜场迎来繁忙时刻。2.专售根茎类。3.街边的散淡游摊。4.老年人群是逛菜场的主力。5.属于"本地"的产出一定要特意标出。6—9.神态各异但都精于业务的摊主们。

5

6

7

8

9

桥农贸市场、石塔农贸市场、萃园桥农贸市场……其中石塔菜场，是扬州市最大的农贸市场。

扬州市内菜场的供应方皆是本地近郊的农户，在八九十年代，近郊一些区域的居民专事蔬菜种植与销售，他们的身份就是"菜农"。通常，每天清晨四五点钟甚至更早，他们就开始忙碌，摘菜，码好，再拉到菜市场售卖。

通常，精明的买菜人能很专业地分出这是本地产的蔬菜，那是外地品种，或是大棚种植。当然，早期的扬州菜场不太需要这项技能，当时的人口没有膨胀成今天的数量，人们买菜多选择离家不远的小菜场，步行10分钟也就到了。菜场内售卖的都是当地当季蔬菜，很少有大棚种植，小葱纤细油绿，小青菜翠绿水灵，水芹捆得长长的，湿漉漉堆在那里。直到1990年代后期，大棚种植兴起，外地品种的蔬菜才开始逐渐出现在农贸市场中。

通常，家里谁煮饭谁负责买菜。而在江浙一带，买菜做饭的不一定是女性，男性能掌控厨

房，在家中掌勺掂锅，在菜场精明挑选今天的主菜、配菜和作料，上述事宜一一亲自把关，丝毫未损男性气概，某个角度看，这也都是对生活娴熟老练的掌控。

事实上，整个菜场也有一种老练的氛围存在，摊贩精于自己的营生，因为讲究和气生财，他们的精明是建立在十足人情味之上的，有买块肉帮你抹去零头的爽快，买几斤菜又给你塞一把小葱的贴心，或是"少五毛，明天补上"的信任；卖肉的刀法精准，要多少切多少，卖菜的手如秤，要几斤菜，一把抓准。买家对挑菜、砍价以及厨艺也都比较娴熟。即便有腼腆的生活新手走进菜场，只需跟在那些对生活已摸出老练规则的人身后，也能迅速摸索出经验来，比如，跟在会砍价的人身后，等他们砍完对着摊主说：也来两斤！

扬州菜场和江浙一带许多城市的菜场类似，它们的鲜活程度远远高于北方菜场，除了蔬菜水果收拾得干干净净，码得整整齐齐，干货调味品店铺里卖的虾米、鱼干海带等，可选择的品种也都异常丰富。

豆腐在中国各地都有，而在扬州，一个豆腐摊上的豆制品种类就多到近二十种，包括不同厚度、不同烹饪用途的豆腐干、百叶、卤水豆腐、内酯豆腐、素鸡、面筋等。比如著名的扬州菜大煮干丝，其制作干丝用的豆干是来自维扬和祖名两家，维扬前身是咸丰六年（1856）就在埂子街开业的江所宜香干店，1956年以他家为主体，联合当时108家豆制品作坊成立的扬州豆制食品厂，生产的就是维扬豆干，这种豆干比普通豆干

1.扬州的街边绝对少不了包子铺。2.新鲜菱角。3.豆米类大集会。
4.烧饼摊。5.鲜莲蓬。6.设施的古旧掩盖不了这里的鲜活之气。

1   2

3

6

4   5

厚上至少三倍。除此，很会做生意的老板也会放上豆制半成品，比如扬州家常菜里经常用红烧肉烧百叶，这道菜里的百叶是打成小结的，需要制作者手能娴熟掌控且耐性足够，但这里会提供打好的百叶结，通常有大结和小结两种选择。

这就是扬州菜市的鲜活之处，除了豆制品摊，很多其他摊贩也会提供相应的半成品服务，比如，毛豆可以买剥好的毛豆米；卖茭白的会给你削好外皮；制挂面的店里除了有不同宽幅的面条，还有包饺子、包馄饨的皮；同样的，扬州菜里常出现的鱼圆、肉丸等都有专门店铺加工，卖初步加工好的鱼圆、藕盒、肉丸、肉肠、蛋饺、爆鱼等。这种店铺一个菜场总有一两家，也不会太多，往往能在一个菜场屹立多年，都是靠口味赢得口碑。

奔着菜场去的，除了家里掌勺的人，还有各种各样的人，包括学生。在扬州吃早餐除了可去茶楼、馄饨店，也可以在菜场寻找平民早餐，粢饭团、生煎、馄饨、葱油烧饼、牛肉汤……应有尽有，都是最本真的味道。

通常牛肉汤馆都位于菜市场深处。早晨去时，不大的店面永远被塞得满满当当，一个大锅滚着牛骨熬煮的牛肉汤，在弥漫热乎乎香味的店里等待时，目睹眼前牛肉汤出锅的过程，相当考验定力：前面师傅切好的薄牛肉片会被拿到后面大锅前反复浇烫，末了师傅从锅里舀起一勺白汤，撒上青白葱末，端到你面前。牛肉被烫煮得当，不再有硬邦邦、结结实实的肉感，倒是温暖亲和了许多，以刚出炉的芝麻烧饼配热牛肉汤，很适合阴冷的冬天时节。

不过，这种开在菜场里的早餐店，无论牛肉汤店还是面馆，通常每天只开到上午10~11点就打烊，半天卖出的量往往超出百碗。一到12点，忙活了一早上的菜场也逐渐恢复了安静。

◎ 市言菜语

▶ 和店主打招呼
老板，今儿生意好啊！

▶ 形容东西看上去不错，或询问有无新鲜货
老板啊，今儿个有什么好菜啊。

▶ 问价
几钱啊？

▶ 觉得不太理想，想再逛逛看
这东西哪这么贵啊，吓人哦。

▶ 尝试砍价
算便宜一点啊，零头抹得嘞。

第 5 章

米面当家

大米还有面粉，一起构成了中国人主食的两块基石。

1. 来自北京人气清真餐馆的牛肉面。
2. 擀面进行时。

被米和面统治的国度

中国人爱吃主食，这种主食不是西方人以为的主菜，而是陪伴菜吃的"粮食"，类似西方世界的面包——富含碳水化合物和脂肪的基本食品。很多人认为中国是大米的国度，或者所有东亚国家都是大米的王国，于是就觉得，这种被西方世界视为辅助食材的大米，就是中国主食的全部，其实还是不熟悉中国人的饮食结构。

中国人的主食，除了大米，还有面粉，它们构成了中国人主食的两块基石。除此之外，无论南方还是北方，都有大量的五谷杂粮，也构成当地的主食系统。在中国吃饭，无论南北，常常可以缺少配菜，但主食一定不会少。连最富庶的城市之一上海，也流行一句话：小菜不够饭吃饱。这充分说明了主食在中国的地位。可能是中国几千年的历史中经常发生饥荒，所以主食的地位变得崇高不容侵犯。

大米确实是中国人的主食之一。从南到北，中国人用米做成各种食物，包括主食也包括点心。最简单的做法就是加水蒸制成饭，这是南方的最主要主食。在传统社会，吃精致的白米饭是富人的享受，一般人只有在收获新米时才能敞开吃白米饭，平时都是吃

196

粗制的糙米，或者掺了土豆、红薯的米饭，因为米是珍贵的，不能任性随意地吃。事实上，过去穷人的食物，反而是很健康的，今天饮食结构过于精致的人群普遍存在营养摄取过剩的问题。

大米还可以磨碎，加水，制作成米粉——一种类似面条的食物。米粉是中国中原地区和西南地区的主食，很多省份人们的早中晚餐，会用米粉当主食，伴随着美好的肉汤，上面添加由青菜和肉类构成的菜码，有点类似意大利面。还有很多地方用大米做成点心，比如北方的朝鲜族用捶打后的米做成打糕；南方很多地方的冬季会吃年糕，也是利用大米的黏性加工而成的食物。

相比大米，显然小麦加工而成的面粉具备更多可塑性。中国北方地区的主食，基本就是用面粉制成的各种食物，包括面条、馒头、大饼、烧饼、馕、饺子、馄饨、包子——加工方法也很多样，包括蒸、炸、烤、煮，几乎囊括了中国的各种烹饪模式。北方人拿这些面粉食物当作一日三餐的主要食物，往往不加配菜，比如陕西省，中国历史最悠久的区域之一，兵马俑的故乡，就喜欢用面粉制成面条，加上辣椒、油、蒜、盐食用，如著名的油泼面；也有地方把面粉烤制成饼，夹油炒过的辣椒食用，称为烧饼夹辣子，虽然都很简单，但并不缺少滋味。有时人们就拿这个东西当主食，配大米煮成的粥或者羊肉煮成的汤食用，一干一稀搭配得当。

中国南方也喜爱各种面粉食物，只不过在北方，面粉食物基本是主食，而在南方是配角，俗称点心。比如在上海，人们经常在餐后端上来一碗馄饨，面粉皮里面包裹着青菜或者肉，或者两者的混合物；也有生煎包，用面粉包裹肉馅，在油锅里煎熟。

除了米面，中国北方的很多省份还经常吃各种杂粮，这些杂粮历史悠久，比如山西吃小米，也就是古代的"黍"；山西和内蒙古很多地方吃莜面，属于用燕麦磨碎制成的食物。还有很多地方用玉米磨碎做成主食，这个倒是和玉米原产地南美洲的食用方法类似。

1

2

3

198

1.以淮山制作的桂花糕。摄影紫贝壳/图虫创意 2.以糯米粉、糖、红枣、桂花蜜等为主材制作的南京桂花糕。吃货羽沫旅行记/图虫创意 3.以面粉、鸡蛋、糖等制成的桃酥点心。哈哈的犀牛jio/图虫创意 4.内含荤素馅料的煎包。5.以白面、玉米面、紫米等不同材料制作的多色面点。6.顶端开口如花束的烧卖，比普通面点多些卖相。7.以面烤制的烧饼上总少不了芝麻点缀。

4

5

6

7

37. 扬州炒饭
变剩为宝"金包银"

扬州炒饭的名气之大，甚至盖过了扬州城市本身的名字，因为全世界多数中餐厅都有扬州炒饭，以至于很多人误以为"扬州"不是一个地名，而仅仅是这种炒饭的制作方法，是一种定语。

熟米饭

中国是米食大国，很多地方都有炒饭，用鸡蛋炒叫蛋炒饭，用海鲜炒叫海鲜炒饭，还有青菜炒饭、榨菜肉丝炒饭，原理都类似——把家常剩饭加些手边凑手的原料，在锅里重新加热搅拌食用，既省去了主食需配备几个菜的烦恼，还往主食里添加了配料，营养够滋味也够。

可为什么就是扬州炒饭独得大名？很多人强调扬州炒饭来源于清朝的乾隆皇帝，说是皇帝下江南时，与随从走散，最后得老农救助，吃了一碗刚出锅的鸡蛋炒饭，觉得非常美味，于是扬州炒饭名扬天下。但这种在民间广泛流传的美食故事基本不能相信，属于老百姓自己的想象。

另一种说法相对比较可靠：扬州炒饭用的都是剩料，比如厨房里切剩的一点香菇、一小块火腿、一角熟鸡腿肉，外加葱花姜丝以及锅里的剩饭。厨师忙碌了一天收拾厨房，最后看到这么多剩下的材料觉得心疼可惜，于是将所有材料统统切碎，并且将剩饭捏碎，最后统一放在锅里将之炒熟，当成美满的夜宵。但这个说法也有可争议的地方。以中国之大，何处无厨房？何处没有晚归的厨师？各地厨师都可以做这道饭，为什么最后叫了扬州炒饭？

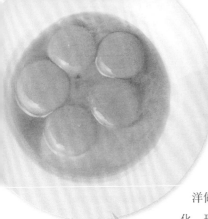
鸡蛋

食材准备

熟米饭……300克
鸡蛋……2枚
火腿肉……15克
鸡腿肉……20克
海参……20克
瑶柱……20克
虾仁……20克
虾籽……5克
香菇……10克
青豆……20克
笋……200克
小葱……3根
植物油……55毫升
盐……10克
清鸡汤……50毫升

这就回到了开头：扬州炒饭是先在境外扬名，再回归中国，扬州本地是没有扬州炒饭这种说法的。不是说没有炒饭，扬州也有蛋炒饭、青菜炒饭，外加什锦炒饭，但都不叫"扬州炒饭"，是因为国外都知道扬州炒饭，于是1980年代之后，扬州当地的炒饭被逐渐定型、定原料、定规格，慢慢成就了一道地方经典佳肴。

19世纪开始中国人口大量外流，无论是去美国当筑路工，还是下南洋做矿工，都把家乡的饮食风格带了出去，并在国外融合了当地的饮食文化，形成了一些似是而非的中国菜肴，比如左宗棠鸡、扬州炒饭。中国本土原来没有这些菜，但因为这些菜在国外过于出名，不少又回归到了国内，于是中国再根据自己的食材进行改造和仿效——实际上，这是食物的漂流历史。

扬州炒饭的名字在1980年代回归国内后，扬州当地厨师开始励精图治，把这道被冠以自己城市名字的炒饭发扬光大，首先是依照扬州本地的材料，将炒饭精细化：本来是只加鸡蛋，现在要加海参、虾仁、熟鸡腿肉、笋丁、青豆丁、香菇丁、火腿丁、虾籽，最后还有小葱。葱需要切碎，葱白和葱叶分开。等这些材料齐备，才可以炒饭。

饭是主角，扬州当地有个餐饮协会，为了让炒饭好吃，规定了标准，比如火腿要什么标准，米饭要什么标准，可能因为没有好好商量，规定米饭一定要泰国香米，结果厨师们激烈反对，大家的质疑点是为什么一定要泰国米。只要是好米就可以了。厨师们用日本米、用中国东北米，也用当地米，要点是，把米饭蒸熟后一定要捏碎，直接用手就可以，不碎的米饭不能炒——因为扬州炒饭的一个要点是，要把鸡蛋裹在米饭上，所谓"金裹银"，如果米饭是一团团的，根本做不到。把饭捏成碎粒后翻炒一段，然后浇鸡蛋汁，所有的蛋都成为碎丝，和米饭紧密融合，这是扬州炒饭的关键一步，如果不看制作过程，一定以为很难。怎么让鸡蛋成为这样的细丝？其实很简单。

鸡腿肉　　虾籽　　香菇
笋　　虾仁　　海参　　瑶柱　　火腿肉

制作步骤

① 将葱切成细段，葱白和葱叶分开；

② 将鸡蛋打成蛋液。熟米饭全部捏碎。所有辅助材料，如火腿肉、海参、鸡腿肉、香菇、青豆、笋、小葱都切成均匀小丁。瑶柱用温水泡软，捏成丝；

③ 锅烧热，放植物油，然后放入葱白和米饭开炒，将它们加热到一定程度后，倒入鸡蛋液包裹米饭粒，然后加入火腿丁、鸡腿肉丁、海参丁、虾仁、香菇丁、青豆丁、笋丁、葱叶等各种配料继续翻炒，所有配料接近熟透时，撒入盐、虾籽（扬州地区的河虾夏天带籽，取出晒干后即可加入菜中、面中使用，可增加食物的鲜美度）；

④ 所有配料熟透后，在锅中加清鸡汤，让米饭有一定的湿润度，等米饭再次干燥后关火盛出锅。

巧妙"金裹银"

炒饭要用砂锅，目的是受热均匀。把饭捏碎，先用极少量的油翻炒葱白和米饭，看着饭粒逐渐变焦黄后，加虾仁、海参，还有瑶柱丝、火腿丁。好的厨师做炒饭是不加盐的，用火腿丝和瑶柱丝的咸味来调味，最后还要加鸡汤，鸡汤里也有微量的盐，这是这道炒饭最高明的地方，只靠食物本身的滋味让主角米饭变得有滋有味，还少油少盐。所以，虽然扬州炒饭的做法近年还在逐步完善，其细致的处理和古老细巧的扬州烹饪传统还是一脉相承。

看鸡蛋裹在米饭上，是一件过瘾的事。鸡蛋是要等米饭完全热了之后加入，然后迅速与米饭裹在一起，形成所谓的"金裹银"效果，这样有蛋香但无大块鸡蛋，吃起来格外有趣。最后要加鸡汤，让所有的材料更润泽一点，尤其是米饭，吃起来口感不那么干，而且可以提鲜。这道炒饭不仅少油少盐，也没有鲜味剂，靠最后加入的虾籽、火腿、鸡腿肉等让每一口都鲜味满口，实在是聪明的绝招。

然后撒上葱花。葱白一开始就在锅里，已经变成和米饭一样的颜色，葱花等最后放入，出锅时就还能保持绿色，增加整道菜肴的色泽。米饭再次干燥后，会在锅里弹跳起来，这时，扬州炒饭可以出锅了。尽管是生造出来的炒饭，但还真是扬州美食系统的一次再造，一点不牵强。

19世纪开始中国人口大量外流，都把家乡的饮食风格带了出去，并在国外融合了当地的饮食文化，形成了一些似是而非的中国菜肴，比如左宗棠鸡、扬州炒饭。

小葱

38 四喜烤麸
绵弹酱香上海宝贝

很多人知道四喜烤麸是正宗上海菜，却不知在三百多公里外的宁波，它不仅在菜馆中常见，也是当地人心中一道颇有仪式感的传统菜，在节日中会被用作祭品，比如"谢年"时，烤麸就和水果、酒水、糕点等一起，被当成祭品使用。

食材准备

需自制面筋或烤麸……250克

干香菇……15克

干木耳……15克

干金针菜……20克

花生米……50克

净冬笋……100克

姜……20克

植物油……500毫升

（油炸用，实际耗损不多）

香油……10毫升

蚝油……20毫升

盐……5克

生抽……15毫升

老抽……10毫升

白糖……40克

黄酒……15毫升

高汤……400毫升

冬笋

干金针菜

干香菇

烤麸

花生米

其实，烤麸也曾被作为整个江南地区的传统菜之一，到后来逐渐只为浙江人喜爱，临近的江苏则更爱它未发酵之前的食物——面筋。在地方菜系已然成熟，但还固守自己地盘的20世纪70年代，我们都很难在江苏的普通菜场找见它的踪影，说明随着人们饮食习惯的变化，烤麸被出生地生生淘汰了。

如今，四喜烤麸之所以又能拥有如此大的知名度，和上海菜在形成之初对江、浙、徽菜的吸纳、融合有关，让它得以成为上海菜中的经典，名列年夜饭必备冷菜榜单之一。而随着上海菜知名度的提升，它又以上海菜的名义获得了稳定的接纳。

传统四喜烤麸的原料一般首选新鲜烤麸，超市里副食品区里出售的烤麸干也可以选择，但味道略差。新鲜烤麸往往是在市场的豆制品摊子上售卖的，很多人误会它是一种豆制品，但它其实是面制品。这样摆放的原因是早在计划经济时代，烤麸需要人们拿豆制品的票据购买，所以作为惯性，至今仍被留在豆制品摊上。市场上的新鲜烤麸含水分，热天时水分极易变质，因此要早去早买。选购时，闻起来有清香，捏着有弹性的比较理想，表面起了黏或闻起来有酸味的要放弃。

烤麸宜撕不宜切

自制烤麸的话，大概的做法是将面粉加水（大约比例是 2.5:1）、一点盐（大约 3%）拌匀，再加些凉水反复揉搓面团，水量不宜过多，使面表面滋润即可。揉透后再醒 30～60 分钟，静置的时间视季节而定，夏天可以 30 分钟，过长面容易变酸，冬季室温低的时候时间可以稍长。再将面团放入盆中，加凉水反复搓洗，水变浑浊（意味着面团中的淀粉正被洗掉）时倒出。不断更换清水揉搓，直到水清时面团即成为表面光滑、弹性足、韧性好的生面筋。这是江苏人最爱吃的面筋，如果再将其平摊，经过 30 分钟的蒸熟发酵过程，就成了上海人和宁波人最爱的烤麸。新鲜烤麸质地像海绵，因为大部分都是植物蛋白，就这点而言，烤麸本身还挺健康。

处理新鲜烤麸时，应该沿着烤麸的纹理将其用手撕成小块，而不是用刀切，这样烹饪时才更容易入味，油炸后也会回软，吃起来不硬。这和包菜宜撕不宜切、蒜泥宜捣不宜剁、黄瓜宜拍不宜片的道理一样。自然地处理食材的断面，可使它们在加工时更容易入味，口感也更好。当然，如果一定要用刀切成方正小块也可以，因为烤麸本身呈蜂窝状，会吸饱汁水。将撕好的烤麸置于锅中煮沸，用清水冲洗后，再以纱布或者干净毛巾包起拧干，只要力道适中，烤麸就不会碎掉。

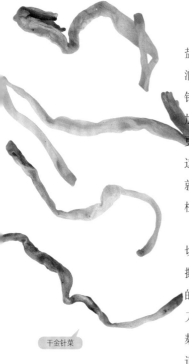
干金针菜

制作步骤

① 先制面筋。将1250克面粉放入盆中，加入盐4克、清水500毫升搅拌均匀，再加水用手反复揉搓面团，使面滋润，揉透后令其醒30~60分钟。再将面团放入大盆中加凉水反复搓洗，水变混时把水倒出换清水继续揉搓，搓至水清时即成面筋，一般可出250克；

② 制面筋的同时泡发香菇、金针菜、木耳，香菇泡好后一切为二，冬笋和姜切片。如是直接购买的烤麸就入沸水汆烫5分钟，再冲冷水洗净，捏干水分撕碎备用；

③ 将面筋平摊，经过30分钟的蒸熟发酵流程后，会变成海绵状的烤麸，用手沿着烤麸的纹理将其撕成小块；

④ 锅烧热，放植物油，然后下烤麸油炸，去除烤麸所含水分，炸的过程约持续3分钟，当油锅不再有响声时，将烤麸盛出沥油；

⑤ 以生抽、老抽、白糖、盐、黄酒、蚝油调成酱汁，和姜片、泡发好的香菇、金针菜、木耳、冬笋、花生米、烤麸以及高汤一起小火慢煮90~120分钟，慢慢煮收汁，做出浓油赤酱的效果；

⑥ 关火，淋上少许香油翻拌均匀即可出锅。

烤麸

炸炸煮煮经典冷盘

接着就是油炸进一步去水。炸烤麸的原理就是去掉所含水分，让它吸收味道更充分。烤麸什么时候算炸好了呢？在油炸过程中，含水分的烤麸会产生气泡，如果水分越少，气泡就越大、越稀，不会再出现非常密集的小气泡。这一过程会持续3分钟左右。当油锅不再有响声，就表示水分基本排干，可以出锅沥油了。

此时再以酱油、白糖、盐调成酱汁，和泡发好的香菇、金针菜、木耳、花生米、烤麸一起小火慢煮。一些尊重传统的厨师还会将每根金针菜去蒂后打个结。在90~120分钟之后，慢慢煮收汁，炸过的烤麸会将酱汁全部吸收进去，膨胀成和新鲜烤麸一样大小。

这里需要注意，以往上海是吃黄豆酱油，味道比较咸，还有豆腥味。因为黄豆酱油是发酵的，烧煮时间一长就会产生酸味，厨师就用糖去中和酸味。除此以外，加糖还有两个作用，一是提鲜，二则平衡掉黄豆酱油的咸味。而随着粤菜在20世纪80年代进入内陆省份，生抽、蚝油等粤式调味品开始被广泛使用，像本文所指的酱油，就是老抽和生抽的混合体，不再是传统工艺生产的酱油，对糖的需求也就不像以前那么多，但人们对上海菜一定要加很多糖的误解却被传播开了。

这道细火慢炖做出的素菜，成菜后看起来色泽油亮，吃起来口感略有弹性，有浓重香甜的酱汁从孔里渗出来。有趣的是，因烤麸与中文"靠夫"同音，在更早以前主要由男性承担赚钱养家责任的年代，不少家庭会取其谐音，将它当作过年时的经典冷盘，期待来年家人能有更好的成就。

处理新鲜烤麸时，应该沿着烤麸的纹理将其用手撕成小块，这和包菜宜撕不宜切、蒜泥宜捣不宜剁、黄瓜宜拍不宜片的道理一样。

39

上海小笼包
轻咬慢啜汤汁美

上海小吃和本帮菜不太一样，在吸收、融合之路上，深深影响前者的只有苏州、无锡和常州。而在江南地区普遍存在的小笼包，自然也被上海小吃收入。

小笼包与日华轩 >>>

创制上海小笼包的日华轩糕团店店主黄明贤，很有自己的态度。据说他从经营角度考虑，决定改卖咸味点心，但对小笼包提出了很高的制作要求：以清水和面，面粉里不加酵母发酵，使用猪肉或鸡肉两种肉馅，一般不加葱蒜，仅加少许姜末和肉皮冻、盐、酱油、糖等调制。以手将包子皮捏好清晰的褶子，包子只只外形似宝塔，再被小心翼翼移进笼屉。蒸熟的包子呈现半透明状，蘸点泡着姜丝的醋，咬开就是鲜甜的热汤汁。秋季，菜单上往往出现蟹粉小笼，味道更为鲜美。

有趣的是，虽在两百公里之外就有大名鼎鼎扬州包子的存在，且淮扬菜对上海菜的影响如此之深，但上海的小笼包依然不受其影响，制作和口味更似无锡小笼包。除了体态比无锡小笼包略小，味觉上不那么甜之外，一样以皮薄、馅多、卤汁重、味鲜为特点。最关键的是，扬州包子在和面时加入了酵母，发酵成面团，而上海和无锡则不一样，它们的包子皮都由不发酵的面粉制作，也就是我们常说的死面，以保证汤汁最大限度被包裹着，一口咬下去汤汁满盈。就是这一点，让小海小笼包和闻名于世的扬州包子有了区别，没有被对方包子馅的精妙抢去风光。

至于江南一带的小笼包最初是如何形成的，目前并没有确定的结论，人们只是揣测，它和北方地区开封的灌汤包有着传承关系，并在北宋皇室南迁时被带入江南，经过了当地人民近千年的创新改造，演变成如今形态。虽然这一说法很可能遭到一些江南人士的强烈反对，毕竟这意味着他们失去了发明权，但他们也没有关于小笼包在江南如何形成的实际考据，只有流传于诸人之口的传说。不过，上海小笼包的出生是有具体记载的，是在1871年的上海南翔镇，由当时日华轩糕团店的店主黄明贤创制。

A 皮冻 · 食材准备 & 制作步骤

新鲜猪皮……500克
老姜……………2片
黄酒…………15毫升
清水………1200毫升
（或同等分量的鸡汤）

❶ 取新鲜猪皮，用清水冲洗干净，再放入有沸水的锅中汆煮5分钟；

❷ 将猪皮取出，稍凉后用刀刮去猪皮表面残留的猪毛及杂质，再用清水冲洗干净；

❸ 将猪皮切成细丝，再次放入锅中，加入黄酒、切成片的老姜、清水，大火烧沸后转

小火，加盖慢炖1小时；

❹ 去除锅中的肉皮及姜片，将肉皮汤倒入塑料便当盒中，待稍凉后移入冰箱冷藏45分钟，使其完全冷却凝固；

❺ 取出皮冻，用刀切成小丁，再放入冰箱中冷藏待用。

B 肉馅 · 食材准备 & 制作步骤

猪腿肉………250克	盐……………4克
老姜…………10克	酱油………10毫升
小葱…………4根	白糖…………5克
胡椒粉………2克	黄酒………20毫升
香油………10毫升		

❶ 小葱、老姜切末。取250克肥瘦相间的新鲜猪腿肉，用清水洗净后切丝再切丁，最后剁成肉糜；

❷ 在肉糜中调入葱末、姜末、酱油、黄酒、白糖、胡椒粉和盐，用筷子沿同一方向搅打，直至调料与肉糜完全融合，再加入香油搅拌；

❸ 将肉馅放入冰箱保鲜1小时。

擀面杖

面皮

小笼包的基本制作流程是和面、揉面、做馅、包馅、蒸熟，促成其独特风味的关键步骤并不只是做馅，还在揉面和蒸制这两部分。包子皮的选料上，和扬州包子并没有区别，一样用的是上好面粉，再用冷水和成面团，面团要揉透。因为小笼包的皮薄，如果没揉透就没有韧性，不容易包捏住肉馅。

小笼包的肉馅一般用猪的前腿肉，此处是猪身上精肉最多的部位，质老有筋，吸收水分能力较强，成品必然鲜嫩爽滑，适于制馅和制肉圆。而肉皮冻的加入也是上海小笼包制作的妙处，加皮冻的好处是可以形成汤汁。

混合了肉皮冻的馅占据了几乎全部面皮的容量。包的时候动作要很迅速，几乎在塞好馅的同时，就开始转圈拢起包子褶，让馅料将包子填得扎实饱满。包子顶端也和扬州的不一样，扬州包子分开口和闭口两种，开口是三丁包、五丁包之类，开的口如鲫鱼嘴；闭口的则是豆沙、青菜馅。但上海小笼包因为内含汤汁，都是闭口。现在很多包子店，特意在包子顶端拧出一个尖来，方便食客提起小笼包顶端，摆脱笼子的粘连，也能看到里面蕴含的汤汁。汤多了虽好，但很容易让面皮失去黏度，有经验的厨师之所以敢在馅里加更多肉冻，是他们在和面时加入了鸡蛋清，蒸熟后皮子光滑，吸收卤汁速度缓慢，

雪花面粉或高筋面粉
·············· 300 克

鸡蛋·············· 1 枚
（只取鸡蛋清备用）

清水········· 200 毫升

❶ 取雪花面粉倒入盆中，再将清水和蛋清徐徐倒入，用筷子沿同一方向不停搅拌；

❷ 用手反复揉捏，将面粉全部团在一起，成为完整的面团；

❸ 将面团静置盆中 10 分钟，并用保鲜膜覆盖，使面质更加柔软滋润；

❹ 将面团取出放在案板上，外表撒少许面粉，继续用力揉约 5 分钟，再搓成粗细均匀直径约 3 厘米的长条状，切成每段大小如大拇指的小面团；

❺ 在小面团外表撒少许面粉，并用擀面杖擀成圆形包子皮。

D 小笼包 · 制作步骤

❶ 取包子皮 1 张，置于手掌中，取 10 克左右的肉馅放入面皮中间，再取 1 块皮冻小丁放在肉馅上，略微压实；

❷ 双手分别用拇指和食指捏住面皮边缘，之间保持约 1 厘米宽度；

❸ 令包子皮包裹住馅，并沿包子皮边缘不断打出皱褶；

❹ 捏住皱褶边缘，沿皱褶的方向旋转并捏紧压牢，将馅料全

部封在面皮内；

❺ 为避免蒸制中小笼包黏在笼屉上，可将干净纱布用热水浸湿先铺在小笼内（或用油纸）；

❻ 将小笼包整齐码入笼屉内，各自之间保持 2 厘米以上的空隙，让蒸汽在笼屉内畅通游走，使笼包均匀受热。笼屉下的锅中加水，以大火烧，蒸制约 10 分钟即可出锅上桌。

笼 屉

并确保从笼屉里拿出小笼包时不会破底。

　　制作小笼包讲究精细和耐心，这也是另一个关键步骤——蒸制所需要的。按照传统做法，小笼包都是现点现做，要的是热气腾腾的新鲜劲儿。因此小笼包绝不能蒸过火，以免底部穿底。做好生坯后逐个放入蒸笼中，煮好沸水后再累上蒸笼蒸 8 分钟左右。此时打开蒸笼，包子只只似宝塔，呈玉色透明状，底不粘手。

　　一只靠谱的上海小笼包最要紧的是包子里那口汤汁。和苏州、无锡的小笼比，上海小笼的汤汁同样鲜美，但少了油腻感，也降低了甜度。以往都是用猪肉皮熬成汤汁变成皮冻，含丰富脂肪，口感自然也油腻些。如今出于健康考虑，讲究的皮冻都是用鸡肉和猪瘦肉熬制 3 小时，再冷却凝固而成。这样蒸熟之后，汤汁口味更为鲜甜。

　　一笼小笼包端到面前，会吃的上海人往往伶俐地夹起一只，蘸点和着姜丝的香醋，在包子底端轻咬慢啜，吸出汤汁。最后就着甜甜的包子皮咬肉馅，好的肉馅口感一定是新鲜又紧实的，而这一切都在有条不紊地进行着，丝毫不见慌乱。毕竟对他们而言，吃一笼包子是几乎每天都可以做的普通事情。

40.

扬州包子
中国包子终结版

说来有趣，中国没有一个省份没有包子，但是像扬州人这样，把包子做到极致，以至于春节家家户户拜年拎着一大盒冷冻包子的，不多。

馅料

食材准备

扬州三丁包

面粉……500克

猪肉……200克

笋……100克

鸡胸肉……100克

胡椒粉……5克

盐……20克

酵母……20克

肉汤冻……100克

中国各地的包子，没有特殊的套路，发好面，做成面剂子，然后赶制成皮，包裹进各类肉馅、菜肉混合馅儿或者素菜馅，包括糖制的各类植物馅，捏口，上蒸笼——也有少量油煎，烤制，但均不如蒸普及。最后它们成了各地的主食、点心。

可供充饥之外，包子比起更纯粹的面食，如馒头、花卷等，营养要全面很多，滋味也好很多。包子的馅心是其精华，越大越好，以至于很多人吃包子，要是几口下去，里面还不见馅儿，就会觉得制作者小气、吝啬，或者厨艺不佳。

关于包子的起源众说纷纭，扬州包子当然也和城市的富庶特征有关系，所以它的起源并不久远，很多人追溯到清朝的乾隆皇帝身上，这位帝王数次下江南，经常在扬州驻留，所以当地官员、盐商等富户为了巴结皇帝，将普通食物做出花样，也是有根据的溯源，并不一定是谣言。当然，更大的可能

❶ 酵母提前用温水化开，静置5分钟。然后在面粉中添加适量水和酵母，按一定比例混和好（参考比例为面粉500克∶酵母6克∶水250毫升），揉成光滑的面团，然后将面团盖上一块湿布，放到温暖处发酵至原来的2倍大。然后继续揉搓面团，把里面的空气挤出，再盖上湿布，醒30分钟，此时面团不能过于松软也不能过硬，可用手指戳一下，有洞但能回弹是较好的状态；

❷ 制作馅料。将笋、鸡胸肉、猪肉都切丁，三者之中笋丁最大，鸡丁其次。将三种丁混合后，再加入盐、胡椒粉、肉汤冻，然后轻轻搅拌，动作不要太过猛烈；

❸ 将发好的面团揉搓成长而等粗的柱条状；

❹ 再将柱条切割成体积等大的小块，然后分别擀制成包子皮；

❺ 在每张皮里添加适量的馅料，注意外形要饱满但不能撑爆；

❻ 然后捏实开口，封住馅料，将包子放入蒸锅蒸制，约20分钟即可出锅。最好趁热食用，因为之后汤汁会浸入面皮，再加热也会影响口感。

性还是，流传已久的包子在清代的扬州碰到了机会，迅速标准化、精致化，成为某种特殊的点心。

在扬州，包子不是正餐，而是清晨7点起床后，去几家著名茶馆所吃的"早茶点心"，这几家茶馆，从清晨开始就有茶馆服务客人，为你泡上一壶浓郁的茶，其中混合有绿茶、茉莉花茶，集合了清香和浓郁，可以提神。在越喝越饿的时候，开始端上你已经点好的点心，包括包子、蒸饺、油糕等，新鲜又丰肥，一下子就让人可以开始一天的工作了。

面皮

注意，现点现包现蒸，才是扬州包子的精华，而过年送的大礼盒包子，包括很多游客多的餐厅会提前蒸好包子，都属于并不地道的做法，美味程度也打了折扣。对于成熟的扬州包子制作者，现做包子并不难，而且往往是成熟女性充当这一角色。近年来，很多扬州的早茶馆将包包子的厨房彻底可视化，隔着玻璃窗可以看到她们正在手擀面皮，面发得正到好处，往里一戳，松软，然后可以看到它慢慢回弹，所谓"放松依然高起"，柔韧又有弹性，这样才能保证吃到嘴里的感觉松软，但并不黏在你的牙齿上。

包的过程非常神速，基本上你没看清楚，就已经包好了，外形美观漂亮。传统做法讲究包子的身体要有荸荠的形状，上面的嘴要像鲫鱼的嘴巴，而包子的褶要有32道，这些传统是怎样一代代形成的？对此没有完整的记录。对一个不会的人，这些技术非常之难，但对于扬州的面点师，这是基本功，一般两三年就可以做到尽善尽美。

现点现包现蒸，才是扬州包子的精华，而过年送的大礼盒包子，包括很多游客多的餐厅会提前蒸好包子，都属于并不地道的做法。

上品馅心：湿润又鲜美

包子包得好看不是秘密，但馅心的制作，还是比较难的，根据点心大师的说法，扬州包子的数种精华，如三丁包、五丁包，包括简单的鲜肉包、纯素包，馅心的调制不能让年轻人动手，他们往往只会依样画葫芦，并不懂得如何让馅心湿润又鲜美。

三丁包是用笋丁、鸡丁和肉丁混合成馅儿，其中肉丁最小，鸡丁其次，笋丁比较大，三者有层次，可以耐得住咀嚼。这绝对不能混合搅拌，操作者还得大清早起床将食材切碎，没有耐心和手艺做不了，还要往里面放置鲜美的肉汤冻，这冻是将鸡骨、排骨和鱼骨头等熬制并凝结成冻，撇去浮油后特别鲜美，直接代替了味精。所以过去讲究好厨师要有一锅好汤，好汤的作用无穷。五丁包则是豪华版，添加了海参和虾仁，但明白人基本不吃，已经有鲜美的肉丁和笋丁了，何必还要画蛇添足——秋天有添加蟹肉、蟹黄的蟹粉包，那只是个季节限定的豪华版，一年四季，还是肉包、三丁包足够。

除了三丁、五丁，好吃的还有素菜包，菜选最嫩的，剁碎成泥，加一点香菇、糖、油，蒸好后白白的，热气腾腾，到口后轻松化去，但又有点咀嚼物，不至于特别空；干菜包则是选用了猪油和梅干菜，后者是中国特殊的腌菜品种，有股干香。包子之外，扬州人还用糯米猪油混合，做馅心，成为烧卖，这种点心蒸得越久，里面的油越能渗透出来，非常香润。所以，包子是蒸好就吃，烧卖则是久蒸再食用。对包子的追求，是扬州人的执念。无论大的早茶名店，还是街头小餐馆，都有好吃的包子，只不过大餐厅品种多一些。

除了面粉做外皮的包子，扬州还有一种用豆腐皮包的包子，里面裹蔬菜馅心，有一个动听的名字：晴雯包，用了小说《红楼梦》中女配角的名字，原因是这位女性吃得清淡，长相美丽，性格倔傲，是有鲜明性格的形象。

中国南北饮食差异极大，但即便如此，有些食物也是有相似之处的。有趣的是，对这些相似的食物，人们经常因"南方食物最正宗还是北方食物最正宗"吵得不亦乐乎，面食中的面条就是争论对象之一。

41.
葱油面
暴力炼油美学

在中国历史上，制作面食的小麦主要栽培在黄淮流域。有考古证据表明，中国早在新石器时代就已出现由粟制成的面条，但大面积推广种植小麦，出现以小麦为成分的各类面食（包括面条）应是在汉代。汉的都城在陕西、河南，属黄淮流域，这里麦作的发展比较迅速。而那时的南方有麦作但不普遍。

到了汉末，中原地区不断战乱，北方人民大量南迁，使得江南地区对小麦的需求量增加，才刺激了南方面食的发展。

因此，就面食而言，南北方各有精彩。北方面食种类丰富；南方则面食品种不多，但每一种制作更为精细、考究。一碗普通的面条，在江南一带可以变着花样给你端上桌来：在扬州，面条可以是一碗清清白白的阳春面，或是干拌面、葱油面，也可与馄饨合为一碗饺面；而苏州人则将他们的精巧、细腻、情趣全都渗透在不同的浇头里——焖肉、爆鱼、卤鸭、鳝鱼，或集齐河虾的虾仁、虾脑、虾籽的三虾……一碗面捞入碗时，面条工整得如同仔细码过一样，中间微微拱起，这样的形状被称为"鲫鱼背"，再浇上不同的浇头，十分入味。

事实上，对味的极致追求源于中国人在数千年饮食生活中得出的一种共识——"以味求养"，尤其在自古富庶的江南一带，在这种理念的引导下，无论家庭还是餐厅，大家都认为味是前提，如果没有味的至美，食物就经不住食客与岁月的挑剔，就会自然消亡。因此，厨师自身对味的审鉴很重要。而味主要来自两方面，一是对鲜活食材本味的熟悉和把握；二是调味技艺。自古食谱的记载都不过寥寥几句，关于如何拿捏，需要厨师不断尝试推敲，勇气加上悟性，才能熟练利用食材，借出它的巧劲。

葱油面作为在江南一带尤其上海最为普遍的面，对味的要求最为极致。虽然，葱油面本身并不见特殊，用的也是江南一带极常见的面条，也叫水面，几乎每家餐馆都有，是很家常的主食之一。有趣的过程在于，一位好的厨师是如何借助葱和酱油这两种常见食材和调味品，来制作一碗色与味都极具诱惑的葱油面。

葱是中国厨房的必备调味品，上海菜里葱和姜更是必备，但生长在南北方的葱却有很大差异。北方的"葱"因个头巨大，称为大葱，味道辛辣略微带甜，适合蘸酱生吃或炒菜爆锅时使用，当然更多是在北方菜肴里作为调味配菜出现；而南方的"葱"细长如筷，称为小葱、香葱，适合作为馅料或切细碎后放入汤中调味。

等小葱慢慢熬到呈棕褐色，锅中的葱油会呈现剔透金黄感并有扑鼻奇香，这才算熬出好的葱油。

216

细的葱，鲜的虾

从食用方法就可以看出，南方人并不喜欢刺激味道，却能利用小葱制作出让人欲罢不能的食物。葱油面就是典型代表。取江南一带自产的小葱，切成手指长的葱段，放入热油中，等小葱慢慢熬到呈棕褐色，锅中的葱油会呈现剔透金黄感并有扑鼻奇香，这才算熬出好的葱油。再将酱油直接喷进葱油里，酱油中含有较多的糖分和氨基酸，在加热过程中，其中羰基和氨基发生美拉德反应生成色素，使食物呈现红润光泽，并有一股香味。因此，葱油面一定要加酱油。只是现代酱油都会添加焦糖色作为食物的添加剂，焦糖色经过再加工后容易碳化，用多会产生焦味。因此，好的酱油添加焦糖色会比较适量，避免影响食物味道，这是辨别酱油优劣的关键因素之一。

此时，用做好的葱油与煮熟的面条一起拌食，也可以加入事先泡好的虾米（江浙地区也叫开洋，即腌制晒干后的虾仁干，有提鲜调味作用，其他地方则叫海米、金钩等）。拌面条时要力求每根面条都沾到葱油的光彩，虾米也要尽力搅入面条纠结的深处，为的是在吃面时，能突然尝到那一口面中意外裹着的鲜美虾肉。

另外在中国，面条是一个宽泛的概念，不同地区有以不同工艺制作的面条，比如江浙一带，葱油面使用的就是最常见的水面，一般超市、菜市场都可以买到；而广东一带，面条多指一种叫竹升面的碱水面，或是加入虾籽的虾籽面；西北和北方地区可能就是口感劲道的手工拉面更受欢迎。

葱油的炼制过程算得上暴力美学，让一小把水灵灵、一清二白的小葱经历了热油的炼狱，变成焦枯色泽，味道也由若有若无的清新变得极为醇厚。此外，最好是一次拌多少面，则熬炼多少葱油。很多人往往一下熬很多，以为存起来下次吃还能享受扑鼻的香味，但结果令他们失望了。就是这样一份矜持，让葱油面一下子高级起来。也正因此，葱油面才能在口刁又八面来风吸收各地美食精华的上海人心中稳稳站住。

食材准备

面条……适量（1人份）
小葱……100克
虾米……5克
植物油……40毫升
黄酒……适量

调味汁：

老抽……10毫升
生抽……10毫升
白糖……3克

面条、小葱

制作步骤

① 将小葱洗净，切成手指长度的葱段，沥干水分。虾米用黄酒泡着待用；

② 锅烧热，倒入植物油，待油温七成热（约200℃）时放入小葱段，等小葱熬到呈棕褐色，锅中葱油至金黄剔透状态时关火。将调味汁直接喷入葱油里，然后全部盛出待用；

③ 另取一锅注入清水，水沸腾后加入面条，在上海大部分情况下人们用现做的新鲜面条，因此煮45秒左右即可。如果用普通干挂面，可能需煮1~2分钟。在面条芯仍有白色时将其快速捞出放入碗中；

④ 将步骤②中做好的葱油与煮熟的面条一起拌食，再加入事先泡好的虾米便可上桌。

42.

鳝鱼面
因鲜而贵

鳝鱼是中国南部最常见的食
材之一，这种外表像蛇但无
害的动物，表皮一般是黄色，
又叫黄鳝，通常生活在湖泊、
稻田、山谷、溪流和水渠中，
弯弯曲曲在水的底部游走，从上
面看，像水的影子。鳝鱼头部是
圆形，尾巴扁尖，黏液非常多，因
此很难抓到，这也是它们保护自己的
手段，但是中国农民在漫长的岁月里发
展出无数的捕捉鳝鱼的方法，所以这种鱼
在菜市场并不稀少。

食材准备

鳝鱼……2条约200克

面条……1束约50克

姜……20克

小葱……2根

四川泡菜……30克

泡红辣椒……2只

豆瓣酱……15克

动物油（指猪油，可购买现成的罐装猪油）……50克

酱油……10毫升

料酒……12毫升

清汤……500毫升

南方的菜市场里，常常可看到这样一水盆一水盆的物种——多数是养殖业产物，少数是野生——如果你不知道如何处理，可叫菜场杀鳝鱼的人帮助你。他们会坐在长凳上，把鳝鱼头按在钉子上，然后用刀子划开鱼身，去除主刺，剩下纯粹的鱼肉，再用竹片划开，变成鳝片或者鳝段，这些都是南方餐桌上的家常美味。也有不需要菜场鱼贩处理的，直接将鳝鱼买回家剁成段，连骨头一起烧制。吃的时候直接把刺吐出来，并不会卡到喉咙。

也有人觉得这种场景过于残忍，在许多带有宗教意味的故事里，都有劝人放生鳝鱼的故事——中国近代画家丰子恺的《护生画集》里，就有类似漫画，劝人不要吃鳝鱼、螃蟹和乌龟。佛教徒普遍相信鳝鱼、蛙类和乌龟等水族属于有灵性的动物。

一边有人大量地放，一边有人热烈地吃，还是因为美味。鳝鱼的肉嫩、鲜美，而且很多人相信它有补品的效果。关于鳝鱼的菜肴非常丰富，我们这里讨论的，是鳝鱼用作主食的配料，比如鳝鱼面。

鳝鱼面在中国广泛存在，以苏州和杭州的鳝鱼面最为名贵。这两个号称天堂的城市，喜欢将虾和鳝鱼炒在一起。人们把鳝鱼炸干后和虾仁混合，加酱油和糖，鲜上加鲜，蛋白质丰富，这道菜叫作虾爆鳝，一般不是用来直接

芹菜叶

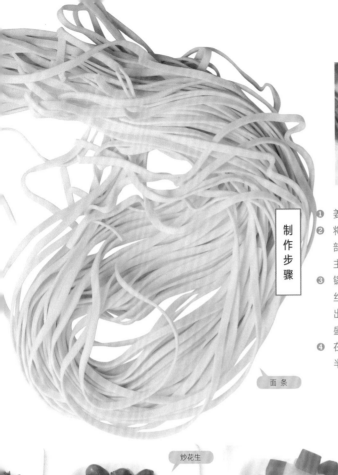

面条

制作步骤

❶ 姜和四川泡菜全部切丝，泡红辣椒切段，小葱切末；

❷ 将鳝鱼去掉中心主骨，划成段，具体做法是将鳝鱼头部固定住，用非铁器划开鳝鱼腹部，从尾部抽取中心主骨及内脏；

❸ 锅烧热，倒入动物油，等油温升高后加入豆瓣酱和姜丝，有香味后放进泡红辣椒段、泡菜丝、鳝鱼段，炒出水分后，加清汤、酱油、料酒，成为半汤菜后将其盛出备用；

❹ 在开水中煮熟面条后捞出，放在碗中，将已经做好的半汤鳝鱼浇头倒入，撒少许葱末即可搭配味碟上桌。

炒花生

萝卜泡菜

香菜

姜

吃的，而是作为面的浇头存在。这道面往往是一家老店里最贵的主食，比一般加肉块、鱼块的面要贵出一倍。

单纯的鳝鱼丝面也不便宜。虽鳝鱼被普遍养殖成功，但价格并不因此大幅降低，还是因为其鲜美的肉质能让面条增色。在台湾普遍流行的鳝鱼意面——将新鲜鳝鱼片和辣椒、姜片、油炸过的干面一起下锅炒，是一道丰盛的早餐，和意大利面并没什么关系。

在长江中下游的一些地方，人们深深知道鳝鱼的鲜，所以连鳝鱼的骨头也不放弃，用鱼骨加上猪骨、火腿皮一起煮成汤，然后滤清骨头渣，只留一锅清汤，用这汤来煮面，面条也因此身价倍增。

这里介绍的鳝鱼面，是川菜厨师的做法，用泡菜、子姜（比较鲜嫩的姜芽，尖端呈紫色）和山椒一起，炒熟鳝鱼，加一些汤，然后将前述材料一并浇在煮好的面条上，鳝鱼的鲜味渗透在汤汁里，让面条味道更鲜。

43

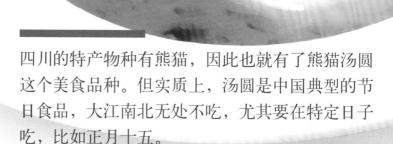

熊猫汤圆
甜糯小确幸

四川的特产物种有熊猫，因此也就有了熊猫汤圆这个美食品种。但实质上，汤圆是中国典型的节日食品，大江南北无处不吃，尤其要在特定日子吃，比如正月十五。

食材准备

糯米粉…… 130克
竹炭粉…… 10克
芝麻馅料…… 30克
白糖…… 10克
桃胶…… 15克

桃胶

很多人强调元宵和汤圆的不同，其实两者本质类似，都是以糯米制成粉末后，再添加水分制成外皮，包裹内里的馅料，然后煮熟食用。

汤圆的出现，应该是在宋代一些书籍开始记载"浮圆子""汤圆"之前，其具体起源地在浙江宁波一带。人们用糯米磨成粉，加上水变成极细的水磨糯米粉，很多地方是年前开始制作，然后把粉吊在竹竿上慢慢风干，需要时再取下来，加水，搓成圆形小饼，这个过程和制作饺子皮倒也有几分相似。小饼成型后，用其包裹混合了猪油和黑芝麻的糖馅，放在锅中，需要大火滚开，然后小火慢煮，最后这圆滚滚的食物会浮出水面，所以又被叫"浮圆子"，非常形象。宁波至今还是吃汤圆的好地方，很多人说，吃了宁波的汤圆，就不会再想吃外地的了。

相比北方用馅心蘸着糯米粉摇晃而成的元宵，南方的汤圆要细腻多了，无论是里面的馅料还是外面的糯米皮，都属于精细制品。但吃的时候要当心，因为馅料里放置了大量猪油，刚煮熟的时候温度很高，咬破时要缓缓食用，最好等馅心流淌到勺子里，否则会烫到口腔。

无论元宵还是汤圆，馅料一般以甜为主，也有部分地区用猪肉做咸馅心，

制作步骤

① 提前泡发好桃胶；

② 从糯米粉中取出30克，加入可食用的竹炭粉混合搅拌成黑色，然后逐渐少量加水，最后揉成小团备用；

③ 对剩余的糯米粉同样采取逐渐、少量加水的方式进行处理。取适量，揉捏成直径约3厘米白色小碗状，将芝麻馅料塞入碗中后，封闭开口，调整成白色团子，作为熊猫头部；

④ 将步骤②中制作的黑色糯米团子，捏成熊猫的耳、眼、鼻形状，添加在白色团子表面，完成完整的熊猫头部造型；

⑤ 锅中放适量水，加入泡发好的桃胶煮至黏稠后盛出备用；

⑥ 另起一锅，加适量水煮开后，放入熊猫造型的汤圆煮制，期间要分两次添加少许凉水，等汤圆浮至水面并彻底熟后，将其单独盛出，放入步骤⑤有桃胶的碗中，加少量白糖，即可作为饭后甜品食用。

里面有汤汁，吃起来也算鲜美，但这种汤圆一般一年四季都可以吃，不局限于元宵节。中国各地也有"团子"一说，和元宵有点类似，用糯米皮包裹豆沙、菜叶，还有花生碎末，但很多是蒸熟的，所以和汤圆区别还是很大——但也许不必要分那么清楚，毕竟都属于喜庆的食品。糯米的黏性大，难以消化，饱足感很强，所以中国无数节日食品都和糯米有关，比如元宵、粽子、青团、年糕等，大概都是农业社会强大的充饥食物。这些食物通常要加上充足的糖，后者在过去很稀少，两者混合起来，更是幸福的感觉。

四川一带虽然不以糯米类食物见长，但过去也出产著名的汤圆，比如"赖汤圆"，特点是馅料采用橘子皮、白糖、玫瑰花瓣和黑芝麻这些材料，将其各种组合。四川菜的调味手段一向一流，所以这种汤圆好吃在这里。

熊猫汤圆可以包裹馅料，也可以不包裹。黑白两色，白的是自然的糯米颜色，黑的是掺杂了竹炭粉的糯米粉。厨师为了让大家印象深刻，才做成这种色彩对比，将汤圆煮熟后配上桃胶吃，可以当成饭后甜品，有趣也有利于胃部——据说桃胶养胃。

小型狂欢元宵节 >>>

中国的民间传统节日之一，亦称"上元节"，时间在每年的农历正月十五，是春节的组成部分。当日人们会食用饺子、汤圆（元宵）、年糕等食品，燃放爆竹，举办灯会，欣赏舞龙之类的杂耍表演，庆祝一年开始万物更新，慢慢变成了某种小型狂欢节。

锅贴的诞生

几年前，来自南京七家湾的牛肉锅贴在国内某著名美食电视节目播出后爆红，从此很多人对当地这一经典面食心心念念。

锅贴在中国南北皆有，但地区间做法略有不同。南京最多的是牛肉锅贴，猪肉馅也有。南京科巷菜市场附近这家锅贴店的锅贴，给人留下的最深印象就是月牙造型，外表金黄酥脆，内在肉鲜汁润，口味咸中有甜。锅贴的前期制作和饺子类似，大致也要经历和面、备馅、擀面、捏制造型几步，但锅贴尺寸更大，一般长8~10厘米，包好后也不是以水煮制，而是以旋转阵形放入特制平底铁锅内，加优质菜籽油直接煎制。过程中需适时转动铁锅让菜油分布均匀，并用小铲小心翻动锅贴，避免后者粘锅。约20分钟后将油倒出，再将锅贴焖制几分钟就可上桌。

1

在中国，人们对那种环境不佳但菜肴美味的餐馆有个专业的称呼，"苍蝇馆子"。听到"苍蝇馆子"的时候，一定不要惊慌失措，尽管这个名字最早是指餐厅环境差，以至于漫天飞舞着苍蝇，不过这属于过去的事，随着国内卫生状况的普遍改善，很多餐厅的苍蝇少多了——太多会被罚款，而装修简陋、环境糟糕方面则改善不大。从整体上来说，这种餐馆还是值得一吃，类似米其林指南里未获星级但也进入榜单的那些陪跑餐厅。

苍蝇馆子和网红餐厅

深藏缝隙的香味

苍蝇馆子之所以出名，最主要的原因，是菜好吃。

一半的苍蝇馆子都有好厨师，这些厨师往往就是老板，掌握若干拿手好菜的做法，并且对菜品有所挑剔。从原材料到最后的成品，大厨自己控制了一切，早晨起床他是采购商，回到厨房他是操作者，最后菜端上来时，他往往又充当了服务员。一半原因是因为餐厅小，事必躬亲；另一半原因是这种小餐馆的老板是完美主义者——完美主义只针对菜，不针对环境。在杭州的一家苍蝇小馆里，老板每天早晨起床后，就自己跑到江边的渔船上去买鱼；四川的一家苍蝇馆子的女老板，每天从集市上买回猪脑后，一定要过自己的手，一点一点去除掉脑子里的血丝。做菜做得好的老板，都对菜肴有某种迷信，"一定要怎么怎么样才会好吃"是他们的原则。

另一半的苍蝇馆子，有莫名其妙的拿手好菜，而且很可能只有一道菜好吃——或者依靠原材料，或者依靠老板的某个绝活。云南曾经流行吃罗非鱼的时代，有一家公路旁边类似路边旅店的餐馆，其实是间茅草棚，进去的都是乱哄哄的人，餐具也非常不讲究，店主用大铁盆装着鱼就端上桌，配上自家做的蘸水（即用各种调味料组合成的酱料汁，用来蘸菜吃）。人们一边吃，一边把鱼骨头随意扔在地面上，导致地上几乎堆满了鱼骨头，那鱼的美味，城市里的大厨也做不出来。

尽管环境很可怕，这家餐馆依然生意火爆。还有家位于重庆机场旁的乡村小餐馆，出名是因为给过路的司机做油浸鱼片，里面的配菜是豆芽、莴苣和干辣椒。这道为吃饭没定点时间的长途司机准备的菜，后来成了风靡中国的"水煮鱼"，但老的餐馆大约是恋旧，一直没有扩大营业，也属于著名的苍蝇馆子。

一般来说，苍蝇馆子存在于大城市或者大城市周围，不存在偏僻地区的苍蝇馆子。只有在大城市，才会出现与豪华餐厅对比的，有美味菜肴而装修混乱的小餐馆，这样的小餐馆才有出名的可能性。每个会吃的人的餐馆名单中，肯定有若干家他自己认可的苍蝇馆子，如果一个美食家的吃饭榜单中全部是装修豪华的大餐厅而缺乏小餐馆，尤其是藏在城市缝隙里的美味小餐馆，那这种美食家的可信程度，要打一个折扣。

苍蝇馆子的最后特征，往往是老板和服务员的态度不太好。他们会是好的厨师、好的经营者，但很多态度不算好，只有四五张桌子的小餐厅整天挤满了人，老板想要和善都和善不起来。也有些餐厅，因为老板凶恶的态度和难以排上座位的困境，慢慢出了名，有可能菜肴本身没那么好，这属于典型的剑走偏锋的故事。

1—2. 无锡一家环境朴素但人气很旺的家常小馆内部。和网红餐厅不断追求设备升级不同，这家餐厅的陈设保守而颇有年代感，诸如东坡肉、老鹅、同肠、清蒸鱼、炖蛋之类的菜品从名称到内容也老老实实，不搞噱头，以扎实的品质留住顾客。

2

成都老式住宅区的小街路边，总是不乏空间局促但生意兴隆的餐饮实体和围桌而坐的市民。李爽/摄

活于滤镜的餐厅

与苍蝇馆子形成鲜明对比的，则是"网红餐厅"。在Instagram流行的这几年，无数餐厅仿照Instagram热门照片的风格，变成了一种模样：彩色的大色块墙壁，雪白的桌子，窗台上的绿色植物，吧台上的小玩意……看照片你看不出餐厅在哪座城市——北京、上海、东京或者是伦敦？甚至连服务员的穿戴打扮都相似：棕色长围裙，雪白衬衣。如果是男性，可能把头发扎成小髻堆在头顶，如果是女生，则是剪得短短的齐耳发型——这些餐厅有一个统一的名字，网红餐厅。

网红餐厅的最大特点是环境适于拍照，用软件中的滤镜一修正，色调、拍照者的面颊，还有周围的景色完美融成一体，非常适合发在社交网络上。但菜肴好吃与否，则是见仁见智的事情。

北京一家主打森系清新装饰风格的网红小馆。兔哉的欢欢/图虫创意

这里的食物分成两类，一种是非常好看，变成照片很有吸引力。这种好看，可能是某种造型奇特的蔬菜，可能是粉红色的汤，也可能是某个巨大夸张的拿破仑蛋糕。人们首先是从视觉上认识这家餐厅的，并且随着这些照片在社交网络上流传，人们对这些餐厅的期待也提高了，直到自己也去了相同的场景，做了相同的造型，拍照留念并上传到网络上之后，才真正完成了这一次消费——在这里，好看的食物等于某种好看的道具，必须出现。

另一种网红餐厅提供的食物，未必好看，但非常特殊：或者大，或者丑，或者出格。比如一家销售小龙虾的餐厅，做了一盆放了三十多只龙虾的汉堡包，一下子变成大家必去的地方；一家做螃蟹膏黄拌面的餐馆，一碗面里有半碗膏黄，非常豪华，也迅速出名；那些成为网红的"脏脏包"，放了整只牛蛙的面条，基本都超越一般食物，不能说一定难吃，但制作者的诉求却不是好吃，而是特殊——最终令店面因特殊而易于进入传播通道，成为网络上点击量很高的餐厅。

网红餐厅在中国方兴未艾，最大的原因还是背后的互联网经济，位居互联网点餐平台好评单前几名的都是此类餐馆，越是有故事，越是美丽，就越有排队者，这些餐厅的诉求未必是食物，更多是利益。

网红餐厅和苍蝇馆子也有重叠之处，不少苍蝇馆子也是某种程度上的网红餐厅，但多数苍蝇馆子因为装修不够格，被排除出了网红之列。

苍蝇馆子的保留年份一般也比网红餐厅更久，因为前者重视口味，口味能吸引比较多的人；后者重视美貌，但美貌太容易失去了，无论是餐厅还是人，"颜值"都是昙花一现的事情。

如果一个美食家的吃饭榜单中全部是装修豪华的大餐厅而缺乏藏在城市缝隙里的美味小餐馆，那这种美食家的可信程度，要打一个折扣。

鲜香热辣
社交场
[chéng dū]
成都

苏州 上海 扬州 成都 南京 北京

成都既有玉林菜场、马家寺、青羊小区、唐家寺这些老市场，也保留着临时的街道菜场——每天早晚市时，老城区一些小街道上就摆上了摊子，由临街店铺和临时小摊合成一个完整的街市菜场。这种门口的菜场最得人心，随意又方便，附近居民出门就能买菜，上班的人路过也能买菜回家。

这也符合成都人喜欢悠闲的个性。这种连到家门口的菜场，很多时候有点不像菜场，因为老社区也配置了路边小公园，连着菜场，无形中形成一个老活动中心，出来买菜的人常拎着菜篮子一起坐在花坛边或公共长椅上打牌、聊天，买菜其实也就是顺带罢了。成都菜市浓缩了市井百态，也有网络购物不可替代的社交功能。

晚上，这种街市型菜场可能就是夜市，出摊的多半是卖串串香、烤串和卤味的。那些以竹篮子盛好的卤味（猪耳朵、猪蹄、肥肠、猪鼻子、鸭肠、鸡爪、豆干）面前如果排了队伍，那食物本身肯定是色香味俱全的。夜市肯定不如白天摊位密集，但满街热辣鲜香的真实感，让人贪念人间的美好，所谓的烟火气也不过如此。

逛老成都菜场，不能错过一些标配：

早餐标配——肥肠粉、血旺、锅盔、油糕、包子、冻粑等等，味道正宗又物美价廉。以前骑起三轮车挨家挨户卖的醪糟，现在只能在菜场里找到了。

川味灵魂之一——泡菜。在这里你能选到绝大部分泡菜，如泡姜、泡野山椒、泡萝卜、酸菜等，买点回去做鱼、鸭、鸡时放一些，入味也好看。

作为以麻辣闻名的城市，成都菜场的花椒、辣椒也足够齐全。新鲜的青花椒、大青椒、二荆条、螺丝椒、龙椒、红椒、黄椒都有，干货区还有干辣椒，也有研磨好的花椒面、辣椒面。川菜的特点可以用12个字"清鲜为底，善用麻辣，重在味变"概括，这就是为何贵州

1. 专售豆制品的流动摊子。2. 叶儿粑。3. 视觉上就很"清火"的苦瓜。4. 削皮芋头。5. 售卖剐兔儿的肉制品摊子。6. 菜场也具备强烈的社交属性。7. 小南瓜。8. 生姜。9. 糖油果子。

1

人、湖南人、江西人甚至陕西人都吃辣，但大家只记住川菜的辣，因为只有川菜能将鲜辣、香辣、干辣、呛辣、浮辣、麻辣、酸辣等区分得非常细致。如果你在菜市场看到琳琅满目的辣椒、花椒，你会将川菜这一特点牢牢记住。

川菜的另一特点是"尚滋味"。川人对菜品口感、味道变化的细致追求，达到了非常痴迷的程度，因此传统川菜有 24 种味型，如咸鲜味型、家常味型、麻辣味型、糊辣味型、鱼香味型、姜汁味型、怪味味型等。而在调味区，各种各样的瓶罐、袋装调味品只是帮你把这些不同味型简单解读成一袋现成的调料。当然，如果你有足够天赋，也是可以学那些神奇的川菜大厨，如化学家一样调和不同调味品成为新口味，最简单的可能就是买三年陈的豆瓣酱、一年陈的豆瓣酱和花椒面，再买块水豆腐回家，取一年陈豆瓣酱的辣，再取三年陈豆瓣酱的酱香，做道完美的麻婆豆腐。

印象中，应当是云南的菜场有最多的菌菇，但因为成都地理位置的缘故，到了季节，这里的菜场内也有很多菌菇呢。除了常见的干菌，新鲜菌菇也超丰富，比如猴头菇、竹荪、鸡枞、姬茸、松茸、牛肝菌等。

活色生香成都菜场 >>>

成都菜场里内容的丰富性超出人们
想象，这里的人爱吃、敢吃也会吃。

❶	……	豆腐	⓫	……	竹笋
❷	……	小南瓜和	⓬	……	豌豆
		马苋菜	⓭	……	辣椒与姜
❸	……	土豆	⓮	……	玉兰花
❹	……	辣椒面	⓯	……	干酒糟
❺	……	香椿	⓰	……	韭菜
❻	……	苤蓝	⓱	……	莴笋
❼	……	芦蒿	⓲	……	蟹味菇
❽	……	银杏	⓳	……	叶儿粑
❾	……	青橄榄	⓴	……	烤鸭
❿	……	红辣椒			

235

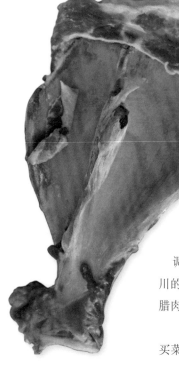

上：猪扇骨。右页：菜场是同时展现忙碌和闲适景象的浮世绘。

在成都菜场的新鲜蔬菜里，有很多是外地人不怎么认识的当地蔬菜，如儿菜、棒菜、红菜薹、冬寒菜、折耳根、浆衣苔、枸杞芽、豌豆尖、艾蒿。浆衣苔长得有点像四叶草，洗净后，与四五片蒜用油微炒，出锅前加点盐，有野草的清香，又带着一点回甜。有成都人说，菜场上不让掐的枸杞芽和豌豆尖不买的，因为足够嫩的枸杞芽和豌豆尖一掐就断。枸杞芽焯好水，调以盐、酱油、熟芝麻和花生碎，再加一勺热花椒油，也是一道好菜。四川的竹笋也够多，冬笋和春笋都分别按照各自时节上市，剥去外笋壳，可和腊肉一起炒。

成都菜场一般供应好几种白菜，不同品种统称白菜，在一个摊上卖着，买菜的人得学会叫它们的当地名字，其中莲花白和牛心包是成都人最常食用的。在成都菜场，需要听得懂才能买好菜，茨菰在这里叫磁姑儿，这倒简单。藤藤菜，就是空心菜，现在普遍叫空心菜，但在菜场，中老年顾客还是说藤藤菜。在大部分城市叫青菜的蔬菜，这里叫瓢儿白，又名牛皮菜、厚皮菜。三馅儿肉，其实就是三线肉，是五花肉的一部分。参参儿是一种淡水鱼，个头比较小，一般用来下酒，煎、炸、炒都可以，味道不错就是很难清理，它是有学名的，叫白条，就是"浪里白条"那个白条。

半成的豆制品品类也令人眼花缭乱，豆腐干、豆腐、千张、圆豆干、豆腐皮、豆腐条……四川有种牛皮豆干，厚度像牛皮，劲道也似。做凉菜很好，烫火锅甚好。

如果想自己在家里整顿火锅，到菜场去选择也很方便，因为除了各种火锅底料，处理好的毛肚、黄喉、千层肚、鸭肠、鹅肠、郡肝、鸡翅、鸭血等，都可以在一个摊位上选好。

买菜之余，听听这里带着喜感的专有用语，对耳朵和心情也有滋养作用。有时候摊位牌子上写着：过瓦不要刁。或者摊主对你大喊："过瓦！喊你过瓦！你非要过刁，刁的是另外一个价。"瓦是瓢或钵钵，过瓦是盛、装的意思，刁就是挑选，这句话可以翻译成："这个价格是一起装走的，挑挑拣拣就是另外价格。"如果你去买鱼，摊主会问你"要'打整'不"，意思是问要不要帮你清理好了。

为何贵州人、湖南人、江西人甚至陕西人都吃辣，但大家只记住川菜的辣，因为只有川菜能将鲜辣、香辣、干辣、呛辣、浮辣、麻辣、酸辣等区分得非常细致。

◎ 市言菜语

▶ 和店主打招呼
老板儿，最近咋样嘛，生意。

▶ 形容东西看上去不错
这个看到有点安逸（巴适）嘛！

▶ 问价
老板，这个咋个卖哦？

▶ 觉得不太理想，想再逛逛
要的，我再看一哈等哈再来。

▶ 尝试砍价
少点嘛，我回切给你介绍人来。

第 6 章

魔幻豆腐

豆腐算是东方世界，尤其是中国，最具备独到之处和可塑性的食材之一。

1.成都菜场里制作豆腐的人。
2.压有品类名称的切块豆腐。

中国人怎样吃豆腐

尽管中国人把豆腐的发明归功于一个具体的人——汉朝的淮南王刘安（公元前179年—公元前122年），但这种发明不太可能是个人实验的产物。应该是在汉代早期，豆类种植已经普遍，除日常煮食外，人们偶然发现，将豆类加水磨碎后，配合以石膏及其他添加物，依水量多少的不同，可调制出不同质地口感的豆制品，如豆浆、豆腐脑、豆腐、豆腐干。不过最后豆腐之所以从丰富的豆制品品类中脱颖而出，成为占据主宰地位的老大，应该和其成品干燥，便于运输，但又有一定水分，成菜种类也最丰富有关。

大鹏 DP/ 图虫创意

豆浆，是豆腐的最初级产品。将干豆和水混合磨碎，煮熟就成为豆浆。它是中国南北最常见的早餐选择之一，中国人早餐并不喝茶，而习惯用豆浆代替众多饮料。但以质感论，豆浆为"稀"，所以要配合"干"的食物，如油条、油饼或者烧饼，都是面水混合物。后几样和豆浆混合，堪称中国人早餐席上打遍天下无敌手的组合。只不过北方习惯于在豆浆中加糖，南方习惯于加紫菜、虾皮、醋和酱油，前者被称为"甜豆浆"，后者则是"咸豆浆"。说来奇怪，南方人嗜甜，偏偏在豆浆上喜好咸，北方人嗜好咸，却偏偏爱吃甜豆浆。这种矛盾之处，谁也说不清楚。

豆浆的升级产品是豆腐脑，在豆浆中加入石膏或者卤水制成。近年有添加柠檬酸的，这些都不过是凝胶剂，让豆浆中富含的蛋白质发生凝聚作用。豆腐脑是一种比豆腐水分多，但比豆浆干燥的食物，在北京、上海等大城市也是早餐的选品之一。说来也很有意思，北方吃豆腐脑，一般在上面浇各种汁，比如木耳、黄花和牛肉做成的卤汁，咸食；南方则加白糖，这又和吃豆浆的习惯反过来了。

豆腐算是东方世界，尤其是中国，最具备独到之处和可塑性的食材之一。

人们在豆腐脑上放置木板，上面压以重物，让豆腐脑缓慢排除水分，逐渐变干，成为四方形的固体，于是豆腐就诞生了。豆腐在中国菜里的应用太广泛，最著名的就是加大量油、辣椒、豆瓣酱和牛肉碎末制成的"麻婆豆腐"，一道来自四川，但现在已经全国性普及的菜肴。这道菜诞生在约一百年前，当时中国正值经济凋敝年代，普通人用大量作料和少量的肉，就让豆腐成为一道佐食米饭的佳肴，受到底层人民偏爱。后来这一菜式慢慢成为经典，走上高级餐厅的饭桌。

用豆腐制作的经典菜肴里还有"家常豆腐"，说是一道家常菜，其实有点复杂，需要把豆腐切块进行油煎，然后和猪肉、青蒜苗一起混合烧制。用豆腐切片和鸡蛋做成汤，则是一道快捷美味的汤菜；豆腐切开，里面加猪肉做成的馅料，是客家的著名菜肴"酿豆腐"；将豆腐切成丝，和春天的荠菜一起做成羹，是上海菜中很受欢迎的荠菜豆腐羹；豆腐切块和猪血、鸭血一起炒熟，称之为红白豆腐；豆腐切成碎丁，和很多别的原料的碎丁混合，做成汤，是可以登大雅之堂的"八珍豆腐羹"——之所以豆腐类菜肴这么普及，主要还是因为材料本身廉价、方便，而且豆腐除了淡淡的豆腥味，没什么别的味道，和别的食材一起，可以沾染对方的味道，更加美味。

在漫长的岁月里，豆腐成了中国内陆人们摄取蛋白质的最佳食品之一，甚至不少区域的人在举办葬礼时，也要吃一桌豆腐宴，以便送别亡人。

对豆腐继续进行水分的挤压，就变成了豆腐干，这同样是一种被中国人广泛食用的食材。这种食材非常实用家常，可用来直接凉拌或者和各类蔬菜、荤菜炒食，也可做成零食，烘干，切小块，作为喝茶时的茶食。中国很多地方以出产豆腐干闻名，比如黄山地区的豆腐干适合做茶食；扬州地区的豆腐干能够切成薄丝，和火腿、鸡肉一起做成大煮干丝；湖南筱县的豆腐干现在成为深圳湘菜馆的主要菜肴，叫焓炒豆干；而在西南地区云南、贵州盛行的烤豆腐，事实上也是烤豆腐干，配以辣椒等材料，是当地人夜间的主要食物。总之，水分多少的不同，造成豆腐有如此多的变化。

但更大的变化，来自豆制品的发酵。发酵的程度不一样，可造成各种新的豆腐制品，从长毛的毛豆腐，到完全发臭腐烂的臭豆腐——这和西方的奶酪制品很相似，也有数不清的品种。

简单来说，豆制品以发酵程度分，可分为初期发酵的毛豆腐，中期的豆腐乳，和后期的臭豆腐。毛豆腐是黄山地区的常见食品，将轻微发酵长毛的豆腐放在油锅里煎熟，加以辣椒和香料，是道典型的下饭菜。豆腐乳不太臭，但已经完全熟成，是通行中国南北的佐餐小菜，有的配合米粥吃，有的抹在馒头上食用。上海这个生活方式最西化的城市，在供应困难的时期，用豆腐乳代替奶酪，抹在面包片上食用。臭豆腐盛产于长江流域，很多区域将发酵充足的臭豆腐油炸后食用，毛泽东就喜欢家乡湖南的臭豆腐。作家鲁迅的故乡绍兴也出产臭豆腐，同样以油炸为主，有时候人们把它和另外的发酵食物臭苋菜一起清蒸，名为"蒸双臭"，不要瞧不起人们对这些臭味食物的喜爱，其实奶酪的臭味一样强烈。

1. 被做成纸张一样的豆腐皮。jianghongyan/deposit/图虫创意
2. 切成小块的豆腐。3. 云南丽江石鼓镇里被用作民宿装饰的石磨，人们曾经用它来磨制豆类。

好吃边角料

除了这些丰富的、主流的、大宗的豆制品，还有一些豆制品的边角料也被充分利用，变成各种菜肴。比如豆浆表层的那层皮，被做成了腐竹，无论新鲜时候还是晒干后都美味，和芹菜凉拌，和羊肉红烧……配合什么都可以；豆腐切块后油炸，就是油豆腐，无论放在火锅里涮着吃，还是里面塞肉变成油豆腐塞肉，都是佳品；在北方，豆腐冻后会产生大量的空洞，和别的菜肴一起煮熟时，会吸取大量汤汁，是人们吃炖菜和火锅时不可少的材料。

豆制品的千变万化，实在是中国人在漫长的饮食烹饪过程中总结出来的饮食经验。豆腐算是东方世界，尤其中国，最具备独到之处和可塑性的食材之一。

制造毛豆腐

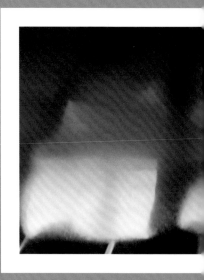

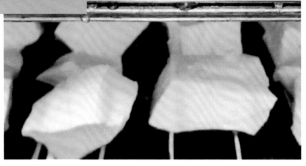

毛豆腐，也称霉豆腐，是源自中国安徽的传统名菜，可用于油煎或红烧，因为富含氨基酸，味道比一般豆腐更鲜美。比较简便的毛豆腐制作过程是：

1. 购买现成的以黄豆为原料的优质豆腐，切块后放入蒸锅，蒸几分钟后取出放凉；

2. 对之后将用到的盛具，要用高度酒擦拭消毒；

3. 进行人工发酵，可直接购买现成的毛豆腐菌，用刀将适量菌种挑出，和纯净水按一定比例在盛具中混合并拌匀，然后过滤掉杂质，把切好的豆腐块在菌液里过一下捞出；

4. 将豆腐块放在不锈钢材质的篦子上（可利用闲置烤箱内的空间或不锈钢锅），每块之间留有空隙；

5. 关好容器的门或盖好盖子，其环境温度最好为15~25℃；

6. 约1天后，就可以发现豆腐表面已长出白色茸毛，3~5天后绒毛的长度就可以掩盖掉豆腐块之间的空隙（即乳化成熟），此时就可以取出烹饪了。*泽丹/摄*

44.

麻婆豆腐
重要的是齐齐整整

如果说宫保鸡丁、夫妻肺片都是有名的川菜，那麻婆豆腐则已经超越四川局部区域，成为最著名的中国菜之一，流行于世界各地。哪家中餐馆如果没有麻婆豆腐，则证明餐厅的不合格，就像肯德基里没有鸡腿汉堡一样。

干辣椒粉

青蒜苗

牛肉末

酱油

蒜末

食材准备

牛肉末……50克

卤水豆腐……1块

青蒜苗……1根

小葱……5克

姜……10克

蒜……10克

豆瓣酱……10克

豆豉……15克

干辣椒粉……5克

花椒粉……5克

菜籽油（或其他植物油）

……15毫升

盐……2克

酱油……6毫升

黄酒……6毫升

水……20毫升

淀粉……10克

姜末

豆瓣酱

卤水豆腐

花椒粉

但是这道菜多少人能做合格呢？很少。就连发明此菜的原始地域的著名川菜大厨，做时也要小心翼翼，生怕一失手降低了水准。中国菜里有很多昂贵的食材，如鱼翅、海参之类，食材处理虽然不易，大厨烹饪时倒是落落大方，没有对比很难提出专业的意见。可豆腐是每家每户会用到的食材，麻婆豆腐又是家庭主妇的日常烹饪内容，大厨做得好坏，倒是很见手下功夫了。中国菜的系统里，也确实一直强调，能把白菜和豆腐做好吃才是真的高手。在四川，能做麻婆豆腐的高手，有一套严格的程序。

严选材料和三次勾芡

首先是材料：第一个重要的点——在四川，大厨做麻婆豆腐一定用牛肉而不是猪肉。很多新编菜谱说，牛肉猪肉都可以。但四川人一定会反驳，要用牛肉。取新鲜的牛肉剁成末，放在大锅滚油里炸酥后再放豆腐，这是关键；第二个重点是豆瓣酱、花椒粉末都要用对。虽然四川遍地都出豆瓣酱，但这里需要的是上等郫县豆瓣，花椒粉要选四川汉源的大红袍花椒，现炒现磨成粉，不能买现成的花椒粉；第三个重点是，最好有青蒜苗，而不是以葱、芹菜或别的绿叶香料来代替，尤其要用冬天刚出土的嫩蒜苗；第四是豆腐的选择，四川厨师认为四川的豆腐最好。当然这是地域偏见，全国的豆腐都可以，问题在于豆腐的老嫩程度，既不能太老，更不能太嫩，含水量要在40%左右，有豆香气息，这样成菜后才好吃。

材料备好了，开始制作麻婆豆腐。用滚热的菜油，炸酥牛肉末，炒豆瓣酱，等香味散出后，浇上一勺牛骨头汤，实在不行水也可，把豆腐放进去，开锅后改小火，勾薄芡，这样煨出来的豆腐更入味。豆腐熟了之后，撒上花椒粉，再次勾薄芡，最后撒青蒜末，再一次勾芡。前后三次勾芡，都不是放浓浓的芡粉，主要为了巩固味型（本篇做法为简化版）。豆腐本身无味，需要靠这些连接物，把牛肉的酥香、豆瓣的酱香，还有花椒的香、蒜苗的香和豆腐团结在一起，最后滚烫地端上桌。这是一道适合配米饭的菜，有时索性直接盖在米饭上，香味四溢。

传统厨师讲这道菜，需要有八个特点才算好吃：麻、辣、烫、鲜、香、酥、嫩、整——"整"讲的是豆腐不需要反复翻动，而要保持完整性，以便各种食材的味道通过整合也都到了它的身上。

制作步骤

① 豆腐切成2厘米见方小块，然后放入煮好开水的锅中，加部分盐焯熟后捞出，放入清水中备用；

② 将豆豉、小葱、姜、蒜都切末，青蒜苗切段；

③ 炒锅内放菜籽油烧热后，先放入豆瓣酱炒散，再放入牛肉末翻炒，待肉末变金黄色时，放入干辣椒粉、豆豉末、姜末、蒜末继续翻炒片刻；

④ 接着在锅中放入黄酒及部分花椒粉，加入约20毫升水，煮2分钟左右放入豆腐块，盖好盖子煮4~5分钟后加入酱油、青蒜苗段、剩下的盐，以及水淀粉，并用铲子的背面轻轻翻炒，因为水淀粉的存在容易粘锅；

⑤ 当豆腐块开始在锅中颤抖时，撒入葱末、剩下的花椒粉，盛出装盘。

化简单为神奇的贫民智慧

最早的时候，这道菜也是一道小店的家常菜。传说在成都万福桥边有家小店，老板早逝，只剩下脸上有麻子的老板娘，专门提供饭菜给苦力和过路的菜农。因为客人多为穷苦阶层，吃不起什么大菜，有的人索性自己买了豆腐和老板娘说，你看着帮我做一个豆腐，我拿来当菜，只买你的饭当主食。老板娘剁碎牛肉末，起油锅，大锅烈火，铿锵有力地把一碗热乎乎的豆腐做好，端上桌，能让一人吃几大碗饭。

这道贫民小吃能够成为标志性的中国菜肴，大概还是因为里面蕴含着烹饪的基本道理——简单食材配合美味辅料，就能成就美味。事实上，四川地区非常善于用豆制品这种廉价的食物做成各种美味，而且都能配合米饭。比如豆花饭，是把更嫩的豆花配上米饭，浇上辣椒、蒜末和酱油的调料，价格低廉；豌豆汤饭，是将四川特殊的黄豌豆煮得稀烂，浇在米饭上，一顿饭有汤也有味道；还有数不清的豆腐干的做法。说起来，四川这种化平常之物为主食的做法，在不少历史悠久的地区都存在，是吃的智慧。

45. 王太守八宝豆腐
金不换汤底

清代才子袁枚有本书叫《随园食单》，记录了他吃过的几百道菜。很多菜的做法未必准确，但至少留下了一份榜单，让我们知道当时曾有其菜，曾有某种吃法，曾有某种做法。里面提到的豆腐菜有很多种，但以王太守命名的豆腐菜却只有一例。

被《随园食单》提及说明这位王姓官僚家庭出品的豆腐菜肴，肯定有独到之处。豆腐是中国人常用的食材，可以单独吃，例如拿新鲜的豆腐，上面撒点盐，空口吃都有股豆腐的清香；也可以混搭简单的食材吃，例如北方人爱吃老豆腐，就是用豆腐沾韭菜花、辣椒酱，外加一点盐，搅拌好后吃掉，吃的是豆腐和作料混合的香气——但南方人会觉得这样做太简单，他们创造了很多名贵的豆腐吃法。

添加众多材料做成豆腐羹，就是其中一种。王太守八宝豆腐，顾名思义就是添加了八种材料，主要是蟹粉（日常可用南瓜蓉代替）、虾仁、海参、火腿（或猪肉）、鸡肉、香菇、笋、豌豆等八种——按季节不同可以稍加更换。将所有的材料都切大小一致的丁，和豆腐一起烩制，最后成菜时往上面撒一些装饰作用的绿色芹菜丁，口味浓郁极了——想一想，有那么多名贵材料在里面呢。

但其实最贵重的还不是这些材料，而是烩这些材料的汤。中国菜讲

① 准备高汤，最好以猪骨和鸡架熬制，且多加材料（比如桂圆、枣等含糖分的食材、白胡椒粒、生姜、贝柱等），大火煮开后小火慢煮几小时，大概汤色熟至黄色时，即成高汤备用；

② 姜切末。取南瓜500克切块，蒸熟后打成南瓜蓉备用。香菇、笋、芹菜、猪肉、海参等全部切成体积差不多的小丁。豆腐切丁时可比前述材料略大一点；

③ 将步骤②切好的小丁（豆腐丁除外）和虾仁一起放入烧好的沸水中，开大火煮30秒左右，再在水中加入豆腐丁，焯10余秒后和其他食材全部捞出备用；

④ 起锅放植物油，烧热后加姜末炒香，再加适量南瓜蓉炒匀，然后加入高汤，待其沸腾后加入步骤③中备好的所有食材，小火煮5分钟；

⑤ 在汤中加适量盐，然后盛盘，撒上少许熟瓜子仁即成菜。

芹菜

笋

嫩豆腐

海参

熟瓜子仁

究用高汤，这个烩八宝豆腐的汤，要把猪骨头、鸡肉、鸭肉、排骨、火腿的筒骨放一锅煮熟，还要提前煮一天备好，汤质不能太浓，也不能太清淡。煮出来的汤略带黄色最好，这样等八宝豆腐成菜时，汤是淡淡的黄色，上面飘一点点绿色芹菜丁，搭配非常雅致。

汤的鲜美之味很重要，过去中国厨师中流传着一句俗话，说的是厨师的汤和唱戏人的腔调一样要紧，要是没有腔调，也就没有戏了。味精发明后，很多厨师会在汤里放各种鲜味剂，但在最高档的餐馆里，厨师还是自己熬制有自然鲜味的汤，用于烹制各种菜肴。

在八宝豆腐这道菜里面，汤极其重要。像海参丁、鸡肉丁（有时也放鱼翅）其实都没什么味道，需要汤来增加味道，但又不能过腻，因为菜里放置很多荤料，容易让人吃不下。所以人们对这道菜的要求是，荤中带素，素中带荤，适合老人食用。很多中国的官府菜都是如此，味道不过于浓重，口感软烂鲜香。据说是因为过去的官员很多是老人，牙齿不好也不喜欢刺激感太重，所以王太守八宝豆腐是按照这个标准制造出来的。

这是最名贵的豆腐羹，但民间也流行着很多简化版。上海地区流行的豆腐羹，是把豆腐切丁，和荠菜或者青菜末混合，加少量火腿末，做成一道热腾腾的汤菜，经常会在客人们酒足饭饱时端上桌子，帮他们醒酒；在以祁门红茶著名的安徽祁门，人们出品的豆腐羹叫"中和汤"——以香菇丁、豆腐丁、春笋丁、瘦肉丁为主要食材，属当地酒席必备。

食材准备

虾仁……20克

猪肉……20克

海参……30克

嫩豆腐……1块300克

南瓜……500克

香菇……20克

笋……20克

芹菜……10克

熟瓜子仁……5克

姜……5克

植物油……10毫升

盐……10克

高汤……200毫升

46. 蟹粉豆腐
蒸拆煸炖，步步为营

自古以来，中国文人在美食上是有一定话语权的，于是在吃蟹这件事上就演变出很多有趣的细节。在江南，主人宴请大家吃蟹时，有一种微妙的仪式感存在于主客之间，类似于"你送我一只蟹，我还你一只整蟹壳"。吃完蟹后客人把完好无损的蟹壳摆好，连细长的蟹爪都没有丝毫破损。此时，主人心里的潜台词无非就是，这蟹得遇知己也算死得其所。

豆腐

螃蟹蒸好以后，要趁热现拆，拆下来的蟹黄、蟹膏和蟹肉最好马上拿去熬蟹粉。

清代江南文人李渔就曾以美学家的姿态，带着极大热情在《闲情偶寄》里记录了热爱蟹的理由，还强调"世间好物，利在孤行"，认为烹饪螃蟹一定不能破坏其形体以及添加油、盐等作料，最好整只清蒸，这样才能保证鲜美不流失。他还反对剥蟹由人代劳的行为，声称吃菱角、瓜子和螃蟹这三样东西，一定要自己边剥边吃才有味道，别人剥的吃起来就味同嚼蜡。

但事实上，关于如何吃，每个人都有自己的偏好，认可自己的方式才正确，因此对李渔这一标准可以忽略不计，毕竟，吃蟹真正应该讲究的品质是时间——按照节气，霜降之后（大约每年10月底）才是吃蟹的最好季节。

所谓秋蟹撩人，对上海人来说，正中心思。每逢菊花盛开的季节，菜场卖蟹的店就会挂出招牌，"阳澄湖大闸蟹"几个字看着颇为闪亮，蟹笼里爬满了青背白肚、金爪黄毛的大闸蟹，一般人都精打细算地算好家里人头，一人两只，一尖（指尖脐雄蟹）一团（指团脐雌蟹），再买相应数量回去。手头宽裕的讲究人家，则跑去做蟹有名气的饭店吃蟹宴，上海蟹宴做得最有名气的是王宝和酒家。

而上宴席吃蟹，就不一定只是清蒸，还会把蟹黄、蟹膏取出，做成蟹粉

后做菜。本帮菜中就有不少蟹粉系列的菜，如蟹粉豆腐、清炒蟹粉等。

蟹粉和当地人常食用的秃黄油类似，都是先蒸煮蟹再拆蟹，只是秃黄油更纯粹，只取蟹膏、蟹黄，而蟹粉则除了蟹膏、蟹黄还会加入蟹肉。炒蟹粉时，有人喜欢用猪油，最好是用猪肥膘，炸好，捞出油渣后下蟹粉、姜汁、黄酒炒。这样的蟹粉厚实喷香，猪油香和蟹鲜交织一体，虽然白口吃略嫌油腻，然而用它搭配面或米饭，实在好味，这是偏浙江的吃法。另一种，则是淮扬菜的做法，不用猪油，用味道清淡的素油炒，然后下姜末（或姜汁）、酱油、盐、黄酒，最后点少量醋。

先说蒸蟹。必须将蟹的一对螯足和四对步足捆扎，使它不能爬动，否则蟹足遇热后会脱落。蒸之前要将蟹身洗刷干净，蒸笼内不宜用盆子盛蟹，否则蟹体内流出的汤水会积存而影响蟹味，水沸后蒸20分钟以内即可。

拆蟹也是技术活，螃蟹蒸好以后，要趁热现拆，拆下来的蟹黄、蟹膏和蟹肉最好马上拿去熬蟹粉（拆出的多余蟹粉可泡在油里，油浸可隔绝空气，保鲜）。煸蟹粉时，先加入适量油，中油温为宜，也就是小火。将蟹粉放入

食 材 准 备

蟹…… 100克

豆腐…… 400克

小葱…… 2根

姜…… 20克

胡椒粉…… 2克

猪油…… 30克

盐…… 3克

生抽…… 10毫升

黄酒…… 25毫升

高汤…… 100毫升

淀粉…… 5克

锅中煸片刻，再放入姜汁。一般人会放姜末，但如果是做蟹粉豆腐，放姜末会影响豆腐入口绵软滑嫩的口感。放生姜汁的同时，喷一些黄酒继续熬煮。

蟹粉豆腐做得好，不光蟹粉要好吃，豆腐也要好吃。一定要选嫩豆腐，又不能碎。因此，豆腐要事先切好，并在沸水里焯过，再放入煮蟹粉的锅里慢炖片刻，此时不要翻炒，勾个油芡即可。

勾芡是南方烹调的基本功之一，因为淀粉汁遇热会糊化，变得黏稠、光润。在做菜接近尾声时，将调好的淀粉汁淋入锅内，可增加菜汤汁的黏稠度，改善菜的色泽和味道。而油芡，就是在芡熟后，再淋入调味油，此时油溶合于芡内或附着在芡上，对菜起到增香、提鲜、油亮的作用。这道蟹粉豆腐就是放豆腐在蟹粉中炖煮片刻后，先放水淀粉勾芡，再在起锅前勾油芡。

最后出锅时，可以淋点镇江香醋。醋会突出蟹的鲜味。江南地区有道素菜赛蟹粉，虽然以蔬食为主要食材，因为在炒好后会加入姜汁和醋，吃的时候，从头到尾都怀疑自己吃到了真正的蟹粉。

总之，在经历复杂又精细的烹饪后，舀一大勺黄澄澄的蟹粉豆腐入口，那种满足感大概也不分什么地域了。

 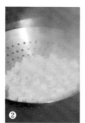 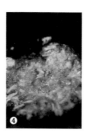 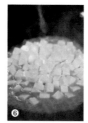

背壳呈黑绿或青绿并有光亮，壳中央凹凸明显呈"工"字形，表明是肉质壮实、已累积脂肪的优质蟹。如颜色带黄，则肉瘦体轻口味差。

制作步骤	
❶	将嫩豆腐切成长宽约 2 厘米左右的小块，小葱和姜切末；
❷	将豆腐块投入烧好的沸水中烫一下，立即捞出沥水；
❸	将大闸蟹 3 只放锅中蒸 12 分钟左右，蒸熟后用工具拆出蟹粉（即蟹肉、蟹膏和蟹黄）；
❹	先将锅烧热，放入猪油，待其受热融化后，下一半的姜末爆香，再加入步骤❸中拆出的蟹粉和黄酒，借着油与黄酒的液体力量，迅速划散开蟹粉，煸去腥味，炒至金黄；
❺	再加入高汤、豆腐、生抽，盖上锅盖，中火再煮 3 分钟左右；
❻	打开锅盖倒入调好的水淀粉勾芡，至汤汁黏稠时，加入少量猪油、盐、胡椒粉，然后淋少许香醋，盛出装盘并在上面撒上葱末。

将河蟹翻身，腹部朝天，若能立即翻身爬行，说明体质较好活力足，离水时间较短。反之则活力差体质弱，或已离水较长时间。

○ 大闸蟹

别名： 河蟹

科属： 方蟹科绒螯蟹属

主要产地： 中国沿海各地都有分布，长江流域产量较大。

营养成分： 蛋白质、维生素、脂肪、磷、钙、铁

外形及选择： 看蟹的品质，先要看它所在水域的水质。除了目前水质较好的阳澄湖之外，选择其他水质好的湖塘的螃蟹也没问题。

饱满的壮蟹，腹部肚脐会突出，膏肥脂满，而肚脐与腹甲一样平甚至凹进去，表明膘体不足。圆脐的雌蟹因背负繁殖后代的使命，性腺成熟比雄蟹早，农历九月前后肉质就开始丰满，此时应该吃雌蟹。而尖脐的雄蟹要在农历十月后性腺才成熟，因此有"九月团脐十月尖"一说。雄蟹的螯足四周绒毛丰满而密，雌蟹相对较少。如果雌雄蟹绒毛均较少，表明体虚无膘，食蟹时机未到。

47.

大煮干丝
呼呼的大火细细的丝

在扬州，厨师进入一家老牌餐厅的面试，总是离不开切豆腐干测试。老厨师都知道，能顺应豆腐干的特性，把一块豆腐干破开成30片或20多片，然后再根据厚薄程度做成大煮干丝或烫干丝，是考验扬州厨师的基本手上功夫。外地厨师往往做不了这种活。

食材准备

火腿……20克
鸡胸肉……50克
新鲜虾仁……10粒
豆腐干（最好出自淮扬豆制品厂）……3块
鲜香菇……10克
虫草花……5克
小青菜心……4~6条
植物油……6毫升
盐……2克
冷鸡汤……1碗约50毫升

火 腿

豆腐干

所谓大煮，指的是用大火，呼呼地烧，让豆腐干的鲜美和那些配料的鲜美短暂融合，也有往里面加鸡油的，使其更加润滑。

相传豆腐这种食品是由汉代的地方王侯淮南王刘安发明，具体地点就在离扬州不远处的淮南八公山，这片区域古称淮扬地区，饮食习惯有某种共通性。但这不足以解释为何扬州地区人酷爱吃豆腐以及一切豆制品。如果深究就会发现：中国传统的优质豆腐生产区一定是水土丰美——水好，外加当地栽种的黄豆质量好，才能出好吃的豆腐，而这些条件扬州这片土地都符合，所以很可以理解本地人以热爱豆制品著称，且这种热爱一直延续到今天。

做豆腐是辛苦的事情，在机器磨豆还没出现之前，人们需要半夜起床，先用石磨把黄豆磨碎，加水令其成为饱含豆类物质的液体后，再经过种种加工，才能做出豆腐、豆浆、豆腐干、臭豆腐等豆制品。有地方谚语形容"世间有三苦：撑船打铁磨豆腐"，说的就是做豆腐的艰难。

扬州当地有很多饭店要求一定用维扬豆制品厂生产的豆腐干做大煮干丝和拌干丝。这种豆腐干比别处生产的一般豆腐干大，一块大概有1.5厘米厚，上面用机器压有花纹，标注了出厂日期和质量保证书的编号，显示出大企业的感觉。在厚、大之外，这种豆腐干因制作工艺的缘故，似乎更坚韧一些。就是这一特点，使这种豆腐干不管用来烫还是煮，都很有嚼头，是当地人喜欢的口感。扬州厨师上北京参加比赛，也要带自己的豆腐干去，因为北京当地的豆腐干即使能切得很薄，口味还是不够好。

在扬州，很多人清晨起来就要吃豆腐干，别的地区，豆腐干基本是作为菜肴存在，一般在中午或晚上的正餐食用，或者作为夜宵烧烤的食材。

当地人一般6点起床，去公园打圈，遛鸟，或跑步，然后7点左右就去各个地方吃早茶，有豪华花园，也有简单的街边餐厅，这是古老城市的遗风。早茶主要是包子、烧卖等主食，但一定还有煮干丝、烫干丝，外加酱菜和咸蛋，饮料则是绿茶。

维扬豆制品厂 ▶▶▶

1949年之前，小小的扬州城就号称有108家豆腐作坊，以应对小城人民对于豆制品的大胃口。之后公私合营，这些小作坊合作起来，变成了维扬豆制品厂，统一生产豆腐。这家豆制品厂直到今天都在。

制作步骤

① 先将豆腐干用刀一层层片开，细心的话片到15片不成问题；

② 将片好的豆腐干切成细丝，在开水里微烫一下；

③ 火腿、鸡胸肉和鲜香菇等各自切丝；

④ 锅烧热，放入植物油，然后放入虾仁将其炒熟，随后将火腿丝、鸡肉丝、香菇丝、豆腐干丝、青菜心和虫草花一起放入，再加进鸡汤，以大火烧开，放入盐，3分钟后关火（若煮过久干丝会太烂，便尝不到这道菜的精华）；

⑤ 将所有材料盛出装盘。

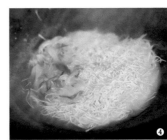

而好厨师一定也是清晨起来处理干丝，而不是头天夜间。这样才能保证干丝的新鲜口感，带有湿漉漉、滑嫩嫩的感觉。所谓大煮干丝，需要切稍微厚一些的片，这个厚度是与烫干丝相对而言，其实也很薄，是我们普通人需要练习才能达到的手艺。1.5厘米厚的豆腐干基本要求切成18片，好一点的厨师能切28片，不能再薄，再薄煮在锅里就会断掉，口感也会干，反而不好。

干丝要先在水里烫一下，也是因为细，如果不烫，在锅里会团成团，不美。起油锅，放虾仁先煸炒一下，然后放鸡丝、火腿丝、笋丝外加干丝、小青菜一起下锅，加鸡汤，大火煮开就可以了。所谓大煮，指的是用大火，呼呼地烧，让豆腐干的鲜美和那些配料的鲜美短暂融合，也有往里面加鸡油的，使其更加润滑，早晨这样一盘煮干丝下肚，一天的蛋白质都有保证了。

青菜

提鲜妙法

这是一道并不昂贵的菜肴，靠的是精致刀工，还有高汤。古老的中国厨房并不使用味精及各种提鲜剂，而是靠鸡或者骨头汤，或者混合汤来让菜肴鲜美。现在很多地方的厨师已经没有这个讲究，但扬州还有，也是因为这个城市的速度慢，厨师更愿意遵循古法。

到了一定季节，也就是6月，这里的大虾长满虾籽的时候，还可以在汤里放大量虾籽进去，一点点黑黑的，看不出什么食物材料，但特别能增加这道菜的鲜美。

现在这道菜在全中国都流行，不少餐厅愿意做，可经常有餐厅在关键时刻露出马脚：一是不用真正的金华火腿，而是选用火腿肠或早餐火腿片，鲜味就没了；二是汤不好，里面加大量味精，所以想要吃正宗的大煮干丝一定还要去扬州。

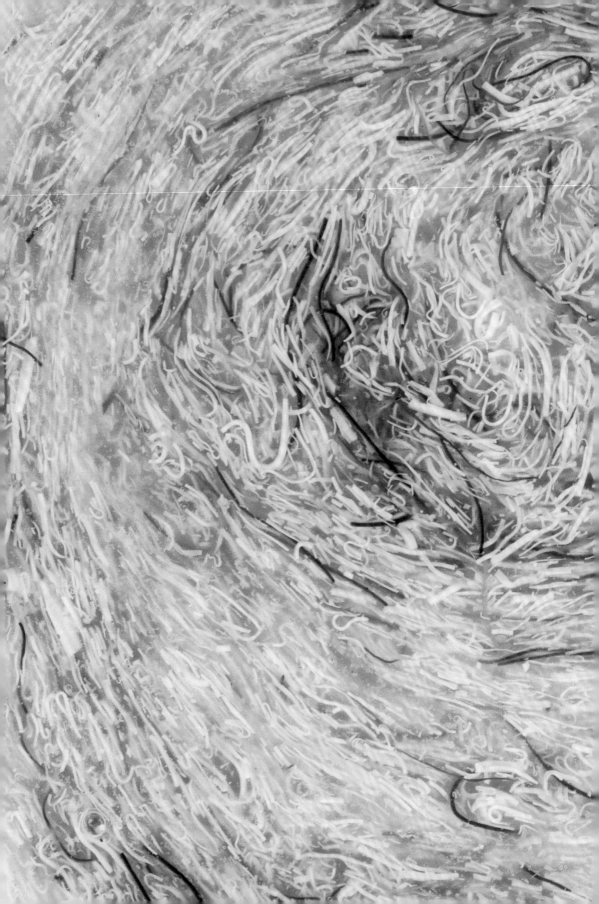

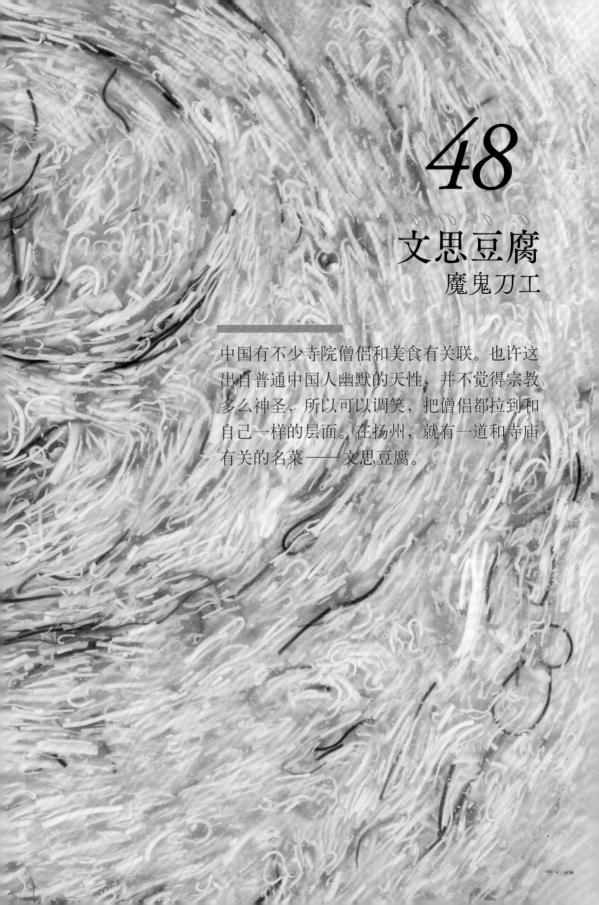

48

文思豆腐
魔鬼刀工

中国有不少寺院僧侣和美食有关联。也许这出自普通中国人幽默的天性，并不觉得宗教多么神圣，所以可以调笑，把僧侣都拉到和自己一样的层面。在扬州，就有一道和寺庙有关的名菜——文思豆腐。

嫩豆腐……1小块约100克

火腿肉……约15克

鸡胸肉……15克

香菇……10克

笋……10克

青菜叶……10克

胡椒粉……10克

盐……10克

清鸡汤……500毫升

说起和寺院有关的菜，最典型的可能是名菜"佛跳墙"。传说寺院的隔壁是一家餐馆，餐馆用小火慢炖了一整夜各种食材，结果隔壁的和尚实在耐不住贪馋，从自己这边的墙头跳了过去，只为喝一口汤。当然，这只是个传说。但在扬州，有两道名菜都和僧侣有关系，而且都有具体姓名，所以听起来更真实，一道是"扒烧整猪头"，一道就是著名的"文思豆腐"。

传说文思是清代天宁寺西园下院的和尚，除了会做菜，还能诗文，所以当时和很多文人交往。记载扬州在清代繁华景象的书籍《扬州画舫录》就提到，文思和尚善于做豆腐羹，还有甜浆粥，看来都是素斋，也说明文思和尚能守住戒律。不过也有别的书籍记载，文思和尚除做豆腐外，还能烹饪海参，不知真伪。清代帝王去扬州，天宁寺是其居住场地之一，说明寺庙里的和尚与世俗生活紧密相连，文思和尚又善于应酬，所以其制作一些荤菜的可能性也有。而流传到现在的文思豆腐也不再是素菜，而是一道半荤半素又清淡营养的菜肴。

在扬州，任何一家大餐厅都有文思豆腐，但这道菜最关键也最有吸引力的地方，不是通过做好的菜观察到的，而是在参与制作的过程中体验到的。所谓参与，就是看专业厨师怎么切豆腐。在扬州专门接待外宾的迎宾馆，一位学徒满三年的年轻厨师为我们演示了这道菜的制作过程。要把小小的2厘米厚的一块嫩豆腐切成细丝，最细的地方要能穿过大头针的针眼，不能不说折磨人。只听见师傅刀切案板不断发出"笃笃"的声音，有人把它解释为敲木鱼的声音，大约是想和这道菜的来源挂上钩。

切豆腐时，切一会儿就要把它们迅速放在水里散开，这样才不会粘在一起，这是切豆腐丝的一个奥秘，很多外地厨师不会做这道菜，也是学习不得法的缘故。在扬州，这道菜也成了考验厨师刀功水平的一个指标。新厨师入门，切个文思豆腐吧，破块豆腐干吧（为大煮干丝做准备）——中国别的地方菜，就没有这个门槛，因为不需要这么精细的刀工。

把豆腐切成细丝，然后用沸水焯一道，去除豆制品的腥味。最后烧这道菜倒是容易，用同样切得

嫩豆腐

制作步骤

❶ 火腿、香菇、笋、青菜等全部切成细丝备用，鸡胸肉也切丝但预先要用烧滚的水焯熟；

❷ 将嫩豆腐切成尽可能细的条，边切边放在水中，使其不易断；

❸ 将清鸡汤加热，把嫩豆腐丝和步骤❶中所有已备好的丝全部放入其中，等它们浮出水面，过大约半分钟到1分钟后，放入盐、胡椒粉调味，然后用勺子搅拌均匀，盛出上桌。

细如发丝的香菇丝、火腿丝、青菜丝加清鸡汤烧沸，这些丝需要都漂浮在汤面上才算成功。这时候，你会看到厨师如何紧张地用勺子轻轻在汤面搅拌，等到豆腐丝全部浮上来，这道菜才能端上桌面。

扬州厨师与刀工

扬州厨师以刀工名扬中国，至于为何要把一块普通的豆腐切成这么细的丝，所有的厨师都无法回答，因为师傅就是这么传授的。还是回到这个城市的富庶传统，因为有大量的富裕阶层，而且有大量的闲暇，食物不仅仅是为充饥而预备，最好还有玩赏功能，所以就有了文思豆腐这类菜。

在扬州东关老街以盐商老宅改造的宾馆里，厨龄二十多年的夏伟师傅甚至告诉我们，切好豆腐三年是不够的，至少需要十年学习。这大概真的是最富裕的城市才有的风俗，只有在一个富裕而且平和的时代，才会有这么多无所谓的要求，比如把豆腐切成比火柴梗还细，比如在看不见的鞋底上绣满花，都是细致的中国功夫。

扬州有很多讲究这种功夫的菜。比如拆烩整鱼，要把鱼骨头都从鱼身体里取出来，皮不能弄破；早晨吃的烫干丝，要把一块豆腐干切成30片；镜箱豆腐，要把豆腐块挖空，里面塞肉，外面不能弄破。这些菜来自历史上盐商阶层的家庭厨师，这些厨师只对各自的主雇负责，而其主雇们互相请客的时候也会一起炫耀彼此家中掌握的种种奇怪的烹饪技术。

不管来历如何，现在的厨师们还在尽力做好这道菜，成熟厨师选择的豆腐不会太小，必须要10厘米以上的长度，那样才能看到细致的豆腐丝在汤里漂浮，切出的丝要比火柴梗更细，这样入口口感才好。尽管现在已经发明了切豆腐丝的机器，但有志气的厨师都不用，说切出来的口感不好。

毫无疑问，互联网渗透并且改造了中国的各个方面，很多以往连电话线都没有的乡村直接接上了网线，使中国成为世界上网民最多的国度之一，也是智能手机应用最广泛的国度。餐饮作为中国人有恒定传统的主题，在这个时代，不可避免被互联网涂脂抹粉，变成了崭新的模样。

2020年3月美国《时代周刊》发布世界抗疫群像，来自中国的外卖骑手高治晓作为唯一的华人面孔登上封面。发达的外卖平台和人数高达300万的外卖骑手已极大改变了中国人的生活。

外卖改变中国

这种影响体现在三个方面：外卖数量成为世界第一；网红餐厅批量出现；网红食物也批量出现，后两者和世界各地没什么区别，但前者却是令人称奇。

21世纪初的十年，外卖业在中国并没有发展起来，主要还是与成本的估算有关。在中国，餐厅并不是利润高昂的行业，即使在上海、北京这样的大都市，在互联网资本没有进入的时候，并没有形成完善的外卖网络，餐厅有时会雇用低价员工从事外卖服务，但基本是批量送达，且以套餐为主，这样利润就可观一些，也是出于成本考虑；广东等地外卖稍微发达，一是受香港地区的影响，二是打工者众多，劳动力竞争厉害。如果没有大量新的资本涌入，中国人还是习惯于外出就餐，因为餐厅众多且距离不远。在大量的中等城市，你出门5分钟就可以找到吃饭的地方。也是出于对口感的追求，人们普遍觉得，在菜刚做好上桌的5分钟内食用它味道最好。所以在很长时间内，中国人接受没有外卖的生活。

资本不仅擅长填补空白，而且擅长无中生有，在互联网资本寻找破局的时代，外卖突然被看重，几家大型互联网公司的介入，使得外卖生意在最近五六年内风起云涌，成为中国餐饮服务业的一大变局。外卖不仅在大城市已经占据主导地位，在偏远省份的小县城，也并不缺乏。还出现了无数专门为外卖而生的新餐厅。甚至有人预言，再过多少年后，你就不用开实体餐厅了，只需要找个空间做菜，然后雇用外卖员就可以——这实在是一个悲惨的预测。可以很负责任地说，外卖来的菜肴，品质肯定低于餐厅出品，唯一的好处是，节约了你的时间，放纵了你的懒惰。

外卖兴起的另外一个影响就是，年轻人越来越不会做菜。有人预测，炒菜这种拥有悠久历史的手艺，将首先在国内大城市的年轻人中失传——越来越多的人依赖外卖，误以为是节约了烹饪时间，但这种节约所换来的时间，大部分也不过是被玩手机消耗。

餐饮外卖分为多个层面。

首先是传统餐厅的外卖，这部分餐厅是资本最青睐的。很多大餐厅是出品稳定、品质可靠的代表，大餐厅的很多名菜进入外卖渠道，等于替互联网公司的外卖渠道起到广告作用。比如一家百年老店的烤鸭可以外卖，一家传说中美味的包子铺不用排队可以外卖，甚至远在10公里之外的你永远嫌弃太远而不想去的好餐厅，也有"全城送"的服务。慢慢地，你就开始犯懒，寻找借口不再出门，哪怕是零星小雨也可以说成下雨不想出门。反正互联网制造了幻觉——最好的餐厅只和你一步之遥。相比而言，这样的餐厅算是不错的出品，毕竟传统老店和连锁大餐厅要保证实体店的名声，也要持续不断地吸引顾客，所以它们的外卖哪怕不太好吃，基本质量还是不错的。

再就是一些不太注重质量的小店，在外卖潮流起来之后，索性用外卖产品当主打。这些小店，在大城市的商务办公区域尤其密布，很多干脆就是为外卖而生，比如用白面馍馍夹肉；用浓厚的酱汁拌面；或者在塑料盒子里放些蔬菜，仓促地挤上色拉酱，

在互联网资本寻找破局的时代，外卖突然被看重，几家大型互联网公司的介入，使得外卖生意在最近五六年内风起云涌，成为中国餐饮服务业的一大变局。

2

美其名曰"轻食"；最恶劣的一种，没有店面，只租了一个厨房，用最便宜的肉类和蔬菜加热后，放进外卖餐盒，批量满足大城市工作者饥饿的胃。这些餐厅的共同特征，是很善于在外卖软件上包装自己的食物，几块廉价猪骨和酸菜做成的汤，可能被称为"祖母的食堂"里烹制出来的汤；几片冰冻半年的薄薄的牛肉片，加些西红柿，可以做成一张漂亮的图，变成只是看上去完美的牛肉面。

依据互联网外卖软件的图片和文字了解这些餐厅，你形成的印象并不是真实的景象。有些店你若看到实际情况一辈子都不会想进去，可它也许是你在外卖软件上的首选餐厅之一。

目前中国的餐饮外卖业之发达，可能已经超过了其他任何一个国家。你可以要求你的送餐员在几点几分送到，你可以只花几元钱就避免雨夜外出，你还可以利用互联网的优惠免费让人帮你送餐，在最小的县城里现在也有外卖服务——中国的食物体系在互联网外卖软件的冲击下，可能会前所未有的巨变，家常菜将面临消失。在外卖潮流里长大的孩子，以后自己组成家庭的时候，可能不再接受长辈"你一定要学会做几道家常菜"的教育，而是非常简单直接地叫起外卖。

绿菜大户
江鲜丰盈
[nán jīng]
南京

迎宾集贸大市场 ▶

科巷菜场 ▶

苏州｜上海｜扬州｜成都｜南京｜北京

如今大部分地区的菜场都有来自全国各地的新鲜蔬菜，种类丰富，不分时节。但在几个特别时节，一些地区的菜场仍以独有资源笑傲而立。于南京，最令人期待的，除了江鲜上市的时间，就是每年2月野菜的上市了。可以说，南京人的生活在时令之间流转。

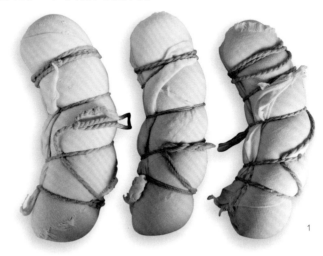

1

1. 豆制品。2. 菊花脑。3. 菜场内外的生意人，无论地盘大小，都透着对于职业的从容娴熟。4. 秤与河蚌。

南京人在这个时节选择花高价买回家的野菜肯定不是太整齐太肥嫩的，因为那多半是大棚产的。香椿头上市时，是带着矜贵身份的，基本上按"两"卖，哪怕是本地产的香椿头也是一斤（500克）一百多元。而荠菜通常是纯真的野生身份，带着泥土和荠菜特有的香气，叶子长短不一，带着卖相不好的黄叶，杂乱地堆放一起，用南京话说，"野地里的"。当地人毫不犹豫买回去，包春卷，包荠菜肉圆。更多是烫熟剁碎，把茶干切小丁，加金钩虾米泡好同拌，是家常菜，也是酒席上常见的凉菜。

南京处于长江边，以前有人常在这乍暖还寒时去水边采芦蒿，它也是菊科植物，有股特殊香气。在南京菜场，能买到的芦蒿多半是摘干净叶子的，因为吃的是茎部，买回去洗干净，就可以炒来吃。秧草、菊花脑、马兰头、豆苗也比较常见，有野菜的摊位都会卖，码得好好的一堆。秧草就是草头，上海有道名菜叫酒香草头，就是用它做的。而在南京，多半用它和河蚌一起做个鲜汤。毕竟，靠长江的南京，河蚌也是常见常食的河鲜之一。

南京的菜场以绿色为主，长年存在各类青菜。二三月野菜季刚过，蚕豆就上市了，很肥很鲜的模样，这时用它清炒做菜很好吃，当然还有种有趣做法，就是将新鲜的蚕豆用棉线串一串加少许盐煮来吃。

2

1.烤鸭。2.萝卜。3.芦笋。4.处理河蚌。
5.肉铺。6.煎包。7.茨菰。

1

2

3

4

5

6

7

❶

❷

❾

❿

和南方其他菜场一样，南京的菜场里肯定有卖早餐，这里的早餐除了包子、面条、烧卖之类，还有牛肉锅贴。点一两样，一顿完美的早餐就很便宜地解决了。南京菜场除了有常见的卤菜点，总有一两家备受周边居民认可的售卖盐水鸭的摊子，当然也有南京烤鸭卖，吃鸭吃得花样繁多，还得是南京。

南京有两大著名菜场，迎宾集贸大市场（改造中，预计2023年重开）和尚书巷菜场。大行宫总统府附近的科巷菜场，也是受欢迎的老菜场，四处可见新鲜、齐全、摆放整齐的蔬食。年轻人喜欢科巷的原因还有菜场专门设立了类似博物馆的陈列橱窗，展示与民生相关的物件，买买买之余，还能穿越一把历史旧时光——只为本地所有的独特生活文化，就这样得到了传承。

民俗老物件 >>>

这些与中国人的饮食生活密切相关的老物件（图❶、❹、❿为科巷菜场的民俗收藏品），大约二三十年前在中国家庭中相当普及，现在也未完全淡出人们的生活，有些甚至被迷恋复古的年轻人重新发掘，当作趣味摆设。
alvinfang、ic36006/deposit、ohhh_photo/Adobe Stock/图虫创意（图❷❸❺）

❶ ·············· 陶瓷提梁壶
❷ ·············· 糕点模具
❸ ·············· 铝制蒸锅
❹ ·············· 提篮
❺ ·············· 暖水瓶
❻ ·············· 陶瓷茶壶
❼ ·············· 陶瓷勺
❽ ·············· 竹制蒸屉
❾ ·············· 搪瓷碟
❿ ·············· 铜锅
⓫ ·············· 杆秤

◎ 市言菜语

▼ 和店主打招呼
老板，多少日子不见了？

▼ 形容东西看上去不错
寄个蛮好！

▼ 问价
洋花萝卜几个钱？

▼ 觉得不太理想，想再逛看
贵唠！旁处看看。

▼ 尝试砍价
啊能便宜点呀！

〔第 **7** 章〕

混七杂八

无论南北，各种请客场面，鸡鸭鱼肉之外，一定还会有一定还会有青菜和甜品。

1-2.京味火锅店桌台一
角。锅底、肉、蔬、小菜、
麻酱蘸料等一应俱全。

中国人的杂食主义

很少有中国人纯粹吃素或者吃荤，一顿饭，一定是荤
素搭配，注重营养均衡的。虽然中国人并没有在自己
的系统里发明出一套现代的营养学说，但因为中医的
影响，他们相信各类食材都有价值。所以，我们的一
顿饭甚至一道菜，往往是杂七搭八，食材原料众多。

1.北京一家专为上班族而生的快餐小馆提供花样繁多的拌菜食材，交一笔不多的钱就可以自选混搭起来。2.四川人享受荤素一网打尽的钵钵鸡。象样你去旅行/图虫创意 3.广西阳朔一家普通的米粉店里，提供可随心自取的青菜汤。

哪怕只是简单吃一碗面，中国人也是要讲究有荤有素的。香港街头的小食肆，再怎么缺少新鲜蔬菜，也会提供"郊区油菜"一碟。新疆街头的小面馆，拌面里一定有洋葱和西红柿。无论南北，各种请客场面，鸡鸭鱼肉之外，一定还会有青菜和甜品——这套复杂的饮食搭配的传统，并不是按规定生成的，其实还是饮食的基因，特别注重荤素搭配。即使只有一个人吃饭，只有一个菜，也会努力维持平衡，做一个荤素搭配的炒菜。所以中国的炒菜特别多，把肉切成丝，把菜叶切成丝，或者把肉类处理成块、末，且不同食材可以在同样的时间长度和火力系统下，均匀加热弄熟。不像西餐，虽然一道主菜可能也会搭配"边菜"，但并非同时加工，味道没那么融合。

一顿相对丰盛的中国式家宴，往往除了主食和主菜，还有许多前菜、甜品，包括一些可以代替主食的菜肴，和西餐上菜的顺序也类似——当然，世界的饮食本质是相通的，不类似倒是奇怪的。看中国传统宴席的上菜顺序，如果规模不大，四五个朋友吃的话，往往是四冷盘、四果碟，这是为前面的饮酒做准备，然后是四热炒、汤菜，有可能汤菜之外加上蒸菜、红烧菜，当然还有大菜，如烤鸭、鱼翅之类，最后是甜品、主食。现在这个传统已经被很多餐厅模糊掉了，往往素菜炒得快，结果比冷盘还先上。但仍有一些地方，比如中国潮汕一带，往往还严格遵守着上菜顺序，冷菜，热炒，大菜，一丝不苟，先后上来，让你依稀看到古老中国的宴席的影子。

尽管古老的宴席不存在了，但很多菜还是留下来，不仅在餐厅，在家宴上也是如此。吃饭时人们经常要喝酒，所以弄出了很多凉菜，有现成的蔬菜，加些调料可以凉拌，也有很多精致的肉类、禽类，被做成各种冷菜，总之不同季节需要有不同风格的冷荤下酒。

比如江南的夏天，会把鸡翅膀、猪蹄子、猪内脏还有大虾煮熟，加入酒

糟和香料混合的糟卤中浸泡一会儿，成为糟菜；北方则把大块猪肉、牛肉还有豆腐干煮熟，放在酱缸里或自家的卤料里，成为酱肉、卤肉，切成薄片用以佐酒。鸡爪子、鸭爪子都是适合下酒的，在四川被处理成辣菜，在江南被处理成糟菜，在北方被处理成酱菜，风味各有千秋。

还有一类腌腊食物在中国南方普遍存在。腌制后的禽类、肉类具有特殊香味，尤其以盐腌制的过程中，食材表面的蛋白质会黏液化，形成一些能增鲜的成分，所以被烟熏过的肉肠、被盐腌制过的鱼肉和鸡肉，在经历风吹晾干之后，会被人们蒸熟切片，用作冷菜佐酒。也有的腌腊食物可以和蔬菜混合烧炒，比如腊肉炒青菜，是中国南方各省普遍存在的风味菜肴。过去是过年时乡村才杀猪，腊味和腌肉可以吃上半年，现在人们吃它们完全是因为美味。

还有一种乡村的宴席，因为要招待几百位客人，所以想到用大碗蒸熟的方式。一般各地都有的八大碗、九大碗，可谓什么食材都有。所有食材全部事先切好、蒸熟，这样上菜最快，保证客人到了就有东西吃。其中有纯粹的荤菜，也有荤素搭配，更有甜菜，比如蒸红薯、蒸红枣糯米饭。说到这里，中国的一桌菜里，还真没有少过甜，中国的糖发明得晚，所以一直被视为贵重之物，中国的甜品不像西方往往是冷食，而是有很多甜的热菜，很多点心和汤菜都是甜食系统。

中国的甜菜，往往能让西方人大吃一惊，比如拔丝类，把苹果、土豆、莲子、香蕉等食物油炸后，放在融化的糖液里面，趁滚烫上桌，然后大家一边拉出糖丝一边吃，热闹。这大概也是中国人很难分餐的一个缘故，骨子里爱热闹的劲头在。

3

49. 全家福
有头有面煮一切

中国最流行的餐厅是什么风味？不算小吃的话，应该是各式各样的火锅店了。锅底做好，等加热滚烫之后，各种荤菜素菜一律放里面涮熟，然后人们趁热拿出蘸着料吃，省掉了厨师的烹饪程序，又感受得到食材的新鲜。但实际上，几十年前，中国并不流行火锅，而流行暖锅。

全家福也是用同样的灶具，把各种上好的食材一层层平铺进去，完全烧熟后再端上桌，客人直接就可以吃，并不用自己动手烫熟——这里面其实隐藏着古老的规矩，在过去，讲究的宴席，或者大户人家请客吃饭，客人动手去烹饪是件不好的事情。

北京有菊花暖锅，一般在秋天时上桌，将盛开的鲜菊花和猪肉片煮在一起。南方则有冬季暖锅，将各种食材切片，紧密地排列在高汤里，煮熟后端上来，不用客人动手。

不需动手的一方只是讲究地吃饭，包括吃螃蟹。如果是苏州蟹宴，上来的都是各种剥好的蟹肉制成的菜肴。如果是整只螃蟹，也是有厨师或者服务员上手，帮助客人剥开放在碟子里，客人要做的只有吃。

后来随着服务观念改变，自己动手逐渐流行，不再算是失礼，但暖锅在长江三角洲一带还是被保留下来，尤其在扬州这样的城市。无论是婚礼、过生日，还是年节，都有这道菜，甚至夏天也有，完全打破了我们对这种热气腾腾的菜肴应该冬天才上的猜测——原因是这道菜的名字"全家福"，听起来特别吉祥，所有重要场合大家都喜欢吃，而且一定第一道呈上，所以又叫头菜。

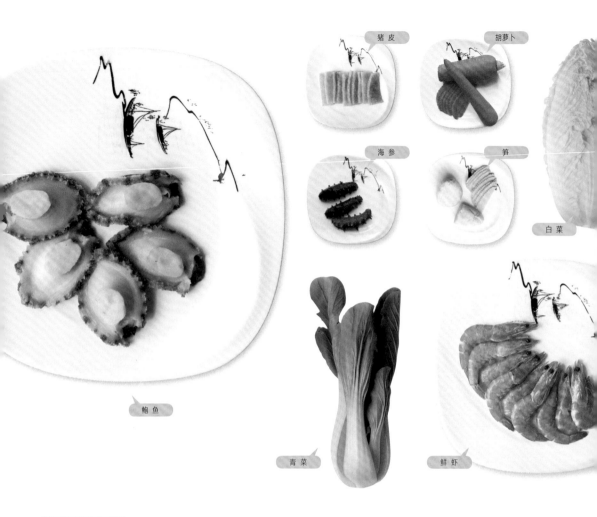

猪皮

胡萝卜

海参

笋

白菜

鲍鱼

青菜

鲜虾

食材准备

包好的蛋饺…… 10 只

火腿…… 100 克

猪肚…… 100 克

泡发的猪皮…… 100 克

鲍鱼…… 5 只

鲜虾…… 5 只

海参…… 4 只（还可根据心情添加泡发鱼肚、手工鱼丸等）

各类蔬菜分别 100 克起（如青菜、胡萝卜、笋、白菜、西兰花等，切片或切小块）

胡椒粉…… 10 克

盐…… 20 克

高汤…… 1000 毫升

这道菜属于烹饪特别简单，但吃起来很好吃的菜，原因有两个：一个是汤鲜美，中国的高明厨师会说"厨师的汤，唱戏的腔"，尤其在味精发明之前，好的厨师和高档餐厅，都需要常年备有各种高汤，用于烧菜。在扬州，高汤分清、淡、浓若干种，材料无外乎母鸡、火腿、猪骨头等，熬制方法不同，也用于不同的菜肴。另一个原因是，全家福里面加的都是好东西，海参、鲍鱼、猪皮油炸后再泡发的皮肚、鹌鹑蛋、鱼圆，素菜则是根据时令放进去各种当季鲜物，比如春天的笋片、夏季的菜心，还有泡发的各种蘑菇，因为杂七杂八，所以民间也有把这道菜叫"杂烩"的，听起来不好听，可喜欢的人还是很多。

全家福在长江三角洲的大城市很常见，但很多城市放在春节时吃，比如上海。上海的特点是里面一定要添加蛋饺 —— 用鸡蛋摊成皮，里面包裹猪肉馅的饺子；还有爆鱼，说是爆鱼的甜味可以让汤变鲜美。杭州则一定要加手工打的鱼丸，采用纯粹的鱼肉，不添加任何淀粉，靠手的搅动让肉质变得特别嫩，入口即化。

❶ 全家福的食材处理和制作费时较长，如果买市场上做好的半成品会快速许多，但最好还是自己制作，比如剁碎猪肉，摊好鸡蛋皮，将猪肉馅裹在鸡蛋皮里做成蛋饺；比如将鱼块用香料、盐、糖、酱油腌制后下油锅炸熟；比如用水发好猪皮，切成碎块；还有鱼肚（鱼鳔，经晒干制成），泡发也需要付出时间和耐心；

❷ 材料都准备好后，取黄铜火锅，在锅底先一层层放满素菜（事先切成片或小块），然后把各种荤菜食材如火腿、猪肚、猪皮、鲜虾、鲍鱼、海参等依次放好（根据需要可整只放入，也可切片或切块），摆成一幅画或随意堆放皆可；

❸ 加入高汤，保证汤浸过荤菜食材即可，然后加盐、胡椒粉。可在将锅初步加热后上桌，并保证下面一直有加热工具。在煮制过程中，香味逐渐飘散出来是一种诱惑。

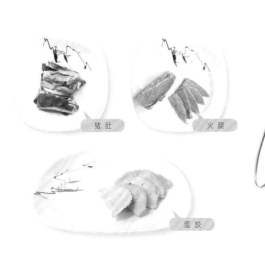

猪肚　火腿

蛋饺

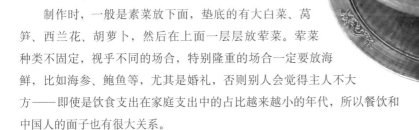

　　制作时，一般是素菜放下面，垫底的有大白菜、莴笋、西兰花、胡萝卜，然后在上面一层层放荤菜。荤菜种类不固定，视乎不同的场合，特别隆重的场合一定要放海鲜，比如海参、鲍鱼等，尤其是婚礼，否则别人会觉得主人不大方——即使是饮食支出在家庭支出中的占比越来越小的年代，所以餐饮和中国人的面子也有很大关系。

　　但好吃与否在于往里加的汤，如果喜欢清淡，加清鸡汤；喜欢浓郁的，加骨头火腿汤。夏天人们往往要求清淡些，是添加清鸡汤。这些食材堆积在锅里，各种味道融合，很容易让鲜味叠加，每个都沾染上别的食物的味道，成就一份大菜。煮的过程中可以不断加汤，等食物吃完后可以喝。最后要加的是胡椒粉，扬州人比较喜欢吃它，微香微辣，增加整个汤的风味。

　　虽然全家福有粗有细，都不难吃，但好的厨师还是强调，最好自己处理一切食材，不要买市场上做好的，包括泡发鱼肚、泡发猪皮。自己处理得越是干净，最后整锅就越美味。

鱼块碗

三鲜碗

50. 八大碗
有荤有素蒸一切

中国人对数字有莫名的寄托，很多数字被认为带有吉祥寓意，这些数字也常用在和吃有关的地方，比如四喜丸子、红烧四宝、八大碗、九大碗。数字与吃构成了紧密的关系，包括和吃有关的餐桌也叫四仙桌、八仙桌，但其实，中国很多数字都有吉祥含义，从一到十都有相应的吉祥说辞，所以不要特别当真。

蹄筋碗

竹笋

食材准备

江阴八大碗之三鲜碗

火腿肉……50克

肉饼……50克

干贝……20克

新鲜竹笋……50克

茶树菇……100克

金针菇……100克

植物油……20毫升

盐……20克

高汤……150毫升

八大碗、九大碗指的是中国民间通常的请客模式，无论是在北方还是西南，乡村宴席上常按照既定的流行规则，上八碗或者九碗菜，久而久之，各地形成了自己的特色。这些菜荤素搭配，高贵的主菜有海参、燕窝，普通的也要保证鸡鸭鱼肉，数量最好是八大碗，或者九大碗。这个名目在中国普遍流行，核心显然是以多取胜。中国民间重视婚丧嫁娶的礼仪，请客吃饭如果只有两三道菜未免寒酸，四五道也不够丰盛，八九道就比较正式了，所以各地根据自己的食材特点，出品了各种八大碗——有全部是荤菜的，也有包含一两道素菜的，也有每道都是荤素搭配的。各地贫富不同，对食物的理解不同，也就诞生了各种模式的八大碗菜肴。

比如四川乡村可以吃到的一种八大碗：主菜有粉蒸排骨、红烧鸡块、咸烧白、莴笋烧肚条，还有七七八八的荤素菜肴，其实最后上来的绝对不止八碗。看来在富庶的天府之国，八大碗只是代称，代表了请客的诚意，甚至路过的普通人给结婚的新人交一份份子钱后，也可以加入吃流水席的宾客中。这些菜有个最显著的特点，是专门的民间厨师的露天工作产品，而不是在既定的厨房烧制——八大碗其实有专门的烹饪团队。

这些在乡村烧制菜肴的人，专门服务于民间宴席。他们有专门的卡车运载烹饪工具、各种食材，也有专门的宴席桌椅提供。无论去多偏僻的山村，都能一时半会做好若干桌菜肴，专门和固定的餐厅抢生意，属于流动宴席操

蘑菇碗

炖鸡碗

蹄苞碗

洋菜碗

卷鲜碗

办者，这也体现出八大碗的最典型特征——上席的很多菜是蒸菜，可事先准备好半成品，省火又省人力，进一步加强了自己的竞争性。

　　本文介绍的八大碗，来自江苏省江阴市，一个出品长江三鲜的城市。春天时，这里有刀鱼、鲥鱼和河豚可以吃，但八大碗显然属于更朴素的菜肴，和江鲜不太沾边。这里从民国开始流行八大碗，最多的时候，有几百支制作八大碗的队伍，大户人家请客，八仙桌只坐三面，六个人吃八个菜，以显丰盛。

❸ ❹ ❺

制作步骤

❶ 将鲜笋切成薄片。火腿（刮去表面黑皮）用水煮熟，或者直接蒸熟，然后切薄片。肉饼切薄片。干贝发好，撕成细丝；

❷ 将金针菇、茶树菇洗净，放在碗底；

❸ 在碗的上层放置干贝丝、火腿片、肉饼片、鲜笋片，然后码放整齐，加入植物油以及盐；

❹ 向碗中浇入高汤；

❺ 取蒸锅，将盛有所有食材的碗放入锅中，以大火蒸30分钟即可出锅。不要再放多余的咸味调料如酱油等，因为有火腿打底，整道菜已经足够入味。

江阴八大碗里，有洋菜碗，用安吉的扁尖（笋干的一种，以竹子的嫩芽为原料制成）、金华的火腿，还有带着肉皮的五花肉在碗里排好，一起上蒸笼蒸熟，之所以叫洋菜碗，是因为好看、洋气，火腿和扁尖一红一白，衬托五花肉的红白；鱼块碗里也放南北货，包括火腿和扁尖，腌制过的鱼肉肉质紧密，蒸熟了吃很是绵软，最上面撒绿色葱花；至于蛋皮卷肉末，做成盘状，上面放香菇，这是八大碗之中的蛋卷碗，比较风雅的名字叫"卷鲜碗"，一般家庭不太会做。

其实八大碗中有很多重复，比如三鲜碗，也是用笋、火腿、干贝、金针菇、茶树菇，混合在一起蒸熟。说起三鲜碗，各地有别，靠海边的一般会加海鲜，内陆的也喜欢添加一些海鲜干，如鱿鱼、干贝、虾干之类，再搭配鸡肉、猪肉、笋干等。也许会超过三种主料，在这里"三"只是虚指。

笋和火腿几乎是八大碗每个菜都会用到的最佳配菜，蒸熟后的菜肴味道并不浓郁，而是清淡的，当地人甚至叫"甜菜"，因为不放酱油。他们的冰糖烧肉也算一碗，先炸好肉再蒸熟，并不因为少放了酱油就没有味道，而是有一股淡淡的甜香，像四川菜里的甜烧白。

八大碗里还有蹄苞碗，五花肉经过七道工序，做成花苞的样子，皮嫩肉鲜，和一般的扣肉还不太相同，炖鸡碗则是鸡肉和猪肉各占半碗清蒸而成，里面有少量娃娃菜，为了解腻；江阴八大碗里有少量素菜，但也是荤素搭配，哪怕是一道蒸白菜，也要把肉饼、鸡肉放在上面融合起来。

蘑菇碗则是将蘑菇切成花刀，上面放干海米、葱姜末，加稀一点的酱油，味道清淡。

最后还有蹄筋碗，用猪蹄筋混合鸡肉、蔬菜、笋干而成。基本上所有的八大碗都是三种以上食材的混合，咸鲜口味，并不强调各自口味的不同，而是靠食材的组合，以及汤汁的鲜美度。也因为八道菜口味基本一致，所以在很少有请客上八道菜的，而是挑选着上，看客人数量而定。

做八大碗的一般都是江阴名厨，懂得根据季节不同搭配荤素菜肴。又因为菜全部是蒸成的，以营养丰富、清淡不上火著称，还真是富贵菜。

基本上所有的八大碗都是三种以上食材的混合，咸鲜口味，并不强调各自口味的不同，而是靠食材的组合。

中国菜是不断演进的生命体，很少有某道菜真实流传千年，来自遥远的时代。一道菜一定是在不断的变化发展中成就自己，与世界发生关系——新发明的调味料或烹饪方式，新引进的植物品类，外来的新物种，都会改变菜肴的本质，比如明代引入中国的辣椒，发明不过百余年的酱油，都深刻改变了中国菜。

51. 钵钵鸡
有香有辣的一切

很多中国名菜细究起来，也就一百年左右的历史，还有很多新发明的名菜，横行江湖的时间也就十多年——一代代的推陈出新，保证了中国菜的生命力。在重视饮食的珠江三角洲还有四川盆地，发明新菜的数量最多，这些菜满足了食客们的口腔，更满足了厨师们的创造欲。

钵钵鸡就是如此，这道凉菜从诞生到现在也就十余年——虽然少见于各种川菜菜谱，各家著名的川菜餐厅都有。比起一般碟头装的凉菜，钵钵鸡更有气势，端上来就先声夺人，是一个脸盆——也就是钵钵，里面装满了各种串在竹签上的荤菜素菜，泡在汤汁里，又美味又爽口，吃起来远比那些中规中矩的凉菜要新鲜有趣。

这道菜发明于四川乐山——乐山有大佛，世界著名的历史遗迹。这里的菜肴比起省会成都更活泼更自然，也更民间。很多人说钵钵鸡是从旅游食品发展而来，也许是，但我们已无从调查。这道菜选取新鲜的鸡肉、鸡脚皮，或者一切你喜欢

鸡爪

制作步骤

❶ 备好鸡肉，并将鸡肝、鸡胗、鸡爪肉等也洗好备用（可不必烹饪全鸡，在生鲜超市购买已处理好的部位）。所有蔬菜统一清洗干净，根茎类需切薄片。青椒和红椒切成细圈状，葱切段，姜切片；

❷ 锅中放水烧开，投入约一半姜片、一半葱段、鸡肉类食材、猪肚条（肉类不要煮烂，否则肉质会失去弹性），肉熟后将其捞出切薄片。牛百叶不易熟，可另用高压锅煮好，也切片；

❸ 另起一锅，放水烧开，加入剩下的姜片、葱段、豆腐和各种蔬菜，将后两类煮熟或烫熟。注意把控好每种蔬菜的加热时间，保持食物脆度；

❹ 将煮完后处理成片状的食物一一穿在竹签上；

❺ 现场制作红油。将干红辣椒放在锅内慢慢烤热（不要烤糊），取出后用工具敲碎备用。再将菜籽油倒入锅中加热，然后将热油浇在备好的碎辣椒上做成红油（或淋在现成的辣椒面上），放凉后备用；

❻ 调制浸汤（总量刚没过准备浸泡的食物即可）。将冷鸡汤里调和进青椒圈、红椒圈、花椒末、盐和酱油，再浇入步骤❺所做红油，红油会浮在汤面上，其厚度不要超过一根筷子；

❼ 将步骤❹备好的所有食材放入浸汤中泡5分钟，撒上适量芝麻增香，即可上桌（题图仅展示了其中的鸡爪、木耳、莴苣）。

不喜欢的传统动物食材的边角废料，包括鸡胗、肚条、牛百叶等，煮熟后全部浸在汤汁里——这道菜的灵魂是汤汁，只要汤汁足够好，各种煮熟后的食材在泡几分钟后就会有很好的味道。特别厚的食材，也许需要浸泡得久一些，但半小时就够了，所以这是一道很方便的菜。素菜浸泡时间更短，而且有脆劲，比如莴笋、萝卜、黄瓜等。

店家只要准备好一大盆汤汁，把各种荤素菜肴放进去浸泡就好，不用明火，也不用加热，属于"冷锅"，所以成菜后也被称为"冷锅串串"，在旅游点贩卖很方便。说这道菜从旅游产品中发展而来，还是有道理的。乐山本地的居民只要勤劳，在家准备好汤汁，带若干煮熟的串串去，一天卖几百串，自然就有不错的收入。现在这道菜已经脱离旅游景点，上到各家餐厅里，有厨师给若干大使馆的冷餐会准备过这道菜，受到普遍欢迎，一是因为食物美味，二是因为操作便利。

这道菜的汤汁上面漂浮着一层红油，让人觉得盆里都是油，实际上，油只是表面一层，下面是水、冷鸡汤、葱姜汁、花椒末、酱油等混合物。至于上面这层红油，是四川最普遍的调味料，家家户户能做，但每家做出来的味道是不一样的。烧滚油以后倒入红辣椒末，这个步骤听似简单但其实对操作者有较高的要求——要用尽可能好的食材，让红油充分释放香气。有的人家会加些花椒粒，也有专门在红油之外放花椒油的。这样将食物从盆中拿出的时候，自然会带上一些油，油耗不多而好吃。

这道菜虽然看上去很多红油，但其实并不属于特别辣的川菜，只有五六分辣，一般人都能接受。

食材准备

肉食类：

清理好的健壮小公鸡……1只
牛百叶……5~6片
猪肚条……四分之一块

素食类：

莴苣……5~6片
青菜叶……10片
萝卜……10片
藕……10片
木耳……20克
豆腐制品……5~6片

调味类：

葱……10克
姜……10克
干红辣椒段（或直接购买辣椒面）……100克
青椒和红椒（可选不辣）……各10克
花椒末……3克
芝麻……10克
菜籽油……300毫升
盐……5克
酱油……10毫升
冷鸡汤……500毫升

52.

扬州咸货
风中的美味

咸鸡

有很多传统食物，被现代营养学界列入
不健康榜单，觉得久吃会造成各种疾病，
可当地人还是照吃不误，原因就在于食物本
身的口味，长期以来造成了某种依赖路径——
让人们一吃到，就觉得是美味。

咸货是很好的美食素材：咸鱼和鲜肉
红烧是绝配；咸肉和笋片清蒸，或者
和鲜肉烧汤，都是美味家常菜。

中国的腌制食物就是这样。因为各地气候不一，所以腌制方法不太一样。扬州的腌制食物被称为咸货，其中最出名的，应该是风鸡，无论中国本土还是海外的淮扬餐馆，都备有风鸡这一腌制鸡肉。大致方法是将不去毛的鸡的内脏清空后，在内部放入盐和香料，包括葱姜，腊月来临时挂在屋外，这时北风劲冽，外面温度只有零下5℃左右，没几天就将鸡肉风干。这种制作过程可一直持续到正月十五之后，天气转暖，就不能再制作了。咸货加盐是为防止食物腐坏，并使食物表层的蛋白质凝结，形成特殊的风味。

挂在屋外或者厨房里的风鸡咸肉是中国食物的典型象征之一，不少风俗照片，或者描绘中国厨房的画作中有他们的影子，但随着冰箱普及，这一场面越来越少见到了。

食用风鸡时，将毛拔干净后清蒸鸡身，把蒸熟的鸡肉撕成丝，便成为一道很好的下酒菜，当地人也用鸡丝来炖萝卜和冬瓜等蔬菜，汤非常鲜美，制作过程中可以任何调料都不加，咸鸡肉的盐度和鲜度，都让调料变得多余。

除了鸡，扬州可以腌制的食材还有很多，包括鹅、鸭、鱼，还有猪肉、猪头等。为本文制作咸货的餐厅，位于扬州郊外——这里是唐代扬州城的遗址，所以一直没有发展工业，都是小农户，也许就是因为这样的地理环境，造成当地农民善于用传统食材制作美味。这家餐厅是做农家乐起家的，后来

制作步骤

① 将风鸡腿切成小条，大约1厘米宽。鸡骨头切碎，不用太小块。去掉莴笋的叶，只保留茎，去皮后切成滚刀块；

② 将鸡腿、鸡骨、生姜片、花椒一起用冷水煮开，撇去浮沫后改用小火慢煮半小时左右；

③ 待鸡肉熟透，汤色微微泛白，保持小火微滚状态，然后将莴笋块放入汤中。改大火，等莴笋熟透即可盛出食用。因为风鸡中已有大量盐分，不必另加调味料。

咸鸡腿肉

腊肠

咸肉

因为腌制的食物特别受欢迎，索性开了饭馆，专门腌制各种食物。他家每年腌制食物的时间为三个月，从小雪节气开始，就将各种食物处理干净，将鸡按上文所说的方法处理，50公斤鸡肉需要2.5~3公斤盐，50公斤猪肉则要3~3.5公斤盐。盐会选择颗粒粗大的大青盐，鸡和猪基本选择农家以谷物饲养的，将后两者清洁干净后，在外面撒满盐粒、香料。除一般香料外，他们家还会放很多大料，鸡挂在屋外五六天即可，猪肉则是七八天，之后放入冷库储存——主要是害怕走油（食物内的油脂渗出或因挥发而消失），出现一种不好的变质的气味。

这里的咸货是很好的美食素材：咸鱼和鲜肉红烧是绝配；猪头肉切成薄片，可以和青蒜苗一起炒；咸肉和笋片清蒸，或者和鲜肉烧汤，都是美味家常菜。餐厅老板还屡屡被请进大宾馆，专门给重要客人烧菜，因为宾馆厨师做不出他那种风味。本来这些咸货，是当地从过年吃到春天的菜肴，吃完就要吃新鲜菜了。可现在因为冷库提供的便利，变成了一年四季可吃的菜肴——因为好吃，人们也不管健康与否了。其实很多菜肴，偶尔食用不会特别不健康，就像炸鸡，偶尔吃几次，并不会怎样。

他家的咸鱼烧肉，讲究用半肥半瘦的猪肉切成块，配合鱼类烹饪。草鱼或者青鱼被腌制后变成了红色，和猪肉恰好一红一白，加上绿色蒜苗，成菜非常美观。难得的是味道异常鲜美，鱼的蛋白质被盐改造，鱼肉的形状变成一丝丝，而猪肉吸收了咸鱼的鲜味。这不是一般的新鲜烧鱼肉可比拟的。吃到时你就能明白，为什么当地人冒着不健康的危险去吃这道菜，因为值得。

食材准备

咸鸡咸鹅类食物既可蒸熟后切块切丝食用，也可切块后和别的动植物原料红烧、清炖，这样能放大食材的鲜香，让成品菜有不一样的风味。

风鸡腿……1只
鸡骨头……若干
莴笋……1根
花椒……2克
生姜……3片

咸鸭

在中国，从古至今举办宴席时，都有先上咸菜后上甜菜的排列顺序，传统的甜菜肴多是甜味的汤羹、蜜汁、拔丝等。其中拔丝是北方传统甜品的烹饪技法之一，山东是它的发源地。

53. 拔丝苹果
多金小甜心

《聊斋志异》作者蒲松龄，原籍山东，曾在《聊斋文集》中提到"而今北地兴撷果，无物不可用糖粘"，大意是现在北方地区流行用糖做拔丝果，没有什么食材不可以用来这么做。因此拔丝菜的花样很多，除了最受喜爱的拔丝苹果外，还有拔丝山药、拔丝红薯、拔丝金枣、拔丝香蕉等。

不过，拔丝菜走出北方地区的时间比较晚，大约是在清末民初，先是出现在天津、江苏、上海的饭店，继而逐渐影响另外一些城市，真正成为不限地域的流行则是在20世纪八九十年代。中国民间宴席通常是以本地菜为主，但厨师们也如优秀设计师一般，不仅有自己的特色，也懂得把握流行趋势，会添加少许时髦菜品作为噱头，借此表达主人家的诚意和实力。于是，在宴席将末时，就会端上一盘金光灿灿、造型浮夸的拔丝苹果或拔丝香蕉，以及一小碗凉水。客人夹一块时会拉出缕缕金丝，蘸个冷水，入口甜而脆。而品尝者，也终于不再限于北方地区。

中国菜还有个规律，很多经典菜的烹饪其实并不完全遵从古法，不同时代的厨师会根据当代食客的口味需求对之适当调整、修改。但这个变化是缓慢的，大约一百年才让人明显感到确实发生了变化。拔丝苹果也不例外，20世纪50年代，鲁菜大师王义均就为这道传统甜菜添加了一道挂面糊的程序。

拔丝菜的花样很多，除了最受喜爱的拔丝苹果外，还有拔丝山药、拔丝红薯、拔丝金枣、拔丝香蕉等。

玉米淀粉

苹果

以往，做拔丝苹果就是把苹果切块，裹上面粉直接下油锅炸。但这样炸出来外形不美，且容易脏油。厨师是最懂精打细算的，王义均受粤菜厨师的启发，将面和淀粉按特定比例调成糊，在苹果表面挂一层后再用油炸，由于油炸时温度比较高，粉糊受热后会立即膨胀形成一层保护层，使苹果不直接和高温油接触，保持了原有的水分和鲜味不流失。由此，拔丝苹果不仅外形更加好看，口感也更为酥脆。

这道程序通常是针对水分较大的食材，比如苹果、梨、橘子等。像土豆、红薯等淀粉含量多的食材可直接下锅炸，不必挂糊。

好的厨师不止能做好菜，他们的技艺由师傅所授，之后又因受雇于东家，服务于大众，在内外淬炼与影响之下，往往具备了很多技巧，以保证自己的江湖地位不倒，传承得以延续，这种情况下，他们烹饪的菜可以既美味可口又很经济。比如，如何切苹果就是拔丝苹果的重要技巧之一。好的厨师能够只用一个苹果做成偌大一盘拔丝苹果。减少耗损的方法就是，取一个苹果，将其平切成小长条，去掉苹果条的尖头，内核也弃之不用。

A 拔丝面糊·食材准备

面粉…… 125克
玉米淀粉…… 40克
泡打粉…… 2.5克
酵母粉…… 2.5克
水…… 250毫升

B 拔丝苹果·食材准备

苹果…… 1个
调好的拔丝面糊
面粉…… 20克
色拉油适量（因需油炸，至少300毫升）
绵白糖…… 150克

A 拔丝面糊 · 制作步骤

① 在面粉中倒入玉米淀粉，然后加水并搅拌。水不能一次性加入，需少量分次倒入，搅拌片刻后再倒入；

② 加入泡打粉、酵母粉，再进行搅拌；

③ 搅拌完毕要检查面糊的状态。最好的状态是稠得有拉劲，用筷子拉起时可呈一条直线，整体质感看上去很润，没有疙疙瘩瘩感。

B 拔丝苹果 · 制作步骤

① 将苹果改成1厘米宽、3~4厘米长的条状，盛入碗中备用；

② 在苹果条上撒少许面粉，搅拌片刻，再把苹果条倒入已经备好的拔丝面糊内，稍加搅动，让面糊在每根苹果条上都分布充分、均匀；

③ 取炒锅烧热，倒入色拉油，将挂好糊的苹果条放入油锅中，炸至金黄色后，捞出锅沥油备用；

④ 锅内留少许油，下白糖，以大火迅速将糖炒化，然后撤火；

⑤ 利用锅的余热，继续用筷子将糖炒至微黄，待起泡时下入步骤③中炸好的苹果条，迅速翻勺，使糖液均匀裹在苹果条上，然后盛出装盘。

用淀粉将苹果条拌一下，淀粉会吸取苹果表面的水分，再挂面糊。最后放入油锅里稍微一炸，炸成金黄色即可。

用糖与炒糖

拔丝的重点除了面糊的比例，还有炒糖时的火候。把握好火候才能保证成菜色泽金黄，滑润光亮。我们通常有绵白糖和白砂糖两种选择，而制作拔丝菜最好选用绵白糖。因为绵白糖中含有20%的转化糖，转化糖能抑制糖浆熬制过程中的晶体形成，影响糖浆在形成无定形玻璃体时的亮度和脆度，最终影响到拔丝菜的出丝效果，而拔丝菜追求的是光亮效果。

通常，做拔丝苹果的糖量是一个苹果需要一汤勺量的绵白糖。其实，糖的量与食材是有比例之说的，切成块和片状的食材，用糖量为食材重量的50%；而条、丸状的食材，用糖比例为其重量的30~40%，食材需要挂糊则糖量可多些，反之则少些。

炒糖是关键。将锅擦净加油，中火加热，放白糖不断搅动，使其受热均匀。炒至呈淡黄色时，锅边泛起小白泡，此时立刻放入苹果，翻裹均匀，颠锅帮苹果均匀裹上琥珀色、明灿灿的糖汁，即可出锅装盘。

这道菜成菜后会被迅速端上桌，与菜一同出现的还有一碗冰水，客人夹起一块，同时拉出*丝丝缕缕的金丝*，在冰水里蘸一下，苹果即刻形成一层金色琉璃状态的糖壳，入口时口感酥脆，很能为宴席助兴。

绵白糖与白砂糖 >>>

白糖分为两大类，白砂糖和绵白糖。白砂糖的主要原料是甘蔗，含蔗糖95%以上，产地为南方，有纯正的蔗糖甜味，除直接食用外，也是工业用糖的主要品种，适宜做蛋糕等高级糕点。而绵白糖的主要原料是甜菜，主产地在北方，质地绵软细腻，结晶颗粒细小，口感更好，在生产过程中喷入了2.5%左右的转化糖浆。绵白糖最宜直接食用，因融化快，味觉上会感觉甜度大于蔗糖（白砂糖）。另外，甜菜糖可用于葡萄酒的制作，但甘蔗糖不能。

54. 糟货
大佬最爱开胃菜

上海本帮菜是以郊区川沙的农家菜为基底。
川沙曾隶属江苏，1958年划归上海。而曾经
纵横上海的青帮大佬杜月笙是川沙人，所以
传说他极爱吃上海本帮菜里有名的传统菜糟
货，应该不是空穴来风。

糟货，其实就是将荤菜或蔬菜，比如毛豆之类煮熟后冷却，倒入糟卤汁中卤几个小时后变成的冷菜。其中最有名的一道传统菜糟钵头，就是用糟卤来制作猪舌头、大肠、猪肚等。按照老上海人的理念，吃糟货，糟一放，就香了，没有被糟过，这些猪肚、毛豆之类就没有味道。而闻不到糟香的夏天，是极为不正常的。

糟醉食物究其根源，还是典型的江南特色，因为它是黄酒之乡绍兴的发明。绍兴人和黄酒打了上千年的交道，很会用酒制作食物，糟、醉食品全是他们对酒的充分运用。中国人用谷物酿酒历史很长，在秦汉时期，酒料就已经作为调味品被用于膳食中。到了晋朝，盛产鱼虾的江南地区，当地人已经学会使用糟来腌制蟹子以赠送给北方的宾客。到了唐宋时期，糟醉技术被衍生使用在肉类、禽蛋、水产乃至蔬菜等食材上，尤其南宋时，吃糟之风大兴。在当时的都城临安，也就是今天的杭州，有卖糟蟹、糟猪肉的食铺，并且这些食物已成为江南民间普遍的家常菜了。

至于糟醉技法什么时候传入上海，目前缺少确凿史料，有说是在清朝咸丰年间。到了上海的糟醉技法并不是一成不变的。

糟卤的基础是糟泥，糟泥是酿黄酒后剩下的东西。福建菜里著名的菜肴佛跳墙，最传统的做法一定是用盛过黄酒的陈年酒坛，黄酒的香味早已浸入酒坛。糟泥是不可直接使用的，而是在需要时，取出适量再加上已兑好盐、花椒、葱、姜的黄酒和匀，继续浸泡，二次发酵，让其升华成香糟卤，之后再裹在细纱布里，慢慢吊着滴出澄净的琥珀色液体，也就是香糟汁。以细纱布过滤杂质的过程，专业讲叫"吊糟"。吊糟的时间略久，基本要吊一天才能全部滴出来。再将煮好、切好的猪肚、虾或者毛豆、竹笋等放入吊好的香糟汁浸泡，不同原料浸泡时间不同，毛豆等蔬菜浸泡两小时左右，而猪肚之类就略长一些，三小时为宜。

因为香糟汁对温度要求比较高，必须在0~4℃间放置才能保存久一点，时间太久或温度过高就会发酸，所以每次只能用多少做多少。很显然，做这

猪肚

毛豆

蛏子

鲜虾

❶ 小葱切段，姜切片；

❷ 先从需要糟制的食材中选出不易煮烂的种类，放入盛有冷水的锅中（通常先煮肉类食材，如蛏子、猪肚，后煮毛豆之类易熟的蔬菜），加入小葱、姜片、料酒和盐开火煮。水开后再煮15分钟左右，然后将食材捞起过凉水，接着放入冰水浸泡约10分钟，这一步骤会让猪肚等肉类的口感偏脆；

❸ 若是较大体积的肉类，如猪肚，从冰水中取出后可切成薄片（或小段）。再将切好的猪肚片、虾仁、毛豆等放入香糟卤中浸泡。不同的原料浸泡时间不同，毛豆等蔬菜宜浸泡2小时左右，而猪肚等肉类的时间就略长，以3小时为宜；

❹ 在香糟卤中完成浸泡后，将食材捞出摆盘，最后可适当浇上些许卤汁作为点缀。

道菜非常费工夫，可以说很体现中国菜的工艺。至于浸泡什么并不重要，上海人认为但凡能吃的食材都可以这样做，如虾、鸭、鸡翅、鸡爪、毛豆、笋、猪肝、猪蹄、猪肝等，统一称为"糟货"。糟货大多是在夏天吃的，天热，人的口味变得寡淡，需要有酒香无酒味的糟货来把胃口打开。糟香入骨，带着调料的咸鲜，让食材风味大变，每个毛孔都透着鲜美。

　　早些年，讲究的饭店都是去绍兴买来坛子装好的香糟泥，一坛子约15～20公斤，一次买个十坛八坛，存入仓库或者封好埋入地下，越久越香。每次用时取出一些糟泥，和好用纱布过滤，那时装面粉的棉布袋是最好的过滤工具。民国时期，开在上海恺自尔路93号的黄全茂，是糟货做得最有名的店，还有一家有两百多年历史的人和馆，它们都集中在当时的八仙桥一带，也是上海滩糟货云集的地方。之所以这两家名气最响，是因为酒糟味道醇香。追溯一下，老板用的糟泥是从绍兴买来的、制作上乘黄酒剩下的糟泥。酒好，糟自然是香的。当时吊糟是不用再加花雕酒、黄酒的，就用清水，也无须添加其他。当然，现在这些店都不存在了。

　　如今，我们做糟货一般用上海老大同牌的香糟泥，加入黄酒、花雕酒浸泡，再耗点时间吊出糟汁。具体方法是以绍兴黄酒1.5公斤加香糟泥300克、白糖200克、盐40克、小葱4根、姜50克、花椒10克充分拌匀，密封静置7小时后搅动一次，第二天用细纱布过滤，慢慢吊着滴出澄净的琥珀色液体，也就是香糟汁。吊糟的时间略久，基本要吊一天才能全部滴出来。但家庭自己操作的量大，一次性使用不完，建议直接购买现成的香糟卤，比如上海宝鼎天鱼或是鼎丰牌的香糟卤，但肯定没有用糟泥慢慢吊出来的糟香。

糟熘三白 >>>

糟汁的使用也出现在鲁菜、京菜里，比如糟熘。糟熘是将质地软嫩的主料经改刀处理，腌制，上浆，经滑油或焯水的方法加热至成熟，然后及时将糟香卤汁加热勾芡增稠，再与制好的主料翻拌在一起。最著名的菜就是糟熘三白。三白是鱼片、鸡片和玉兰片。据说相声大师侯宝林当年只要一到泰丰楼，就必点这道菜，而且只要鳜鱼、鲤鱼、草鱼等常见鱼类统统不许出现。这道菜使用的糟汁在烹饪时比其他调味品比如醋更容易挥发，火一过，至为关键的糟香味就会挥发消失，因此很讲究火候。在1981年的《丰泽园饭庄菜谱》里，特意用"熘"字，想必是为了强调掌控火候在这道菜里的重要性。

55. 百香果牛奶羹
果蛋奶喜相逢

百香果

中国人不爱吃奶酪，但是也有各种牛奶
制品的菜肴。比较出名的有广东地区的
炸鲜奶，把牛奶和淀粉、蛋白混合，变稠
后切块，然后下油锅炸制；北方地区则用米酒
和牛奶蒸成酪，但并不是家常食物，而是一种名贵甜
食，传说中出自宫廷，现在在北京很容易吃到，相比
冰淇淋口感更嫩滑，价格也更便宜。

食材准备

牛奶……300克
蛋清……3枚鸡蛋的量
百香果……3只
酒酿……55毫升

鸡蛋

这道百香果牛奶羹也类似北方的宫廷奶酪，但做法不太一样，
要在牛奶里添加一点蛋清，比例为3∶1，先打匀蛋清，再兑进去3
倍量级的牛奶，然后放在小盅里，放锅上蒸熟，10分钟即可，这样
可保证牛奶的嫩滑和香气。放在上面的百香果汁，是为了给这道甜品
增加果实的香味，也可以加别的水果酱，如蓝莓酱、苹果酱，都可以。

在中国过去的宴席上，需要准备四干果、四蜜饯、四道甜品。不像
西方宴席是最后上甜品，中国的宴席里随时会上甜品，有甜汤有甜菜，甜
汤比如说银耳莲子羹、橘子羹等，甜菜有拔丝苹果、拔丝土豆等，这道百香
果牛奶羹，也是一道甜菜，只不过是比较高等级的甜菜。

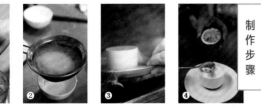

制作步骤

❶ 将酒酿用搅拌机打成糊状；

❷ 打碎鸡蛋，只取蛋清，然后将蛋清与酒酿糊混合，拌匀后以滤网过滤掉粗颗粒；

❸ 将过滤完的混合物加入牛奶，搅拌均匀，放入小盅内，一起上锅蒸10分钟即熟；

❹ 蒸完取出小盅，放凉后浇上适量百香果汁，增加食物的芬芳。

纽约曼哈顿唐人街的中餐馆招牌。
RR/AdobeStock/图虫创意

过去十年，世界范围内的中式餐厅经历了巨大革新，不再是孤悬于海外的老派怀旧之所在，而是变成了与中国食物革新齐头并进的新餐饮试验场。

中国之外的中餐馆

　　这无疑是受到了全球化进程的影响：一方面，越来越多的中国公司向海外拓展业务；另一方面，海外的中国移民不断增多，他们既是新的海外中餐厅的消费者，也是新派食物的制造者。

　　曾几何时，天津菜和杂碎（英文译名chop suey，主要是将粉丝、白菜、鸡肉、豌豆等素材混搭烩制而成）是中国菜在海外的代表。据考证，杂碎起源于广东四会，是当地一种杂菜美国化之后的结果。在很多年里，这种简单且使用大量番茄酱的食物，就是中国菜的代表；而天津菜和天津面，作为中餐菜品的另一个代表，则在欧洲和日本的港口地区流行，这显然是因为天津是中国北方重要的对外贸易口岸，其餐饮方式也跟随贸易的脚步向外输出。只是海外中餐馆里的所谓天津菜，在天津本地是吃不到的，无论宫保鸡丁还是上面堆有厚厚酱汁的面条——类似的中国食物还有左宗棠鸡、扬州炒饭，都是出于奇怪的机缘出现在海外，在中国反而难以找到同类。

　　总而言之，海外的中餐馆在21世纪前，还保留着浓郁的唐人街风格，要不就是码头风格，都属于不太正宗的产物。全面革新要从2000年左右开始：一种是真正的移民餐馆，走低档路线，在大都市可以低频次看到，往往橱窗里堆积着塑料餐盘的菜作为广告。主要厨师是中国温州、福建等沿海地区的移民，餐单里有肉类和鱼类，且尽量将其切成块状，是西方人可以看懂的中餐。汤则是酸辣汤，主食为面条和炒饭，都属于快餐，像中国版的肯德基和麦当劳。调味以中式作料为主，不过为了适应西方人的口味，做了不少改良。客人以当地居民为主，还有去往海外的中国人——在不少西方国家的著名商场附近，就有这样的餐厅，服务于前来购物的中国旅游团。

比上面所说的去处高档一些的餐厅也出现了不少。比如巴黎老佛爷百货附近有专门的中餐厅，里面挂着中国女星巩俐和许晴的照片，据说那儿是她们最喜欢光顾的餐厅。菜单做了西餐式改造，前菜也就是中国的凉菜，有凉拌黄瓜、蒜泥白肉，热菜则有宫保鸡丁、榨菜肉丝还有红烧鱼块、番茄炒蛋，都是中国常见的菜，不分南方北方，很能勾起中国人的乡思。深夜一碗榨菜肉丝汤面的温暖，的确可以抚慰连续多日吃着沙拉和烤肉的中国胃。

中档类型的中餐馆，与唐人街那种含混的中餐厅彻底两样，是新移民出现的结果。餐厅背后的主人多来自中国大城市。他们最初在国外开餐厅，不完全是为了谋生，也是为了满足同乡、朋友或者越来越多出现在海外的中国人的胃口，于是利用超市里的中国食材，开设了这种温暖的中档小餐厅。要知道，在物流不发达的时代，一份麻婆豆腐也是需要认真准备材料的。

新中餐涌现

随着中国移民增多，尤其近几年，新派的、更高档的、按地区区分菜式的中餐厅开始流行，广泛地在欧洲、澳洲和美洲出现，且不再局限于大都市。意大利佛罗伦萨可以吃到非常正宗的中国口水鸡，里面的辣椒分小米辣、青红椒还有四川特产的二荆条辣椒等不同种类；在丹麦哥本哈根可以吃到沸腾着端上桌来的水煮鱼，鱼身下垫着豆芽，味道醇厚到让食者怀疑自己身在中国成都；在匈牙利的布达佩斯可以吃到甜酸可口的东北锅包肉——毫无疑问，是中国各地都有新移民移往了世界各地，导致中餐样式和水准在海外不断有新突破，不再是传统模样，而是跟随着中国国内新菜式的脚步，要知道，水煮鱼在中国国内也只有二十多年的历史。

除了中国移民，也有越来越多的外国人加入制作新中餐的行列。很多国外的高档中餐厅是中国餐饮界管理者和国外资本合作的产物。于是一些装饰时髦又充满创意的中国菜开始出现，有豪华的大菜，如北京烤鸭，可能用浸泡过玫瑰花瓣的水，让鸭皮显得更加金黄；有小吃，比如西安肉夹馍、四川担担面，使用来自中国陕西的烤馍制法、中国四川的花椒，但制作者也会根据当地人的口味，适当降低辣度或者麻度，那种美味中有坚持，也有屈服，与在中国本土吃到的还是有差别。不过不用遗憾，这已经是标准化的中餐了。

地球村的概念出现已经许久了，但海外中餐厅与中国本土餐厅的微妙差别，还是存在在那里，也许这才是最有趣的地方，乡愁永远不能在几千公里之外彻底满足。

▶ 朝内南小街菜场 ▶ 三源里菜场

白菜不是
唯一的蔬菜
[běi jīng]
北京

苏州—上海—扬州—成都—南京—北京

北京以前是有四大菜场的，虽然有些还存在，但也经过了翻新。最早的菜场是建于 1902 年的东单菜场，名为东菜市。不夸张地说，它的出现是北京人购菜方式的一次变革。因为在早些年间，北京和中国大部分地方一样，没有专门卖菜的场所，菜贩子通常是挑着扁担或推着小车在胡同里叫卖。

5

6

1

2

3

4

第二个菜市场是西单菜场，它在西单北大街路西，舍饭寺东口一处空地开办时，已是 1919 年左右。因为是露天，四周用木板临时围了个圈儿，里面是一间间摊店。除了一间卖海味的叫"聚兴成"，雇了十来个伙计，其他规模都不大，皆为小本经营。除了卖萝卜、扁豆、白菜、韭菜等蔬菜外，还有鱼、肉、海味和豆制品，也直接给大饭庄和饭馆做批发。

到了二三十年代，这里以货全鲜活出名，当时的大饭庄，比如什刹海的会贤堂、金鱼胡同的福寿堂、护国寺的同丰堂以及西长安街一带的同春园、东亚春等，都来此采买。当然，现在已完全看不到西单菜场的痕迹，原址修建了西单君太百货。

另两个菜市场朝内菜场和崇文门菜场分别建于1950年代和1970年代，北京本地蔬菜品种有白菜、韭菜、油菜、菠菜、萝卜、香菜、芹菜、黄瓜、茄子、山药、冬瓜、扁豆、茴香、倭瓜及辣椒、葱、蒜等。冬天也会有暖棚火炕产的黄瓜、茄子、扁豆、韭菜等。而南方的竹笋、海参，关外的蘑菇、木耳、鲟鳇鱼，渤海的黄花鱼、带鱼等都能在北京菜场上买到，只是一开始数量不那么丰富。由于西式饮食的影响，清末时，马铃薯、洋葱、甘蓝、菜花等蔬菜，在京郊就有种植，供应外国人或西餐厅使用。

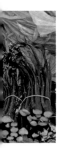

8

9

10

11

7

1920年代末，这些蔬菜开始逐渐为普通市民接受，在菜场中才有销售。

当然大部分季节里，北京菜场的蔬菜还是比较单一的。本地人或许不觉得有缺失感，但对移居到北京的南方人而言，却是很难接受也不得不接受的现实。南方菜场里常见的蔬菜，在早期的北京菜场几乎无踪影，比如茨菰这种水生植物直到1990年代末期，北京才有卖，当地人不识，菜往往被无意瞥见的南方人包圆，通常这时一旁的本地人都会好奇询问，这是什么？怎么吃？一时教人很难给出答案。茨菰味苦，南方人买来肯定要和肉类一起炒，吃法上就不一定能获得赞同。尽管南菜北调，已失新鲜，物依然以稀为贵，聊胜于无。

当代作家，高邮人汪曾祺在1940年代末期移居北京，在文章里多次提及北京菜场的变化："北京人很保守，过去不知苦瓜为何物，近年有人学会吃了。菜农也有种的了。农贸市场上有很好的苦瓜卖，属于'细菜'，价颇昂。北京人过去不吃蕹菜，不吃木耳菜，近年也有人爱吃了。北京人在口味上开放了！北京人过去就知道吃大白菜。由此可见，大白菜主义是可以被打倒的。"

有些南方蔬菜慢慢也是有人卖，但数量稀少，有些也不对味道。比如荠菜，南方菜场卖的肯定是野地采的，个头矮小，有着香味，而北京菜场的荠菜多半是种植的，叶大，毫无香气。很多情况下，南方人到了北京市场，很多菜需要重新校正名字，因为同样的蔬菜，南北方叫法不同，比如马铃薯，北方叫土豆，南方叫洋山芋；圆白菜是北方叫法，也有叫卷心菜的，南方人叫包菜，四川的叫法很文艺，叫莲花白，诸如此类很是考验人。

1.黄心菜。2.红心萝卜。3.平菇。4.紫甘蓝。5.专售干果炒货。6—9.北京的菜场正出现越来越多各地的特色产出。10.调味品。11.新鲜松茸。12.三源里菜场丰盛的进口奶酪制品，满足了京城众多"国际胃"的需求。

12

1

3

4

5

2

北京还有一种菜场，叫早市，基本上就是社区集中的区域，在空地或是居民区夹着的窄巷子，自发形成了一个只在早晨出现的集市，蔬菜、水果、日杂、熟食应有尽有。人们在这里或推着自行车或走路，左顾右盼挑选着食材，坏境嘈杂又秩序井然。北京的老居民是喜欢逛早市的，哪怕有些区域的早市仅限周末早晨，他们笃信"早市蔬菜新鲜"。当然，另一个重要因素是便宜。由于马路菜场是在空地上自发形成，没人收取摊位费并维持秩序，这里卖菜的人通常来自不同地方，有着不同口音，菜卖得便宜又粗犷，常常是一堆菜几元钱，不让挑选，有需要就给钱直接买走。虽然无人管理摊位，摊贩们也是讲规矩的，谁都不去占别人的位子，很有契约精神。

大概从2005年开始，很多菜场逐渐消失了，市区只剩下几个主要菜场，早市多半也被取消。到了2015年左右，德胜门、前门、西苑等一系列大中型农贸批发市场、菜场，逐渐外迁。

而在北京菜场消失的大潮中也有例外，朝内南小街菜场和三源里菜场是例外中的佼佼者。地处东四南历史文化街区胡同之间的朝内南小街菜场，非但没有消失或变成连锁超市，反而在街道、产权单位、规划设计专家的多方合作下，升级改造后重新开放，算是拥有了"第二春"。

朝内南小街菜市场里透露的，算是比较本真的老北京生活状态，蔬菜种类除了常见的青菜、芹菜、大白菜、西红柿等，也有了很多南方蔬菜，多了荠菜、蚕豆、毛豆等。和南方菜场把生意做得细致又贴心不同，北

6

7

8

京一般只卖毛豆，少有摊贩卖剥好的毛豆米，但朝内南小街不同，有剥好的干干净净的毛豆米卖，比其他当地菜场灵活多了。

　　而位于亮马桥附近的三源里菜场则代表着北京的另一面，只有在这里很多人才肯抛弃哀怨，觉得北京还是个国际化都市：三源里菜场出售种类丰富的菜品，除本地物产外，供应大量偏异域的蔬食，还有异国的调料、水果、奶酪、牛排、海产等，通常都是精品。走在市场中，你可以看到不同肤色的人在摊铺前讨价还价。摊贩和他们都是用流利的英语交流，而且对自家货品无比熟悉，也无比骄傲。毕竟，他们想吸引的买菜人是重视生活质量的人，多半也是居住在这个城市的中产阶级。

　　总体来说，北京的菜场自有特色。虽然在移居者尤其南方人看来，它们并没有家乡菜场种类丰富，显得那样鲜活。但北京毕竟是中国最大的都市之一，可以说，居住在此的人有着不同的生活背景，而此地的菜场形式也是多种多样，有朝内南小街这样传统的菜场存在，也有三源里菜市场这样有着丰富异域蔬食的菜场存在。而更多日常蔬食的购买则是通过社区菜场、大型超市包括精品超市、便利店或网上的生鲜平台完成，总有解决需求的方法。

1.三源里菜场的摊主在狭小空间里发展出一流收纳术。2.蛋类。3—5.三源里菜场的进口面食、奶酪制品、调味料、零食供应可能是全城最丰富的。6.专售牛羊肉。7.可以入馔的各类花草。8.汇集东亚、中东、欧洲等地豆米品种的专营店。

◎ 市言菜语

▶ 和店主打招呼

老板，忙着呐！今儿生意咋样？（或者，吃了嘛您内？）

▶ 形容东西看上去不错

今儿这（读 zhèi）挺水灵的啊！

▶ 问价

怎（『么』字吞音）卖啊？

▶ 尝试砍价

呦，这（读 zhèi，『个』字吞音）有点高了，我再瞅瞅吧。

觉得不太理想，想再逛逛看

便宜点吧，您再给减点儿？

感觉缺斤短两

呦，您这不压秤啊！（哎呦喂，您这短点吧？）

好味关键词

附录 [二]

炊具与餐具

根据自己的烹饪需求、习惯和条件，选择适合的炊具与餐具。

锅　一般而言，家里如果经常做菜，最好准备各种尺寸与材质的锅，方便随时取用。平底锅，可以让油很快热起来，适用于各种方式的煎炒。如果你希望少油，就更应该选择平底锅来煎炒。如果用于炒菜，除了可以选传统的铁锅，也推荐西式铜锅，因为受热快又均匀。

有时候我们需要油炸食物，此时就要用足够深的锅，至少让油没过所炸的食物，且不费油，而浅的平底锅不能满足这一点。

蒸锅&蒸屉　在中国蒸食物，某些地区的传统做法是在锅上放上尺寸合适的竹制蒸屉（蒸屉大小以边围正好卡着锅口为宜），每一层屉都带着孔，让锅底的蒸汽接触食物，一般蒸之前在屉上垫一层棉纱布防止粘锅，再放上包子、馒头、蒸饺之类。但后来有了更现代的蒸锅，一般为铝制、高度可观的大锅，带有一层或几层有孔的蒸屉。

压力锅　也叫高压锅，有独特的高温高压功能，可大大缩短做菜时间，一般用来炖含骨头的肉类，但对营养的破坏也大，如果时间充裕，还是用传统砂锅慢炖较好。

厨刀　中式厨刀种类分得很细，比如切片刀、斩骨刀、文武刀（也叫斩切两用刀），再精细点，还有剔骨刀、桑刀等。

我们最常用的是文武刀，长方形，刀刃长度在15～30厘米之间，20厘米左右的最普遍，还有一段长约8厘米的圆把，刀片厚，开锋角度大，可用来切菜、剁肉、切片、刮皮、去鱼鳞，一般家庭使用率比较高。取文武刀之名，大概是它能切菜也能剁肉，几乎可以胜任所有工作。

在售卖猪、牛、羊等肉类的摊点常可看到斩骨刀，刀片大、厚且沉，用来砍断骨头等。还有用来片北京烤鸭的切片刀，长而窄，刀片通常为5厘米左右宽窄。而剔骨刀刀刃长度一般为12~15厘米，因刀身细长又轻薄，可以很好为生肉去骨，还可以处理禽类及鱼类。

铲子 也叫锅铲，炒菜时常用的长柄铲子，方便翻炒食材。建议炒锅使用金属铲子，平底锅尽量使用木质等铲子，避免刮坏锅底。

漏勺 勺子形状，但中间有很多小孔，一般用于捞取汤水和油锅里的食物。

炒勺 现代家庭使用炒勺的机会较少，以前使用传统大铁锅时，自然配一把大铁炒勺最合适，而现在炒勺多半被用于中餐厅的厨房。后厨里常见大厨手拿大炒勺，尤其对需要经过宽油滑锅（做菜时使用大量的油，令锅底均匀沾到）处理的菜肴。另外，炒菜过程中需要添加各种调料品尤其液体类调味品时，一把炒勺就是一个计量器。

餐具 中国人家里常见的就是盆、盘、碗、碟、筷。盆多半盛放带汤水的食物；盘用于汁水少的炒菜；碗一般盛主食，也可以用来分装汤水；筷子使用频率就更多了，吃饭、夹菜是基本功能，炖肉时还可用筷子捅一下，看看肉是否熟烂。煮面条时，用筷子叉起，面盛到碗里可依然保持整齐形状；而碟基本用来盛调味料，吃菜时搭配的蘸水，吃鱼虾蟹等使用的醋汁都用它来盛。如果是在宴席上，一般客人面前都会有一双筷子、一只碟和一只碗，此时碟的用处是放吃剩的骨头、壳等。

中式调味料

中式调味料在人们口头也称为"作料"，作用是增加菜肴的风味。有的情况下，有些调味料同时也作为配菜存在，比如葱。来自不同地域的调味料，就算品类相同，比如醋，其制作程序和呈现的口味也不太一样。

调味类

大豆酱 也叫黄酱、豆酱，北方地区统称大酱。大豆酱的生产原料为大豆、面粉、食盐和水，经过制曲和发酵等过程制成。优质大豆酱一般呈现为有光泽感的红褐色，有很浓的酱香味。它是常用调味料，适用于爆、炒、烧、拌等烹调方法。

江南一带也有一种黄豆酱，是用大豆、食盐和水发酵制成，但颜色呈土黄色，十分黏稠，还能见到很多黄豆在里面，一般用作配粥的咸菜。而在潮汕地区，他们的黄豆酱制作工艺和模样与江南地区的黄豆酱类似，只是颜色更鲜亮，用作三餐的搭配或潮汕火锅的蘸料。

黄酱 黄酱也是我国传统的调味酱，它和大豆酱的区别在于，在制作过程中，黄酱是黄豆加入面粉再发酵而成，呈红黄色，有浓郁的酱香和酯（有机化合物的一种）香味，咸甜适口，用于蘸、焖、蒸、炒、拌等各种烹调方式，也可佐餐、净食等。

干黄酱 干黄酱自然是干的黄酱，还是一种深褐色固体，食用时必须先用水化开，不能直接食用。

豆瓣酱 和其他黄豆制作的酱一样，只是不同地区使用的原料、制作方法不同，因此最终呈现也不一样。但常识中一般认定豆瓣酱就是四川郫县（今成都市郫都区）用蚕豆发酵制作的豆瓣酱，一年陈的豆瓣酱相对年轻，是红褐色，颜色鲜亮些；三年陈的豆瓣酱色泽更为深褐感。豆瓣酱被称为"川菜之魂"。

甜面酱 一般以面粉、盐和水为主要原料发酵而成的酱状调味品，甜中带咸，有酱香。这种酱在北方比较普遍，北方菜系中常见的酱爆、酱烧菜，如"酱爆肉丁"等都会用它。北方地区吃大葱、黄瓜、烤鸭时用来蘸食的也是这种酱。

酱油 一种由大豆发酵酿制的传统调味料，在中式烹饪中使用频率非常高。超市能买到各类酱油，分生抽、老抽、酱油、豉油（两广一带的说法）几种。生抽色淡味道鲜美，适合做拌凉菜或炒菜提鲜。老抽则多用于做红烧类菜以及烹饪深色菜肴。严格来说，豉油与酱油还是有区别，前者所用的主要酿制原料是黑豆，成品的颜色也较酱油黑一些。另外还有一种复合型的酱油"味极鲜"，一般用于烹饪或凉拌，主要是增加菜肴的鲜味，颜色也比较浅，可以替代生抽使用，烹饪时要在菜即将出锅前放入。

蚝油 很多人认为蚝油是一种油脂，其实不然，它用蚝（牡蛎）熬制，是广东传统的鲜味调料，历史也就两百年左右，但在广东地区使用非常频繁，以至于在传统粤菜中有用它来冠名的菜肴，如蚝油鲜菇牛肉、蚝油青菜、蚝油粉面等。

蚝油不适合高温或是长时间加热，这样会破坏蚝油中的营养成分和鲜味。通常是在炒菜炒熟关火时，趁着锅中余热加入蚝油，短时间的低温加热会让蚝油的味道发挥到极致。但它又必须稍加热才能散发香气及裹附食材，因此适合用来炒菜，比如在炒菜心、菜薹和菇类蔬菜时使用，更显鲜美风味。另外，大家都习惯打开一瓶蚝油后，就将它和常用调味品一样放在厨房，但实际上，蚝油打开后需要放入冰箱冷藏。

味精 味精是调味料的一种，主要成分为谷氨酸钠。先是日本发明了味之素，之后中国自20世纪80年代进入高速生产味精的阶段，并在1992年成为世界味精生产第一大国。

可以说味精就是谷氨酸钠。谷氨酸本身是一种氨基酸，天然存在于粮食、豆类、鱼、海藻等食物当中。在这本食谱中，我们并不推荐完全使用味精来增加食品的鲜味。毕竟，肉类、鸡蛋与盐结合会产生谷氨酸钠，不必再添加味精；而香菇天生自带鲜味，海带、鱼类等海产品也有谷氨酸钠，烹饪时也不用再添加味精。

鸡精 鸡精不是从鸡身上提取的，它是在味精的基础上加入核苷酸、盐、白砂糖、鸡肉粉、糊精、香辛料、助鲜剂、香精等制成的，由于核苷酸带有鸡肉的鲜味，故称鸡精。

鸡精、蔬之鲜等复合调味剂比单纯的味精拥有更高的鲜味，因此，大家似乎更青睐这些新型的调味品。另外，鸡精食用的最佳时机是菜肴将要出锅时，但因解性较差，如果不是做汤菜，最好先溶解再使用。鸡精的含盐量是10%，因此在为食物添加鸡精前，注意盐的使用要适量。

盐 中国古时的盐多是用海水煮出来，从源自自然的矿种角度分，有海盐、井矿盐、湖盐三大类。海盐，是指由海水蒸发结晶生产的盐，带有清冽的海水、矿物质味道，用来腌制烤制较厚或难入味的食材效果尤佳；湖盐，是由盐湖中采掘，或以盐湖卤水为原料制成，以大青盐为代表，咸度相对柔和，常做腌制食物用；井矿盐，是通过打井抽取地下卤水制成，入口后鲜味先至，咸味来得很慢，十几秒后口中隐隐有一点回甘。我们现在多半食用的是超市出售的精制盐，比如加碘盐、低钠盐、加硒盐。从烹饪角度，还是推荐购买矿物质含量高、味道也因此更鲜美的自然盐，以海盐为主。

糖 糖分白糖、红糖、冰糖等几种。白糖又分白砂糖和绵白糖两种。绵白糖因为含有2.5%左右的转化糖浆，甜度大于以蔗糖为主、不含转化糖浆的白砂糖。因此，我们习惯将绵白糖作为拌凉菜时的调味料，或在吃糯米食物如白粽子时，直接蘸一点绵白糖。而白砂糖则常被作为烹饪时的调味料，或是做饮料的甜味剂。

冰糖是由蔗糖加上蛋白质原料配方，经处理后重结晶而制得的大颗粒结晶糖，有单晶体和多晶体两种，呈半透明状，可以烹羹炖菜或制作甜点。除了烹饪时食用，中医也认为冰糖有润肺、止咳作用，所以有道著名药膳就是冰糖炖梨。

红糖指用传统做法制成的带蜜蔗糖，保持了甘蔗原本的营养，也使红糖带有一股类似焦糖的特殊风味，除具备糖的功能外，还含有维生素与微量元素，如铁、锌、锰、铬等，营养成分比白砂糖高很多。

猪油及其他植物类油

中国菜的精致之处也在于，不会单纯使用一种油。有些菜用植物油做得更好吃，有的菜用猪油、花生油做得更好吃。比如北京菜里有道麻豆腐，是专用羊尾油烹饪的。

猪油 最好的猪油往往是从菜市场买猪板油回来熬制而成的，比现成的猪油好吃很多。所以，国内很少有现成售卖的猪油，人们基本都是从菜场或超市生鲜柜台买猪板油回来，把它切成指甲盖大小的丁，用锅（最好平底锅或铁锅）加热，令其慢慢出油，炸至颜色比金黄色再深一些时，轻轻挤压它们，关火。倒出猪油在耐热容器内冷却，需要时再拿出来用。而深褐色的猪油渣又酥又脆，一般用来炒青菜。因为猪油渣很香，也有人喜欢拿它当零食解馋。

植物油 市面上植物油的种类有很多，比如主要用于炒、煎、炸类食物的色拉油，有时也可以替换成菜籽油、花生油、大豆油等。如果经常做菜，厨房里也要备有香油、橄榄油。香油也就是常说的麻油，香味浓郁，在中式烹饪中很常见，具体使用参考本书食谱中的提示。而橄榄油可以帮助做凉拌菜、蔬菜沙拉。

包裹料

淀粉　一般而言，中国淀粉主要有玉米淀粉、土豆淀粉等。下油锅前，用淀粉包裹一下食材，可以帮助食物表面受到保护，使水分不流失。一些汤内也可以放淀粉，比如酸辣汤、蛋花汤等，可增加汤的浓稠口感。

面粉　面粉除了可以用来制作面条、饺子皮等主食，早期也作为包裹料存在，比如在炸小黄鱼时，大部分人会先将鱼放入用面粉和鸡蛋、水调成的糊糊里蘸一下，然后再下锅油炸，使食材不至于在油炸过程中散或碎掉。

除腥提鲜

醋　中国的醋不仅有去除腥味的作用，还能提供其他别致的风味。比如用镇江香醋与生姜搭配炒白菜，很容易做出类似螃蟹的味道。但醋的产地不同，味道会有区别，比如山西的醋一般比镇江的醋酸度大一些。

葱、姜、蒜　这三种是中式烹饪里不可或缺的调料，几乎是厨房常备品。

葱在烹饪中既是重要调味料，也是重要配料。一般在炒菜时，先要用葱炝锅。高温会使其产生极其浓郁的葱香味。拌肉馅时，也要在做好肉馅后加入葱末，可提升肉馅的鲜美度。当然，煨、炖肉和鱼等食材时，也要加入葱段，可去除腥味。葱有小葱和大葱之分，使用区别很简单，做南方菜时多半用小葱，做北方菜时多半用大葱，另外大葱味道相对小葱辛辣一些，如果是清淡菜肴，还是使用小葱。

姜在烹饪中有去腥和提鲜的作用。在烹饪鸡、鸭、鱼等肉类食材时，加入适量姜片可以去腥，让菜的味道更醇香。有时，除了加入姜片、姜块，我们还使用榨好的姜汁来调味。扬州有位素菜烹饪大师曾分享过对姜的认知：在肉类食材中使用可以去腥，在蔬菜的烹饪中则可以提鲜，比如当地有道素蟹黄，主要食材是胡萝卜等，但因为加入了姜末和醋调味，入口味道之鲜美，几乎与真实的炒蟹黄无异。

蒜在烹饪时的用途也是去腥提鲜，不仅是肉、鱼类荤菜要加入几瓣蒜，在烹饪一些蔬菜时也要加入蒜，比如烧茄子、烧苋菜。在南方的饭店里，当我们点当季的炒蔬菜时，服务员往往会很专业地问，要清炒还是蒜蓉口味。蒜蓉就是将蒜捣成泥状使用，可使菜肴蒜香味四溢。

料酒　料酒和黄酒是不同的，前者是在黄酒基础之上产生的调味酒，以30~50%的黄酒为原料，添加了香料、盐，并且盐分含量较高，并不适合直接饮用，适用于烹饪肉鱼虾蟹等，可增加食物的香味，去腥解腻。

黄酒　对于烹饪时酒的使用，无论中外都有共识——酒能让菜的味道变得更有深度、更香。料酒在现在中式烹饪中的使用更为广泛，但料酒含盐、香料，因此很多厨师也建议某些菜肴在烹饪时使用纯粹的酒。我们在食谱中如果建议使用黄酒，一般都是特指产自绍兴、使用鉴湖水酿制的黄酒。这也是产自中国的最古老的酒类之一，酒精含量适中，味香浓郁，富含氨基酸。如果建议使用白酒，那应该以粮食酿造的中国白酒为宜。

胡椒　胡椒有黑白两种，两者本质上没有区别，但采摘和处理方式不同。中餐里大部分是使用味道温和的白胡椒，可给食材添加风味，也能去除荤菜的腥味。而黑胡椒与白胡椒相比，味道更辛辣。做酸辣汤时如果希望味道更浓郁，可使用黑胡椒。我们现在做菜时，多使用已经磨成粉末状的胡椒粉。

辣椒　中式烹饪里使用辣椒的频率比较高，尤其在现代人口味普遍偏重的情况下，放点辣椒似乎成为时髦。常见的有干辣椒、辣椒粉、辣椒酱、泡椒、新鲜的朝天椒、小米辣、柿子椒等。具体可根据食谱要求进行，如果炒菜时手头一时没有新鲜辣椒，可使用辣椒酱调味。

香菜　也叫芫荽，它的身份很灵活，既是调味料也是配菜，本书介绍的芫爆菜就以它为主要配菜。江南一带还有一种小菜，就是将香菜洗干净烫熟切成末，加入炸好的花生米、盐、香油等调味，也是一道下酒菜。

其他调味料　中国的厨房里常有一些很特别的调味料，比如花椒、八角、肉桂、茴香等，还有它们的联合体——十三香和五香粉，后两者都呈灰色粉末状，外表很像，实际配料不同。五香粉的基本成分是花椒、肉桂、八角、丁香、小茴香籽。有些配方中还有干姜、豆蔻、甘草、胡椒、陈皮等。五香粉主要用于炖制的肉类或家禽菜肴，或是加在卤汁中增味，或拌馅。

十三香的香味比五香粉更浓郁，因为其中添加了更多种类的香料，如果菜品的腥膻味很重，比如有羊肉，就可以用十三香去腥提鲜，如果腥膻味非常淡，也可以使用五香粉增香。

切法

关于如何切菜，书中菜谱一般都有说明，不过关于切肉，按照自己想法切就行，但要记得与肉的纹理方向保持垂直切比较好，对此一般的说法是"逆丝切"，尤其是牛肉，也适用于其他肉类。

滚刀　滚刀是中国烹饪的专业术语，指将蔬菜原料滚动着，直刀切的刀法，每切一块滚动一次，滚动的幅度取决于我们希望加工出的块状大小，常用于块茎类中的圆柱形原料，比如茄子、黄瓜等。

片　将原食材切削成薄的形状，如片鸭。

中式烹制关键动作

当食材全都备好，我们一般用以下几种烹饪方式将食物烹制成熟，过程颇为讲究，有时略显复杂——某种程度上，它们可以被称为艺术吧。

爆　即用旺火与沸油，对小块食材进行快速烹调的方法。一般是急炒过油，随后放进调味料再翻炒几下出锅。常见的有酱爆、葱爆、油爆、汤爆、芫爆几种，制出的菜肴脆嫩鲜爽。其中汤爆，就是北京的爆肚，将牛肚、羊肚放入沸水中火速煮熟。

汆　又称灼水、拖水。汆既是对食材进行出水处理的方法，也是制作菜肴的烹饪方法，是指将鲜嫩原料放入沸水中快速制成菜。汆菜的汤多半很清鲜，主要食材多半要切成薄片、细丝。

煮　煮和汆相似，但比汆的时间长。有直接清水煮制菜肴和煮汤两种。一般先用大火烹至水沸，再用中火或小火慢慢烹制。我们反对水沸腾后还继续用大火，基本认为这是错误对待食物的方式，此时改为小火慢煮才妥当。

蒸　是以水蒸气的热量使食物成熟，也可作为一种保温方法。传统上，我们吃海鲜、河鲜都是用蒸的方式，认为这样才能保证原汁原味，当然，这也最考验食材的品质。我们还会吃用蒸屉蒸出来的面点，比如包子、馒头等。中国还有一种很家常的蒸制菜——蒸鸡蛋，将几枚鸡蛋打碎，充分搅拌后加上少量盐与水，放在蒸锅里，10分钟左右就可以拿出来，被认为极有营养。另一种蒸食物的方式

多半源于主妇的智慧，就是将一些新鲜食材清洗干净，切成适当大小，比如玉米、山芋、山药、夏天里的茭白等，做米饭时，将它们放置米上，与米饭一同蒸熟。

烤　烤一般很难成为中国家常烹饪的方式，主要是一般家庭难以达到传统烹饪中对烤制食物的设备的要求，这并不是家里是否存在一只烤箱的问题，而是因为中式烤制通常需要炭火，让肉在火炉中缓缓旋转。不过，也有人愿意挑战一下，比如北京厉家菜的传人便讲过，在物资相对匮乏的岁月，他们的父亲，一位应用数学教授，曾因想吃烤鸭，而亲手做一个烤鸭用的铁盒子。最终烤出的肉，表皮光滑，里面鲜嫩多汁。

烧　烧是先对主食材进行一两次炒的动作后，加入汤（或水）和调味料，先用大火烧煮，等汤汁沸腾后再转为小火缓慢烧煮，最终收汁。因为烹调的味道、颜色和汤的量不同，又分为红烧、白烧、干烧等。其中，使用酱油的红烧是最常见的做法，一般适合红烧的食材有：猪肘、带皮五花肉、牛肉（尤其腱子肉或牛腩）、羊肉（通常情况下，并不拒绝带皮）、鸡、鸭、鱼等。采取烧制做法的是慢菜，通常烹饪的时间至少需要两个小时。

炖　炖和烧相似，炖菜要求材料软烂，口味咸鲜，有更多汤汁。除了少数豆腐之类，人们用来炖的食材大多数是肉和鱼。且水一烧开，就要变小火，如果持续滚沸了一阵，肉类食材中的脂肪等融于汤中，汤汁会变得浑浊。一般情况下，如果炖肉和鱼类，需要加料酒，

再加入火腿片或笋片来增加鲜味。

卤 卤和红烧类似，但它的食材更多，操作时间更长，放香料也更多。很多家庭会将鸡、鸭、猪脚等洗净后，放入葱、姜、八角、酱油，可能还有料酒，然后烧煮成熟（根据地区不同，卤汁的原料也不同，有些卤汁不加酱油），这一过程非常漫长，通常要两个小时，捞出可以热食，也可以冷却食用。剩下的老卤，以后可以继续用来卤菜，一般用了三四次后，需要往老卤里继续加些酱油、盐、酒、香料乃至中药材提味。所以在中国，以前是有百年老卤的说法的。

炒 炒是中国最基本的烹饪方法。粗略讲，就是将原料切成片、丝、丁、条、块状，使用大火及少量的油，加上相应的调味料连续快速翻炒。依照食材、火候、油温高低的不同，可分为生炒、滑炒、熟炒及干炒等方法，特点是成品口感滑嫩、脆、鲜。通常先下锅的是肉类，最后下锅的肯定是作为配菜的蔬菜类。炒菜虽然时间快但很能体现厨师水平，比如肉类，口感一定要嫩，因此要优先选择某些特殊部位，比如猪肉选里脊肉最好，而在切成片、丝、块状时，一定要注意垂直于肉的纹理切。当然，也可以加适量淀粉拌一下。

炸 中国菜里的炸更多是备菜步骤，而不是成菜的最终过程。最常见的炸就是将食材切成大小适宜的块（如果是整条上桌的鱼，需要在鱼身上割几道），再放入调好的调味料里浸一下，或者用淀粉、面粉等裹在食材表面，然后放热油中炸。大部分情况下，炸的东西可以蘸椒盐吃。也有炸好后加上调味汁与其他食材进行最终烹饪，那就是另一种烹饪方式了。

熘 也是用旺火急速烹调的一种方法，与炒类似。通常是将加工、切好的食材用调味料腌制入味，然后经过热油快速翻炒成熟，再将调料汁加热勾芡增稠，与制好的食材翻炒在一起，或是将芡汁浇淋在已成熟食材上。可分为焦熘、滑熘、醋熘等。

煎 煎和炸一样，很少是烹饪的整个过程。煎与炸最大的不同，应该就是煎使用的油量较少。人们有时会把面点煮过后煎一下，比如煎饺。也有生的可以煎，比如上海的生煎包子。不过，生煎包子除了有煎这个操作，在过程中盖着锅盖，所以也是由热气蒸熟的。煎过之后，正宗的吃法是蘸着调料直接吃。

干煸 干煸也叫干炒，它的关键之处可理解为"煸干"，即通过油加热的方法，使食材的水分因受热外渗而挥发，呈现出"煸干"之效果，在干煸的同时加入调味料，会有风味浓缩之感。最常见的干煸菜就是干煸四季豆。

涮 涮，专指使用一种北方火锅，比如人们常说"涮火锅"。如果家里有炭火铜锅，就可以放入清汤，将汤煮沸后，夹起几片削得薄薄的羊肉片放入滚汤中，一般也就需要几秒时间，肉一变色就取出，沾用芝麻酱、香菜、腐乳汁等调配而成的小料食用。

焯 也叫焯水、飞水，是将初步加工的食材放在开水中加热至半熟或全熟，取出备用。带腥膻气味的肉类食材往往需要焯水，并去掉血沫。

凉拌 中餐的凉拌与西式沙拉的做法类似，如是蔬菜可能要先焯一下，煮个半熟状态再切好，但很多也并不这样，比如黄瓜、白菜可生吃。再用酱油、醋、香油和少量糖、盐等调成个人喜欢口味的调味汁，浇淋在食材上。

腌　腌菜在中国是非常重要的存在，是人们将新鲜食物保存起来，以待之后慢慢食用的方式之一。不同地区都有独特的腌制品，蔬菜、肉类、蛋类都可以成为腌制品。以往在冬季时，大家会买上很多白菜或肉类，抹上粗盐一层层放入坛子里，最终压上大石头，经过一段时间腌菜就做好了。虽然现在知道腌菜吃多并不好，但人们吃东西除了追求经济实惠，还追求风味。腌制品中除了盐腌食物，还有酱菜和用米糟做的糟制品。四川泡菜也是腌制品的一种，做泡菜的关键之一是要用颈上有环形水槽的坛子，放入白菜、萝卜、辣椒、盐、凉白开后盖好盖子，再往水槽中灌水，将碗倒扣在坛口上，比起无水槽的坛子，这样可以更彻底地杜绝空气进入坛内，保证卤水不变质。

熏　人们常把熏制法用在鱼、鸡和香肠这类食物上。熏的时候一般用烟的热气使食物受热，使之带有烟熏香味。现在我们常说的熏，多半指湖南、湖北、江西、四川等地的熏肉制品。当然，熏肉与产于江苏扬州一带的风干制品又不一样，以后者的风鸡为例，是趁刚宰过的鸡体内不凉，用花椒、粗盐涂抹鸡身内外，抹好后，把鸡头插入翅下刀口，再将两翅两脚合拢，用麻绳紧紧捆扎，最后将鸡吊于风凉处风干，一般一个月后就可以食用。

烩　烩菜在中餐中往往作为大菜出现，尤其年夜饭里的烩菜，内容齐全，寓意吉祥又丰富。将事先处理好的若干种食材放在汤中，通常只进行简单的汤煮，这一过程叫作烩。上

海菜中的全家福与东北乱炖都是烩菜一种。

煨　煨，与炖类似，但比炖需要的时间更长久，通常做法是将食材用开水焯烫后，放砂锅中加足适量的汤水和调料，旺火烧开撇去浮沫后，改小火长时间加热，直至汤汁黏稠，食材完全松软成菜。为使汤汁浓稠，一般要选富含蛋白质和风味物质的动物性食材，比如牛筋、海参、鲍鱼、干贝、火腿、牛肉等，以切大块为主。如果原料含脂肪太少，可适量加油煸炒，使油脂在煨制过程中在汤中乳化。另外，一般选择在陶罐中封闭煨，因此原汤要足，中间不要加水。封闭罐口后需用小火，在2～3小时内让汤始终保持沸腾状态并不能溢出，最终成就的汤汁白、浓、鲜，食材酥软。

爆　爆是鲁菜中常用的烹调技法，也是较复杂的一种，指在烧煮基础上将汤直接提浓或收干成菜的烹调方法。通常分油爆和大爆两种：油爆是将经过炸等熟处理的主料，用爆汤的方法小火收浓汤汁；大爆是在把主料水煮（或氽）之后，进行油煎（或煸）和爆汤再爆制，最后勾芡成菜。在爆的技法中，拢芡与收汁是较为关键和复杂的技巧，具有成菜后形美、味醇、原汁原味、明油亮芡的特点，因此爆菜多为筵席的上乘菜肴。

【附录二】

合作餐厅

松鼠鳜鱼

上海熏鱼

蒜粒鳝筒

油爆虾

水晶虾仁

油酱毛蟹

葱油面

上海小笼包

蟹粉豆腐

> 鹿园餐厅（上海市）

菜品主理：朱保

腌笃鲜

醉虾

四喜烤麸

糟货

> 扬州迎宾馆

菜品主理：陈春松、陶晓东

炝虎尾

八宝葫芦鸭

扬州炒饭

扬州包子（三丁包）

> 扬州狮子楼

菜品主理：吴松德

素烧鸭

扬州狮子头

> 运河味道（扬州市）

菜品主理：周丽翔

清炒凤尾虾

全家福

> 玉成咸货（扬州市）

扬州咸货

> 屈浩烹饪学校（北京市）

菜品主理：屈浩

干炸丸子

糟熘鱼片

干烧鲤鱼

油焖大虾

葱烧海参

芫爆鸡条

拔丝苹果

> 五季随园餐厅（南京市）

菜品主理：李兴翔

菊花脑米糊

江团狮子头

烧汁菊黄豚

春韭螺蛳

王太守八宝豆腐

百香果牛奶羹

> 上海虹桥新华联索菲特大酒店

菜品主理：苏德兴

酒香草头

上海红烧肉

> 长乐客栈酒店（扬州市）

菜品主理：夏伟

大煮干丝

文思豆腐

> 三六老鹅店（扬州市）

菜品主理：于国林

盐水鹅

> 江阴市新东方酒店

菜品主理：陆仁兴

江阴八大碗

> 吴江宾馆（苏州市）

菜品主理：方利峰

松茸莼菜汤

荷塘小炒

> 崇德里吃过·食舍（成都市）

菜品主理：秦刚、付海勇、喻崇唯

四川红烧肉

水煮牛肉

夫妻肺片

酸菜鱼

鱼香虾排

藤椒螺片配竹毛肚

鳝鱼面

熊猫汤圆

钵钵鸡

> 轩轩小院（成都市）

菜品主理：张元富

回锅肉

宫保鸡丁

麻婆豆腐

跋（一）关于中国食物的八十年后的横剖面调查

王恺

还是要认真说说这本书的缘起。

2017年，我出版了《浪食记》之后，以为自己暂时不会再写美食读物了。因为这个阶段的工作重点是制作新媒体内容，而不是像在《三联生活周刊》工作时一样，连续不断有美食写作的任务。那时候，有些吃饭真的是工作，我特别恨这样，胖成了工伤。

而且我是个兴趣广泛的人，除了食物，还有很多写作计划，比如擅长的茶，玩过的酒，以及各种想写的人物，小说也是努力的方向。很多读者说，你应该出版《浪食记（二）》，我也不接茬。从没有把自己定位为美食作家，《浪食记》也并非一本单纯讲食物的书。素来不参与美食圈的活动，觉得整天和餐馆老板拉帮结派发微博挺丢人的，自己去吃个饭，说实在的，还是能消费得起。

可没想到在公司工作还是没有逃掉"食物写作"。当时活字国际文化有限公司成立，我的领导董秀玉和汪家明老师的主旨是做好的图文书出版，最好是能向国外输出中国文化。最早的出版计划中，就有关于出版中国饮食书，做国际版，向国外销售版权。领导觉得我可以担当此任。后来组成了包括作者、摄影师在内的工作团队。

此时著名的费顿出版公司出版了一本《中国菜谱》，在国外销售很好，他们找来给我做参考。我看了之后觉得很简单，基本就是中国菜的菜谱大全，封面倒是好看，影青色的精装，是中国瓷器的特有色泽，上面是一双压凸的筷子。说实在的，没有多大参考价值，但作为英国出版社的书，也难为他们了。我们并不想采取同样的思路。于是试验另外的一种模式——根据图文书的特质，写10个城市的100道中国菜，总共找100家餐馆，每个餐馆做一道自己最擅长的、家常的、典型的中国菜，我们拍下厨师的靓照和绝色的菜肴，这本书做出来一定非常华丽。

大家都觉得好，但完全低估了这个计划的工作量，兴致勃勃地开始选择城市和餐厅。

最初打算做一个中国不同区域的食物全貌，计划中包括历史悠久、饮馔精美的扬州，包括盛名远扬、江湖气派的重庆，包括食材繁杂、热情温暖的昆明，也包括运河边的古老城市济宁。一个基本出发点是食材的丰富性，高原、长江流域的城市、中原老城，各自因为食材不同而形成不同流派的烹饪方法，也形成了今日中国的食物面貌。

这时候正好看到了"孤独星球"出版的讲泰国米粉的书，100家小店的厨师做的100碗各式米粉，色彩缤纷，非常好看，我也被吸引。还没有彻底商量好，我们就去了扬州，记得是40℃的高温，炎热到了窒息。没有计划好就开工，实在是悲剧。

首先是餐厅难找。我们一个小公司，出版一本概念尚未成熟的书籍，要在10个陌生城市各找10家餐厅、10位名厨进行表演式的菜肴烹制是很难的。在扬州也碰到这个问题。扬州算是大厨扎堆的地方，可名厨们普遍觉得一人就能做若干道菜，为什么还要推荐别人？加上我们的拍照工作也极为烦琐，每道菜都要记录，即使你只做一道菜，一个餐厅的后厨可能也需要配合你一个上午——这时候才发现，我们的准备工作并没做好。

偶然的机会，见到了日本一家出版社在1980年代来中国做的一套美食丛书，叹为观止，其实他们做的和我们今天做的类似。他们找到当时北京、上海、广州的名餐厅，拍摄并制作了十几本精美的中国菜肴书。那时候的背景是，改革开放之初，作为国际友人的日本出版人受到了贵宾般的待遇，各家老牌餐厅接受的是政治任务，高度配合。即使如此，日本的出版社也是在一个餐厅做一桌菜，并不像我们这么挑剔，一位厨师只完成一道菜。

这套日本图书，成为不少中国美食家的藏书。看似简单的吃喝玩乐，在制作成文化产品的时候，陡然就变成了大事。日本出版社做事还是值得钦佩的，一丝不苟。

扬州任务，最后是大家死磕完成的：这家做盐水鹅，那家做狮子头，好不容易找了家江边餐厅做凤尾虾，足足用了一周时间。如此推算，要在全国找100家餐厅完成这个任务，需要很长时间，但当时无论是大家的时间还是经费都耗费不起。

扬州的采访中，我们还发现了新问题：中国的厨师们，可能手下功夫了得，但是对菜肴的研究和学问却有限，很多关于菜肴的知识并不能仅仅来自烹饪者，还需要采访大量的当地文化学者，比如扬州狮子头，和狮子头颅的关系实在存疑。

10个城市100位厨师，一个厨师一道菜的计划就此搁浅。

搁浅几个月之后，一本偶然遇见的书籍改变了我的想法。在无锡的一次书店活动中，我翻到了学者赵元任的夫人杨步伟的一本《中国食谱》。1938年，他们夫妇到美国之后，本来是医生的杨步伟做了家庭主妇，闲暇间比较了中西饮食文化，写了本"怎么做中国菜"的详尽食谱。博士出手，就是不凡，我一边看这本书一边快乐非常。里面写了很多20世纪三四十年代中国餐厅的食俗，包括家庭的烹饪习惯。杨步伟擅长不动声色地描述，当时他们夫妇社交应酬多，在餐馆吃晚餐是要赶场子的，一般每晚都有三四个局，又不能推掉，于是在第一家吃一口饭，第二家喝一杯酒，第三四家基本是去见盘底，又不能不去，不去就得罪人，只能这样夜夜吃几家，但根本吃不饱。

她还写了中国人对猪肉的热爱，对禽类的处理法则，对名目繁多的青菜的烹饪技巧，基本都很简单，但很精要，是对那个时代中国人如何制作食物的一次横剖面描述。这本书在美国出版后，立刻变成畅销书，翻版了二十多次，我看到的是这本书和后一本她的著作《如何点中国菜》的合集，原为英文版，若干年后出了中文版，胡适写序，诺贝尔奖得主赛珍珠写导语。

越翻看这本书，越觉得，吃真是大事。杨步伟这本书给美国人普及了什么是中国菜，中国人怎么吃，可以说是一件文化交流的功德。

受这本书的启发，我们再次讨论，觉得需要补充一大块内容，也就是"当代中国人怎么吃饭"，这是现在流行的美食书籍普遍缺失的一块。于是，在最后的成稿中，增添了多篇对当下饮食活动的观察文字，比如中国人怎么吃鱼：

> 国内餐厅的习惯是，如果你点一条鱼，那么他们觉得保留一条鱼的原始模样（包括刺）上来，是对客人的尊重。这种习惯的养成，并不是因为中国人懒惰，在吃上的勤奋，中国人在世界上罕有对手。这种习惯源于中国人对鱼类菜肴的新鲜度和鲜美程度的重视，超过重视食用时候的安全。越鲜美，就越要减少处理步骤，所以最好的鱼类做法往往是清蒸，而不是做复杂的工艺处理。

比如中国人在旅途中怎么吃饭：

> 中国的火车餐厅一直存在。民国时期，火车票分为几等座位时，餐厅是纯粹模仿西方火车供应食物。中华人民共和国建立后，火车票供应紧缺的年代，火车餐厅的座位往往被工作人员当作额外的收入来源，开始贩卖餐厅座位，导致很多餐厅不能正式运转，只能销售盒饭，由列车员推着餐车贩卖。
>
> 甚至可以说，中国最早的盒饭体系，成熟于火车之上。在多数食堂

还需要人们自己带餐具决定买什么的时候，火车已经实行了标配制度：一份荤菜，往往是肥猪肉片，再加几片素菜，和一块大锅蒸出来的方方正正的米饭，就算是高档伙食。更低一等的是没有猪肉的全素伙食，几乎没有别的选择。这种劣质的餐饮系统，同样刺激了铁路两旁小商贩的聚集。据说，中国烧鸡行业的兴起，和铁路餐饮伙食的糟糕有密切关系。从1900年开始，国内铁道线最早通过的地方，都有著名的烧鸡品牌，比如符离集烧鸡、道口烧鸡、沟帮子熏鸡、德州扒鸡、辛集烧鸡。因为这种食物方便食用且容易携带，适应了乘客们厌弃劣质食物的心理，成为著名土特产。

还有中国人怎么吃肉，怎么吃豆腐，怎么吃一日三餐，这些题目都新鲜有趣——在杨步伟写作之后的八十多年，我们重新对中国人的餐饮习俗和当下流行的菜肴进行了一次巡礼。这个巡礼并不简单，因为还是涉及大量的采访和拍摄工作，包括菜肴如何制作、地区的饮食风俗如何，以及当下厨师对食材的理解（我还记得在四川一家小餐厅吃到正宗宫保鸡丁时的开心），也包括了一些最新鲜的食俗记录，比如当下中国人怎么被外卖和网红店裹挟。

整本书比之最初的食谱构想，丰富了许多，成为一本关于中国当下食物的横切面的临摹，挺有新意。

这本书最后的结论是，中国人超会吃，爱吃，与吃相伴终生。这也是某种国民性的表现——书名因此就定为《中国人超会吃》。

稿件在经过了一年多细致的写作，打磨，配图，设计后，终于变成了一本书，像一道精美的菜肴，摆放在读者面前，还有点国际化，很像法兰克福书展上看到的那些新潮、精致的食物Mook。

本书的食物散文，以及在成都、南京、扬州等地采集制作的《回锅肉》《宫保鸡丁》《玉太守八宝豆腐》《大煮干丝》等30道菜由王恺撰写；六大城市（北京、上海、苏州、扬州、南京、成都）市集观察，在北京、上海、扬州等地采集制作的《拔丝苹果》《葱烧海参》《腌笃鲜》《素烧鸭》等25道菜，以及好味关键词部分由戴小蛮撰写；摄影师刘小柱拍摄了绝大部分照片（除标注外）。同时，也要特别感谢为菜品制作付出智慧与心力的杰出厨师们。

2021年4月于北京

跋（二）

活着，就是为了认识自己

戴小蛮

身为扬州人，幼时，我常被父母带去吃早茶，从如何吃开始学，起先，只专注如何夹起一只蒸饺，如何咬吸才不至于让其中的汤汁溢出来而露了丑，后来这些规矩熟悉了，也就有了空闲观察周围的人与事：扬州人很讲规矩的，包出的包子上必然是32道褶；包包子的多是朴实无华的女师傅，看上去与你在菜市场遇到的家庭主妇毫无区别，可专注力一绝，每天早晨四五点开始，直至十点来钟，上千只包子就这样在她们手上完美出品，而过程如行云流水般，迅速又轻巧；帮助点菜的老饭馆服务员，看上去也是那么的普通无奇，可是她辗转好几个桌子，仅凭脑子就记住了若干人的需求。

这种专注力与记忆力对于一个年少求学阶段的孩子来说，真是碾压式的伤害，倒是将年少的骄慢狂妄减弱少许，也从此对吃这件事报以尊重的态度。

之后，一次机缘巧合，经李孟苏老师介绍，认识了已在活字国际文化有限公司工作的王恺老师。我曾在《三联生活周刊》上拜读过他所写的美食文字，有趣，也很洒脱。他也看过我在其他媒体写的美食文字，可能看出我也是"爱吃"的人。在之后的短暂合作中，除了有关于我擅长的人物访谈，也曾一起合作过美食的内容。

再后来，优游于内心空间，抱着无求自在心情重新成为自由职业者的我，又被王恺老师拉回参与活字的这一项目。活字国际的董秀玉和汪家明老师都是出版界出品内容颇丰且质量上乘的前辈，当时，他们有出版中国饮食书的计划，做精致的图文出版，最好做国际版权，向国外输出中国文化。于是，就有了王恺、我和刘小柱三人的工作团队。我和王恺老师负责采访与内容写作，小柱同学是年轻又很有想法的摄影师，由他完成视觉呈现，与文字相携。

根据中国美食分布与图文书的特质，最初，我们商量写10个城市的100道中国菜。这10个城市分布在中国重要的江河流域，内容呈现上我们想将地理与文化结合，从风土之下看到丰富又细致多变的食材，继而看到不同地域文化下诞生的庞大中国菜谱系。在最初的计划中，我们甚至还有中国素食的写作计划。

于是，大家兴致勃勃将第一站定位扬州，扬州因为历史悠久，曾富甲一方，而成为精致淮扬菜的代表城市，也因与佛教的深厚因缘，自然成就了素食的传统一派，用淮扬菜大厨陈春松与大明寺前素食大厨、现任行政部门潘主任的话，"有一道荤菜就有一道素菜"。

330

在第一站扬州，我们得到了小宽老师的仗义支持，他帮我们联系上扬州迎宾馆的人，再一个个顺着摸索。大家发挥最大力气找到了众顺和、狮子楼、运河味道等餐馆，也找到了陈春松、柏翔飞、陶晓东、周丽翔、吴松德等大厨，亦是如今淮扬菜的中流砥柱，为我们的采访提供支持。

但我们的要求是苛刻的，每一家饭店需要呈现的菜品数量并不多，但每道菜的制作步骤都需要文字与拍照的记录，极为烦琐，而承担此工作的往往也是这家餐厅的主厨。经常是头一天大家对好采访内容，备好食材，并空出时间，第二天从早晨五六点左右就开始采访、拍摄，整个后厨可能会有大半天都在配合我们。对这些老牌餐馆来说，既有繁重的营业量在前，也并非政治任务，纯粹是因大家听说可能会输出中国文化，而有一种理想主义升起。不仅仅自己做，还友情推荐了他们所敬佩的其他餐馆或厨师。做菜，对他们既是职业，也是深埋于日常的理想、艺术创作。

那一周多的时间，扬州正值盛夏，气温40℃，后厨又是热气腾腾，大家在这种工作状况下极度疲惫，那颗起先欢悦的心也跟着沉淀——这样的工作量是巨大的，耗费惊人的时间与精力，而内容上，我们也不想做成简单的菜谱，不太想呈现那些游客都耳熟的掌故，而不去细究别的，若仅为了吃，就是耽于逸乐。

在大家重新思考之后，将这本书做了全新的调整，抛弃以往策划，继而以几大知名城市为主。选择这些城市并不仅仅是考虑到国内、国际的知名度，背后也有文化的影响。比如上海，早已自成一体，但因历史与人口流动缘故，当地饮食受到了江浙菜、安徽菜的影响，以及上海徽帮名人对自家菜系也有可爱又固执的支持，于是我们在记录菜肴制作的同时，也将它的这些演变史写出。再比如，北京这一城市的选择，是基于北方主要地区受到鲁菜很大的影响，北京自然也是，尤其是清御膳房对山东籍厨师的重用，乃至民国时期的八大楼。经过人与人之间流动、碰触所产生的故事与影响，再经年的演变，我们才在如今北京的主要菜肴中看到鲁菜的重要影响。

另一种调整是写作方式上的，我和王恺老师都习惯写美食散文，这可能也是大部分美食写作者的特点。受一套早年出版的书籍《食物与厨艺》的启示——作者哈洛德·马基是知名的食物化学和烹饪权威，先后在加州理工学院和耶鲁大学攻读物理学和英国文学——在扬州之后的采访与写作中，我开始加入食材与调味料之间复杂的化学反应而产生的美味效果，比如中国菜肴中对白酒、黄酒的不同使用，以往这些点会被写作者以文学化形式一笔带过。而这点也得到了上海国宴级厨师苏德兴的支持，他认为好的厨师也是化学家。过去学厨都靠师父亲口相传，师父对一道菜的操作窍诀只说一遍，徒弟不仅要善记，也要善于观察，观察师父的手法，也观察切菜、配菜等不同岗位，再私下细细琢磨窍诀，方能成就一盘菜肴。苏德兴和老一辈厨师一样，有个小抄本将师父讲的窍诀、自身的观察体验一一记录，这使得他在讲做酒香草头何时喷白酒、做油爆虾何时淋麻油时，将细节与原理都讲得很清晰。

持类似观点的是北京的屈浩师傅，他不仅是鲁菜著名厨师，也有丰富的教学经验，在这一点上讲得甚为仔细。同时我们也发现，作为厨师，如何切刀也是很有讲究的，除了要满足食客对"色"的需求，更多是出于最大限度利用食材的经济考虑，这一点可能是我们平常在家烹饪时鲜少考虑的。确实身为合格厨师要考虑到这一点，这也是他们对自性的打磨。

感谢刘小柱，通过他的视觉呈现，我们在阅读时，对城市与人有了更深的理解。也感谢活字国际董秀玉老师与汪家明老师的耐心与指导，更感谢编辑，不仅在每一阶段对书提出了细致要求，在编辑时也将文字中的细碎部分做成Tips，完成了一本层次丰富的图文书，而这是天马行空的作者难以保持耐心的。

而通过这经历一年多的采访、写作，我增强的不只是对中国美食的理解力，某种程度上也算是打开一些自我限制。回到起点，身为扬州人，肯定是会吃的，但若仅会吃，是耽于逸乐，枉为得了暇满人身，不打磨自性，也在这世上白走了一遭。活着，就是为了认识自己。

2021年4月于西藏桑耶

菜品索引

莼菜汤 8

酒香草头 12

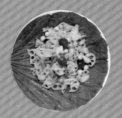
荷塘小炒 15

葫花脑米糊 20

上海红烧肉 50

炸丸子 65

扬州狮子头 70

糟熘鱼片 91

酸菜鱼 94

鲜 106

清炒凤尾虾 126

江团狮子头 110

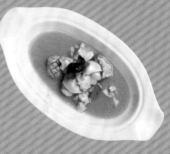
烧汁葡黄豚 112

焖大虾 124

醉虾 128

水晶虾仁 132

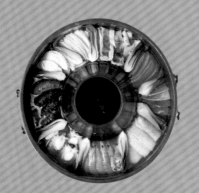

泰椒螺片配竹毛肚 142

油酱毛蟹 144

宫保鸡丁 168

芫爆鸡条 172

四喜烤麸 204

上海小笼包 209

扬州包子 212

守八宝豆腐 252

蟹粉豆腐 254

大煮干丝 258

文思豆腐 263

扬州咸货 292

拔丝苹果 295

槽货 299

百香果牛奶羹 302

文景
———
Horizon

社科新知 文艺新潮

中国人超会吃

王　恺　戴小蛮　著　　刘小柱　摄影

出 品 人：姚映然
特约编辑：吴艳萍
责任编辑：王　萌

出　　品：北京世纪文景文化传播有限责任公司
　　　　　（北京朝阳区东土城路8号林达大厦A座4A　100013）
出版发行：上海人民出版社
印　　刷：天津图文方嘉印刷有限公司

开　本：720mm×1000mm　1/16
印　张：23　　字　数：194,000
2021年7月第1版　　2021年10月第3次印刷
定　价：158.00元
ISBN：978-7-208-17107-7 / G·2070

图书在版编目（CIP）数据

中国人超会吃 / 王恺，戴小蛮著；刘小柱摄影. --
上海：上海人民出版社，2021
ISBN 978-7-208-17107-7

Ⅰ.①中… Ⅱ.①王… ②戴… ③刘… Ⅲ.①饮食 -
文化 - 中国 - 图集 Ⅳ.①TS971.2-64

中国版本图书馆CIP数据核字(2021)第097481号

本书如有印装错误，请致电本社更换 010-52187586

活字派

有人文意义的美